中国职工技术协会
中国专利集(2021)

中国职工技术协会◎编

中国工人出版社

编　委　会

序 言

2021年6月，中国职工技术协会（以下简称“中国技协”）按照脱钩改革的要求开始独立运行，组织重建、制度破冰、活动创新等工作并举并重。8月，国家知识产权局下发〔2021〕124号文件，与世界知识产权组织共同部署第二十三届中国专利奖评选工作。中国技协作为中国专利奖推荐单位，对脱钩后的第一项重要活动及时作出部署和安排，并在常规工作和活动中取得平台期突破和工作项升级，对全会行稳致远产生了标志性的影响。

9月，中国技协以〔2021〕5号《中国技协关于评选中国专利年度奖的通知》，向会员单位征集参评专利，同时对升级专利工作作出制度性安排：一是从2021年起，将“中国专利奖”的评审工作，作为国家知识产权局和世界知识产权组织中国专利奖评选的初选活动，纳入年度常态化工作，以此助力会员单位培养专利意识，健全工作机制，遴选优秀项目，理顺申报流程，建立全会的年度专利库、专家库和人才库。二是组建中国技协专利工作委员会，由国内具有技术优势、产业实力、专业影响、社会担当的旗舰企业、优秀单位和知名专家共同发起，广泛开展和系统推进知识产权的培训、咨询、推介、转化、保护工作。三是同中国工人出版社合作，出版发行会员单位的专利成果集，每年一集，为年度成果、专利项目、政策解读、学术资料定格集存，助力专利成果的推广、普及、转化等后续工作。四是复制专利工作的机制和程序，提升职工创新工作的靶向和标准，规范创新成果的年度评审，系统影响全会职工技术工作。

时至今日，在国家知识产权局的大力支持和相关单位鼎力合作下，诸项工作初见成效，特别是以39项专利成果在中国技协获奖，构建起了全会专利工作的新高地。国家电力投资集团有限公司《封头模块、大型容器及两者的制造方法》已经在国家知识产权局与世界知识产权组织的第二十三届中国专利奖评选中获得金奖，代表了中国技协会员单位的技术实力和专利水平，也成为中国专利稳居世界第一梯队的佐证和缩影。

实践证明，企业是技术创新和专利工作的主场和主力。企业和职工的创新成果，特别是原创性成果，都应当申报和获权专利，成为全社会共同的物质财富和精神财富。咱们工人有力量，咱们工人有技术，咱们工人也应当有专利和版权。中国制造和智造需要千千万万高素质劳动大军，中国工人阶级正肩负着崇高的政治使命、时代使命和历史使命，投身科技强国的时代洪流，中国工人时不我待。

实践还证明，普遍提升中国企业专利工作水平，特别是在精通技巧、掌握规则、提高认知、熟悉操作、普及转化等方面，我们依然任重道远。中国技协将一如既往地在各级党委和工会的领导下，通过大力开展和做好专利工作，培养企业和员工建树创造性劳动，特别是在专利申报、提升价值、匹配权利、助力普及、参与保护等领域，努力形成不仅有天地、有意义，而且也要有需求、有市场的良好态势。推动全社会学技术、用技术、创新技术活动的蓬勃开展，中国技协责无旁贷。

鉴于此，集获奖专利、推荐单位、获奖职工和专家的工作、成果、研究、资料、思考、建议合集成书，既是对广大技术职工时代风采的真实记录，也是众多会员单位对技术进步的年度奉献，更是我们相互成就、共享发展的园地。

我们期待更多的企业和职工在这块现实与理想的园地中，激发出创新的种子，种植出参天的大树，成长为时代的栋梁。

抛砖引玉，是为序。

中国职工技术协会理事长　李世明

2022年5月

国家知识产权局关于评选第二十三届中国专利奖的通知

国务院各有关部门和单位知识产权工作管理机构，中央军委装备发展部办公厅，各省、自治区、直辖市和新疆生产建设兵团知识产权局，四川省知识产权服务促进中心，广东省知识产权保护中心，各有关全国性行业协会：

为全面贯彻落实习近平新时代中国特色社会主义思想和党的十九大、十九届二中、三中、四中、五中全会精神，深入学习贯彻习近平总书记在中央政治局第二十五次集体学习时的重要讲话精神，强化知识产权创造、保护、运用，激发全社会创新活力，加快建设知识产权强国，国家知识产权局决定和世界知识产权组织共同开展第二十三届中国专利奖评选工作，鼓励和表彰为技术（设计）创新和经济社会发展作出突出贡献的专利权人和发明人（设计人）。现将有关事宜通知如下：

一、奖项设置

中国专利奖设中国专利金奖、银奖、优秀奖，中国外观设计金奖、银奖、优秀奖。

中国专利金奖、银奖、优秀奖从发明专利和实用新型专利中评选产生，中国专利金奖项目不超过30项，银奖项目不超过60项。中国外观设计金奖、银奖、优秀奖从外观设计专利中评选产生，中国外观设计金奖项目不超过10项，银奖项目不超过15项。

本届评奖工作进一步突出高质量发展要求，对专利质量问题严重的地区将减少其推荐名额，对发现存在较大数量（比例）非正常专利申请的单位和个人，将取消其申报、推荐、参评或获奖资格。

二、参评条件

已获得国家知识产权局授权的专利，并同时具备以下条件的，可以参加中国专利奖评选：

（一）在2020年12月31日前（含12月31日，以授权公告日为准）被授予发明、实用新型或外观设计专利权（含已解密国防专利，不含保密专利）。

（二）专利权有效，在申报截止日期前无法律纠纷，不存在未缴年费或滞纳金等情况。

（三）全体专利权人均同意参评。

（四）未获得过中国专利奖。

（五）一项专利作为一个项目参评。

（六）相同专利权人参评项目不超过2项；专利权人是国家知识产权示范高校的，参评项目不超过4项；集团公司及其子公司参评项目总数不超过10项。

三、参评方式

中国专利奖采用项目推荐方式，由国务院各有关部门和单位知识产权工作管理机构、各省（区、市）知识产权局（以下简称省局）、各有关全国性行业协会组织推荐。各有关全国性行业协会仅限推荐本行业或本领域相关项目。自2021年起，连续两届推荐项目未获奖的协会，暂停推荐资格一年。

中国科学院院士或中国工程院院士（以下简称院士）、计划单列市、副省级城市、知识产权示范城市和示范园区推荐的项目以及国家知识产权示范高校、示范企业自荐的项目，须经申报单位所在地省级知识产权局对参评条件和材料真实性进行审核、公示后，由省级知识产权局统一推荐，不占省级知识产权局推荐名额。

推荐工作应以高质量发展为导向，优先推荐基础研究、应用基础研究、突破“卡脖子”技术难题等方面形成的核心专利。

四、名额分配

获得第二十二届中国专利奖最佳组织奖的单位可在分配名额的基础上增加1～2个推荐名额；设省人民政府专利奖的省级知识产权局可在分配名额基础上增加1～2个推荐名额；被确定为知识产权强省建设试点省的省级知识产权局可在分配名额基础上增加2个推荐名额，被确定为知识产权强市创建市的城市知识产权局可在分配名额基础上增加1个推荐名额。被暂停示范城市资格的城市，取消其推荐名额。

同专业领域的两名院士可联名推荐1项本专业领域的发明专利，每位院士仅限推荐一次。

国家知识产权示范高校每年可自荐2个项目参评，国家知识产权示范企业每两年可自荐1个项目参评。

五、推荐程序

（一）审核

各推荐单位应对推荐项目的参评资格、申报材料等进行审核，确保相关材料完整、真实、准确，不存在涉密内容。

（二）公示

国务院各有关部门和单位知识产权工作管理机构、各省级知识产权局、各有关全国性行业协会应通过网络或书面形式对拟推荐项目（含院士、计划单列市、副省级城市、知识产权示范城市和示范园区推荐的项目以及国家知识产权示范高校、示范企业自荐的项目）进行公示。

公示时间不少于5个工作日。公示无异议或虽有异议但经核实处理后再次公示无异议的项目方可推荐。

六、推荐材料报送要求

（一）报送材料

1. 院士推荐

（1）院士推荐意见书1份（纸件，需院士签名，附院士证书复印件）。

（2）项目资料1份（电子件），包含：①中国专利奖申报书（WORD文档）；②附件——如图片、照片、获奖证书、项目应用证明等材料扫描件，填写经济效益数据的，专利权人可以提供有资质的会计师事务所出具的参评专利经济效益专项审计报告等作为经济效益相关证明材料，所有附件应嵌入一个PDF文档，不超过20M；③专利授权公告文本。

项目电子件以光盘或U盘存储。

2. 单位推荐

（1）推荐函1份（纸件和电子件，正式公函，纸件加盖公章）。

（2）项目资料1份（电子件），每个推荐项目包含：①中国专利奖申报书（WORD文档）；②附件——如图片、照片、获奖证书、项目应用证明等材料扫描件，填写经济效益数据的，专利权人可以提供有资质的会计师事务所出具的参评专利经济效益专项审计报告等作为经济效益相关证明材料，所有附件应嵌入一个PDF文档，不超过20M；③专利授权公告文本。

所有项目的电子件存储在一张光盘或U盘中，并用标签标注推荐单位名称。

（二）报送方式

1. 国务院各有关部门和单位知识产权工作管理机构、各省级知识产权局、各有关全国性行业协会直接向我局报送。

2. 院士、计划单列市、副省级城市、知识产权示范城市和示范园区推荐的项目以及国家知识产权示范高校、示范企业自荐的项目，须经申报单位所在地省局审核和公示后，由省级知识产权局将相关申报材料汇总并填写推荐项目汇总表统一报送。

（三）时间要求

院士、计划单列市、副省级城市、知识产权示范城市和示范园区推荐的项目以及国家知识产权示范高校、示范企业自荐的项目材料报送截止日期以各省级知识产权局通知为准。

我局受理国务院各有关部门和单位知识产权工作管理机构、各省级知识产权局、各有关全国性行业协会的报送材料，截止日期为2021年10月31日。

材料统一采用EMS快递方式报送，不接受现场申报，凡材料不符合要求或逾期（以快递寄出日为准）推荐的项目均不予受理。

请各单位按照《中国专利奖评奖办法》和本通知要求，认真做好宣传动员以及项目推荐工作，并将负责此项工作的联系人报名表于2021年9月15日前通过电子邮件报我局。

我局将根据推荐项目的获奖情况，评出中国专利奖最佳组织奖5～8名、中国专利奖优秀组织奖15～20名，对推荐项目获中国专利金奖的院士，颁发中国专利奖最佳推荐奖。

中国职工技术协会关于评选中国专利年度奖的通知

（2021年9月2日）

各常务理事单位、理事单位、会员单位和各分支机构：

为全面贯彻落实习近平新时代中国特色社会主义思想，强化知识产权创造、保护、运用，激发全社会创新活力，加快建设知识产权强国，国家知识产权局于2021年8月26日以国知发运函字〔2021〕124号文件下发通知，与世界知识产权组织共同开展第二十三届中国专利奖评选工作。同时，对全国六十多个部委、省级知识产权机构和部分全国性社会组织，分配了项目推荐名额。

中国职工技术协会作为推荐单位，为加强职工技协系统的专利孵化、申报、使用、转化、保护、创新工作，高效优质地完成推荐任务，现作如下工作安排：

一、设立中国技协“中国专利年度奖”

1.中国职工技术协会从今年起设立“中国专利年度奖”，作为国家知识产权局和世界知识产权组织开展的中国专利奖评选活动的初选活动，每年一届。

2.“中国专利年度奖”的奖项设置：中国发明专利和实用新型专利设金奖3个，银奖10个，优秀奖20个；外观设计专利设金奖2个，银奖5个，优秀奖10个。获奖项目均发奖杯和证书。金奖、银奖项目将发奖金。

3. 在“中国专利年度奖”金奖中，产生国家知识产权局中国专利奖的推荐项目。

二、“中国专利年度奖”的参评条件

1. 专利必须是国家知识产权局授权的“中国专利”。同时要符合以下条件：在2018年1月1日至2020年12月31日（含12月31日，以授权公告日为准）被授予发明、实用新型或外观设计专利权（含已解密国防专利，不含保密专利）；专利权有效，无法律纠纷，不存在未缴年费或滞纳金等情况；全体专利权人均同意参评；相同专利权人参评项目不超2项。

2. 推荐单位必须是中国职工技术协会的会员单位。推荐名额分配：常务理事单位2个名额，理事单位1个名额，专业委员会2个名额，优秀会员单位1个名额，其他分支机构、团体会员和单位会员，可择优推荐。

3. 获得国家知识产权局第二十二届中国专利奖最佳组织奖的会员单位，可在分配名额基础上增加1个名额。

4. 专利奖采用项目推荐方式，推荐应以高质量发展为导向，优先推荐基础研究、应用基础研究、突破“卡脖子”技术难题等方面形成的核心专利。

三、推荐程序和材料报送要求

1. 会员单位知识产权工作、专利工作的总结报告（不少于2000字）。

2. 对推荐项目的参评资格、申报材料等进行审核，确保材料完整、真实、准确，不存在涉密内容。同时通过网络或书面形式对拟推荐项目进行公示，公示时间为5个工作日。

3. 推荐函1份（纸件和电子件，正式公函，纸件加盖公章）；项目资料2份（电子件），每个推荐项目包含：①中国专利奖申报书（WORD文档）；②附件——如图片、照片、获奖证书、项目应用证明等材料扫描件，填写经济效益数据的，专利权人可以提供有资质的会计师事务所出具的参评专利经济效益专项审计报告等作为经济效益相关证明材料，所有附件应嵌入一个PDF文档，不超过20M；③专利授权公告文本。

4. 所有项目的电子件存储在一张光盘或U盘中，并标注推荐单位名称。材料可采用EMS快递等方式报送。

5. 报送材料截止日期为2021年9月30日。

6. 中国技协组织专家进行评审，并通过网络或书面形式对拟获奖和推荐项目再次进行公示，公示时间为5个工作日。对符合条件和标准的金奖项目，将于2021年10月30日前，报国家知识产权局。

四、具体工作要求和说明

1. 请认真做好宣传动员以及项目推荐工作，并将负责此项工作的联系人报名表于2021年9月15日前通过电子邮件报中国技协。

2. 因时间限制，中国专利工作示范单位的条件、评审工作细节、表奖形式等未尽事宜，将后续完善并通知。

中国职工技术协会关于中国专利年度奖评选结果的通报

（2021年12月6日）

为配合国家知识产权局和世界知识产权组织开展的中国专利奖评选活动，中国职工技术协会发出《关于评选中国年度专利奖的通知》（中技协发〔2021〕5号），向全体会员单位征集、参选中国专利奖的专利成果。经专家评审、综合评议和公示，39项专利被评定为优秀及以上等级，其中一等3项、二等10项、优秀26项。现将评定结果予以通报。

附：中国专利年度奖名单。

中国专利年度奖名单

序号	专利名称	推荐单位	获奖等级
1	封头模块、大型容器及两者的制造方法	国家电力投资集团有限公司	一等
2	大单重特厚铬钼钢板的生产工艺	河钢集团有限公司	一等
3	一种考虑沉管隧道特殊工艺的结构最终沉降量方法	中铁隧道勘测设计院有限公司工会	一等
4	液流电池端板、液流电池电堆及其装配方法	上海市机电工会	二等
5	一种利用地铁出入口兼作施工斜通道结构及施工方法	中铁隧道勘测设计院有限公司工会	二等
6	动车用低烟无卤阻燃高伸长率聚烯烃电缆料及制备方法	安徽华菱电缆集团有限公司	二等
7	一种保证准东煤锅炉安全运行的煤质参数控制方法	中国华能集团有限公司	二等
8	大跨度斜交框构桥下穿铁路免抗横移桩线路加固施工工艺	中建七局第一建筑有限公司	二等
9	一种快速评估锂离子电池浆料分散性的方法	江苏省职工技术协会	二等
10	六氟磷酸锂的制备方法	河南省职工技术协会	二等
11	大截面、高落差高压电缆线路高点无接头连续敷设技术	江苏省电力工会	二等
12	电力厂站的网络安全监测方法和装置、计算机设备	中国南方电网有限责任公司	二等
13	铁素体耐热不锈钢及其制备方法	太原钢铁（集团）有限公司	二等
14	一种综采工作面智能供液方法及系统	中国煤炭科工集团	优秀
15	城市轨道交通供电运行安全生产管理系统及管理方法	广州市职工技术交流中心	优秀
16	煤矿井下钻孔中径向含水异常体探测方法	中煤科工集团西安研究院有限公司	优秀
17	一种高压支柱式绝缘子自动清扫装置	中国华电集团有限公司	优秀
18	变频器箱的防护及散热装置	康力电梯股份有限公司	优秀
19	快速安装航标	江苏省职工技术协会	优秀
20	一种气流床气化炉炉内间接测温装置	中国华能集团有限公司	优秀

续表

序号	专利名称	推荐单位	获奖等级
21	一种用于钢铁厂含铁尘泥处理的推式多层炉装置	大峘集团有限公司	优秀
22	一种混凝土约束收缩圆环抗裂试验装置及试验方法	中国水利水电第三工程局有限公司	优秀
23	一种基于USN日志方式进行海量文件备份的方法	南京市职工技术协会	优秀
24	基于注入功率灵敏度的电网局部降损方法	甘肃省电力工会	优秀
25	发光线路板及背光键盘	高邮市总工会	优秀
26	轨道车辆辅助变流器系统及轨道车辆	中国铁路工会中车永济电机有限公司委员会	优秀
27	一种采用自行式整体膺架法进行现浇梁施工的装置	中铁七局集团有限公司	优秀
28	一种石英光纤传像束	南京玻璃纤维研究设计院工会	优秀
29	一种城市云轨用轨道交通电缆	安徽省职工技术协会	优秀
30	一种抽油机盘根快速装卸工具	中石油长庆油田分公司第一采气厂	优秀
31	无人机数据传输系统、方法、装置和计算机设备	广州市职工技术交流中心	优秀
32	一种真空气雾化制粉分级装置	徐州矿务集团有限公司	优秀
33	一种一体化深基坑作业智能机	甘肃省电力工会	优秀
34	一种艾灸装置	安徽省总工会劳动和经济工作部	优秀
35	外置式主控柜	康力电梯股份有限公司	优秀
36	一种基于数控机床的刀具补偿参数的校验方法和系统	上海市机电工会	优秀
37	一种消泡组合物	南京市职工技术协会	优秀
38	一种下承斜拉式桁架梁桥爆破方法	中建七局交通建设有限公司	优秀
39	脱硝三氧化铀水合活化工艺	甘肃省职工技术协会	优秀

评审专家简介

高凤林，男，中华全国总工会副主席（兼职），大学学历，学士学位，高级技师，全国劳动模范，全国五一劳动奖章获得者，全国国防科技工业系统劳动模范，全国道德模范，全国技术能手，首次月球探测工程突出贡献者，中华技能大奖获得者，中国质量奖获得者。2009年获国务院政府特殊津贴，2018年获“大国工匠年度人物”，2019年获“最美奋斗者”个人称号。

高凤林是航天特种熔融焊接工，为我国多发火箭焊接“心脏”，占总数近四成。他曾攻克航天焊接“疑难杂症”200多项，包括为16个国家和地区参与的国际项目攻坚，被美国宇航局委以特派专家身份督导实施。2014年底，他携3项成果参加德国纽伦堡国际发明展，3个项目全部摘得金奖。现任中国航天科技集团有限公司第一研究院211厂14车间“高凤林班组”班组长，第一研究院首席技能专家。

孙玮，女，管理学博士，博士后，正高级知识产权师（研究员），中国知识产权研究会学术部副部长，中国知识产权研究会高校知识产权专业委员会常务副秘书长。获得国家知识产权局优秀青年（2017—2018年）、国家知识产权局青年骨干人才、全国专利信息师资人才称号。

孙玮主要从事知识产权战略规划研究、知识产权政策研究、高价值专利挖掘与培育、专利导航、专利运营等课题研究及实务工作。共主持及作为核心人员参与课题研究近百项，撰写报告近200篇，获得国家级或省部级奖项10余项。参与出版《专利信息分析师操作实务》《专利导航产业和区域经济发展》《专利运营实务》等11部专著，发表学术论文10余篇，上报国务院专报、政务信息、动态十余篇，其中1篇获局政务信息特等奖，多篇同时被国办、中办采用，并获得国务院领导人批示。

郭晋龙，男，中国铁路呼和浩特局集团有限公司焊轨段电工，高级技师、首席技师、代理高级工程师。国家科技进步二等奖获得者、全国劳动模范、全国五一劳动奖章获得者、全国优秀共产党员、全国技术能手、全国优秀科技工作者、中华技能大奖获得者，享受国务院政府特殊津贴，中国科协第九届全国委员会委员。

郭晋龙多次前往全国各地抢修进口钢轨焊接设备，改进了设备的设计缺陷，受到了外国专家的高度赞扬。他参与的焊轨段科技攻关工作，5项获得发明专利，10项获得实用新型专利，7项获得省部级技术创新、科技进步奖，2项获得全国职工技术创新成果奖，1项获得国家科技进步二等奖。

杨芳，女，国网信息通信公司知识产权专家，国家电网有限公司信息通信分公司科技及专利处处长，电力工程专业教授级高级工程师（正高），拥有国家专利代理人、知识产权外审员等全国认证资格，入选为中国专利技术审查专家、“国家知识产权局专利分析和预警专家库”入库专家、中电联“知识”标委会副主任委员、中国电力技术市场协会技术专家以及国家电网公司专业领军人才等，牵头项目获得电力创新奖一等奖等奖项；获得“全国企业知识产权先进个人”“国网科技工作先进个人”“国网调查研究先进个人”等称号；主编出版专业著作3部，多次发表核心期刊论文。

罗昭强，男，全国劳动模范，全国五一劳动奖章获得者。中车长春轨道客车股份有限公司高速动车组制造中心调试车间高级诊断组工人，大学本科学历，高级工程师，高级技师，享受国务院政府特殊津贴。罗昭强先后完成4

项发明专利，7项实用新型专利，申报15项国家专利，200余项“五小”成果和立项攻关，累计为公司节约资金千万元。获得国家科学技术进步奖二等奖、中华技能大奖、全国技术能手、吉林省劳动模范、吉林工匠等荣誉和称号，是参加国家“十二五”科技创新成果展的10位高技能人才之一，领衔的“罗昭强国家技能大师工作室”被授予“全国工人先锋号”称号。

任冠举，男，硕士学历，2016年中国专利十大影响力人物，国家知识产权局专利局前审查员，现任中国中小商业企业协会科技成果转化处处长，北京智丞瀚方知识产权代理有限公司总经理，中国职工技术协会创新与知识产权专委会会长。著有《产业专利分析之经典案例》一书，参与国家知识产权局《专利审查指南》修改和编制《专利审查规程》。

目 录

专利项目

附　录

专利项目

1. 封头模块、大型容器及两者的制造方法

专利名称：封头模块、大型容器及两者的制造方法
专利号：ZL201110306772.4
所属行业：核电
推荐单位：国家电力投资集团有限公司

·发明人——王国彪·

王国彪，男，汉族，1962年10月生，浙江诸暨人，中共党员，1984年8月参加工作，哈尔滨船舶工程学院机械制造与工艺专业毕业，大学本科学历，工学学士，教授级高级工程师。他在核电领域从事技术工作38年，先后参与了浙江秦山核电、秦山核电二期、中国先进研究堆、浙江三门和山东海阳AP1000自主化依托项目、“国和一号”示范项目、海南昌江“玲龙一号”示范项目等核电项目的建设工作。他作为技术负责人，主持完成了第三代非能动压水堆核电站钢制安全壳、一体化堆顶组件、空气导流板、屏蔽厂房、机械模块和结构模块等10余项设备与装置的制造技术研究和生产线建设；获得授权专利15项，其中发明专利13项（1项PCT专利获美国、英国和南非授权）；获得山东省科学技术进步奖一等奖和中国核能行业协会科技进步奖一等奖各1项，国家电投科技进步奖特等奖1项和国家核电科技进步奖一等奖1项；获得山东省富民兴鲁劳动奖章。

·山东核电设备制造有限公司·

山东核电设备制造有限公司成立于2007年7月，是由国家核电技术公司控股组建的生产AP1000非能动压水堆核电站钢制安全壳、结构模块、机械模块、一体化顶盖组件等设备的专业制造公司，肩负着非能动压水堆核电项目关键设备国产化、自主化的历史使命。

公司始终坚持创新发展，是山东省省级技术中心和高新技术企业，牵头完成了3项大型先进压水堆国家重大科技专项课题研究，在世界上率先成功掌握了第三代核电AP1000钢制安全壳和模块制造技术，并形成了批量化生产能力，为我国三代核电自主化依托项目AP1000核电机组工程建设和“国和一号”示范工程等核电项目的批量化、自主化建设打下了坚实的基础。公司获得全国性行业级以上科技奖励10项，授权有效专利90项，其中发明专利56项（PCT专利1项），软件著作权3项，主（参）编行业标准6项。

公司是国内第一家取得ASME协会N、NPT、NA、NS等核级综合认证的企业，具有国家核安全局颁发的民用核安全机械设备制造许可证；通过了

ISO 9001质量管理体系、ISO 14001环境管理体系、GB/T 28001职业健康安全三标管理体系认证和知识产权管理体系认证；被认定为“山东省知识产权示范企业”和“国家知识产权优势企业”。

封头模块、大型容器及两者的制造方法（专利号ZL201110306772.4）涉及核电站钢制安全壳及其封头模块的制造，是第三代核电技术中具有典型代表意义的自主高端装备制造技术。专利技术突破了“卡脖子”技术瓶颈，填补了国内此领域空白，为我国核电产业实现高水平科技自立自强奠定了坚实基础。

钢制安全壳是第三代非能动压水堆核电站的核安全设备，包裹核电站堆芯主系统，是防止放射性物质向外扩散的第三道安全屏障，同时用作核电站冷却传热，是非能动冷却系统的重要组成部分。非能动压水堆核电站钢制安全壳首次采用自由站立式独立安全壳结构，是非能动压水堆核电站的特有设备和实现非能动冷却技术的主要设备。由于产品结构尺寸大、制造精度高（特别是高强度、大尺寸椭圆形封头制造精度）、对核电站整体建造工期影响大，其制造技术是非能动压水堆核电站建造的关键技术之一。由于钢制安全壳在国内没有制造先例，国外单套产品采购价格近1亿美元。为保障非能动压水堆核电站的建造质量、进度和成本，钢制安全壳被列为非能动压水堆核电站建设中12项重点攻关的国产化设备之一。

钢制安全壳作为非能动压水堆核电站的大型容器，一种传统的制造方式是在核岛安装场地将一块块封头瓣片和筒体板按顺序进行组装。典型代表如大型石油储罐的制造安装和日本三菱重工联合体针对沸水堆核电站安全壳的制造安装。由于全部组装、安装都需在安装场地串联施工，施工周期长，对于核电站建设这种核岛施工交叉密集性项目，增加了核岛施工管理接口，延长了核电站建造的整体施工周期。另一种传统的制造方式是将大型容器划分为多个模块段，采用模块化建造方式，各模块段在安装场地之外组装完毕后再整体吊装就位。此种制造方式增加了封头开口端（相贯线）余量材料量、核岛切割工作量以及筒体环与封头开口端的组对调整难度。

本专利提出的封头模块、大型容器的制造方法，解决了现有技术中存在的技术缺陷。其技术要点在于封头模块由封头和一圈筒体环组成，在封头模块组装场地完成封头开口端与筒体环的组装，规避在核岛进行封头开口端与筒体环组对的复杂调控工作，降低钢制安全壳的制造成本。通过优化大型容器封头模块和筒体环模块段划分，扩大模块化并行施工范围，提升钢制安全壳整体制造效益。

本专利共有5项独立权利要求和34项从属权利要求，详细描述了封头模块、大型容器的制造方法和结构形式。经检索，专利具有新颖性和创造性，与现有技术相比，无须在封头的开口端预留切割余量，可以减少材料用量，避免浪费，减少加工工序和现场操作步骤。封头模块在核岛与筒体安装组对时，封头筒体环与筒体组对，对拼接环缝错边量的调整控制更容易，降低了成本，提高了制造精度和生产效率，对保障核电站运行安全、事故状态下的核安全以及降低建造成本具有重要意义。专利权人围绕钢制安全壳大型容器的封头瓣片成形和检测方法，大型模块组装和焊接焊后的热处理、运输、吊装和检验试验申请专利24项，构建专利组合，形成对本专利核心技术的延伸、拓展保护。专利权人积极开展核电关键核心技术的国际专利布局，已通过PCT途径申请国际专利6项，在美国、英国、南非获得专利授权3项，围绕大型容器钢制安全壳制造的全产业链专利保护格局已基本形成，有效提升了我国第三代核电技术的国际竞争力。

专利权人以本专利为核心，形成了一套完整的非能动压水堆核电站钢制安全壳制造技术，是我国在先进第三代核电AP1000工程建设中的世界首创技术成果。2020年，以本专利为核心的“大型非能动核电厂钢制安全壳关键技术及应用”通过成果鉴定，以叶奇蓁院士、刘正东院士、涂善东院士和周邦新院士等组成的鉴定委员会认为：该成果对钢制安全壳建造等关键技术取得了系统性的重大突破，达到国际领先水平。本专利技术先后获得山东省科学技术进步奖一等奖、中国核能行业协会科技进步奖一等奖、国家电力投资集团公司科技进步奖特等奖、烟台市科学技术进步奖一等奖、国家电投优秀科技创新团队成果等奖项。专利权人主持编制《非能动压水堆核电厂钢制安全壳部件制造及质量验收规程》（NB/T 20457—2017）行业标准，填补了国内钢制安全壳封头和大型容器制造技术的空白。

专利权人依托本专利形成了具有自主知识产权的钢制安全壳制造工艺及成套装备，建立了年产4套钢制安全壳的规模化产业基地，成功完成了世界首批AP1000非能动压水堆钢制安全壳的制造和“国和一号”大型先进压水堆核电站示范项目首台钢制安全壳的制造；实现了核电站非能动冷却功能从“设计理念”转化为“工程实践”，提升了我国核电装备的制造水平，为我国第三代AP1000核电机组建设和国家科技重大专项“国和一号”大型先进压水堆核电站示范工程取得成功打下了坚实基础。专利权人通过技术推广应用，促进了非能动钢制安全壳和非能动冷却技术在国内核电技术中的应用，推动了我国核电技术的换代升级，对提高我国核电安全和节能减排具有重要意义。以本专利为代表，形成了产、学、研、用相结合的技术研究体系，带动了产业链上下游企业技术迭代更新，促进了我国核电产业全面优化升级，助力我国由核电大国向核电强国转变。

基于本专利为核心的自主创新技术，专利权人获得了国家核安全局颁发的民用核安全设备钢制安全壳的制造许可证，积极通过自行实施将本专利技术转化为核电产业拳头产品，成功应用于“国和一号”国家大型先进压水堆核电站重大专项示范项目和多用途模块式小型堆“玲珑一号”军民融合项目，助力自主核电品牌建设；建成了国内唯一的非能动压水堆核电站钢制安全壳批量化生产制造基地，引领了行业技术转型升级；承担了国内所有非能动压水堆核电站钢制安全壳的制造工作（包括封头模块和大型容器整体），国内市场占有率为100%，累计签订合同额32.3亿元，经第三方审计已实现新增产值19.9亿元，新增利润3.9亿元，实现了专利价值。本专利技术还可应用于化工、石油存储或冶炼等场所中的大型容器及其封头模块的制造，应用前景广阔。

专利权人高度重视知识产权工作，建立了适应业务发展需求、以技术创新为先导、知识产权保护覆盖研发全流程的管理体系。公司2016年7月通过了《企业知识产权管理规范》（GB/T 29490—2013）体系认证，被认定为“山东省知识产权示范企业”，2017年被认定为“国家知识产权优势企业”。专利权人目前已正式组建“核电产业知识产权运营中心”，联合参与集中许可专利池入池交叉许可，为知识产权质押和证券化奠定了坚实基础。

（注：该专利在国家知识产权局与世界知识产权组织第二十三届中国专利奖评选中获得金奖。）

2. 大单重特厚铬钼钢板的生产工艺

专利名称：大单重特厚铬钼钢板的生产工艺

专利号：ZL201910390602.5

所属行业：黑色金属冶炼和压延加工

推荐单位：河钢集团有限公司

·发明人——李建朝·

李建朝，男，博士，正高级工程师，2001年4月获得全国五一劳动奖章，先后获得省部级奖项4项，获得授权专利19项。他长期从事钢铁行业的产品工艺研发及生产技术管理工作，在钢铁冶金领域拥有独到的见解和深厚的造诣。自负责河钢集团舞钢公司整体工作以来，他坚持特钢经营方针，加大对技术含量高、附加值高、市场潜力大的产品研发力度。他带领团队先后开发出世界最大厚度180mm厚加钒铬钼钢板、177mm厚铬钼钢板，国内最大宽度不锈模具钢，世界最大断面H13和DIEVAR扁锭电渣锭，成功开发的高锰无磁钢为河钢舞钢进一步参与特变电建设做好了产品储备，依托国家重大专项课题开发的180mm大厚度海工钢填补了国内此领域空白，288mm厚国内最大厚度水电机组座环用钢、230mm厚国内最大厚度级别海上风电用钢进一步彰显了河钢舞钢在厚板行业的领先地位。

·河钢集团舞钢公司·

河钢集团舞钢集团（以下简称“河钢舞钢”）是我国宽厚钢板生产和科研

基地，重要的宽厚钢板国产化替代进口基地，拥有出色的高端宽厚钢板技术研发和生产制造能力。公司具有年产钢500万吨、宽厚钢板400万吨的综合实力。

近五十年来，河钢舞钢坚定特钢之路，坚持做高端、出精品，奠定了在中国宽厚钢板行业的特殊而重要的地位。公司引领行业，主持制订了建筑结构用钢板、临氢设备用铬钼合金钢钢板等13个国家、行业标准。

河钢舞钢16大系列、350多个牌号的产品中，有220多个替代了进口产品或采用外国标准生产，60多个品种出口美国、德国、日本等发达国家。产品大量应用于国家重大工程、重大技术装备。产品在国家大飞机工程、三峡工程、港珠澳大桥、大兴机场、国家大剧院、国家战略石化工程、载人航天事业等领域均发挥了关键性作用。

一、项目简介

采用“锻造+轧制”方式生产的钢板由于单重大、厚度厚、板幅宽且长，锻造结束后的坯料放凉后直接入炉进行加热、轧制时，坯料或钢板极易产生裂纹甚至断裂，直接导致坯料或钢板报废，人力、物力损失严重。本专利为解决防止大单重特厚铬钼钢坯料和成材钢板产生裂纹的问题，公开了一种大单重特厚铬钼钢板的生产工艺。结合实施例及实际生产情况，本专利采用的锻造坯预热工序能有效地消除由于锻造引起的表面裂纹、夹渣、内部撕裂等锻造性缺陷，锻造坯和成材钢板均未出现炸裂、裂纹等，表面平整、质量良好。原有技术采用的坯料扩氢工序目的是充分消除加热、轧制过程中的氢元素，避免氢脆。而本专利针对铬钼钢锻造后的坯料执行的预热工序，目的是消除锻造过程产生的缺陷。因此，本专利的技术方案具有明显的创造性和新颖性，效果也十分显著。

本专利的社会效益和经济效益十分可观，技术方案满足了国内外压力容器制造行业对大厚度钢板的需求，所研发的特厚钢板可广泛用于热高压分离器、加氢反应器等石化设备上，对持续推进特厚规格铬钼钢板的国产化具有重要的现实意义。

二、项目背景

加氢用铬钼钢板使用条件苛刻，在材料长期处于高温、高压及临氢工况下，除要满足基本的常温力学性能外，还须满足高温下强度、抗回火脆化及氢腐蚀的要求，附加值较高。为此，国内外针对加氢反应器用钢材料均进行了大量的研究和开发。

1983年，美国石油学会（API）制定了高温高压临氢压力容器用材开发计划，美国材料性能学会（MPC）负责具体实施。美国钢铁学会（AISI）、美国机械工程师学会（ASME）、美国材料与试验学会（ASTM）以及部分企业用户参与了开发工作。开发小组首先研制了增强型2.25Cr-1Mo钢，美国ASME锅炉和锅炉压力容器规范委员会1984年制定的规范案例1960-1予以认可。与此同时，日本新能源开发组织（NEDO）制定了“阳光计划”，用于研制开发临氢设备用钢。目前，国外生产临氢设备用钢的厂家主要有法国的阿塞洛公司、德国的迪林根公司和日本的神户制钢公司。但目前可以生产50吨级临氢

Cr–Mo钢板的只有法国的阿塞洛公司。

如今，大部分国内企业只能生产厚度在210mm以下的铬钼钢板，钢板厚度在向大厚度方向发展时往往会遇到各方面的表面质量问题，用现有生产方法直接增加钢板厚度，所得到的大厚度钢板易出现裂纹、炸裂问题。因此，首要任务是改进超厚铬钼钢板的生产方法。

本专利技术解决的是大厚度铬钼钢板（低温冲击韧性）性能研究方向中全球公认的核心共性难题，属基础型专利。本专利技术完全自主研发、完全原创。

本专利提出了一种大单重特厚铬钼钢板的生产工艺，包括锻造、预热、加热和轧制工序等。权利要求书的3个条目对以上内容做了完整描述，并对其核心内容——预热工艺做了重点叙述。权利要求书紧扣说明书的发明内容和实施方式，完整准确地给出了受保护的技术方案，提出了合理有效的保护范围。

本专利说明书首先给出了本发明钢板生产工艺的步骤及流程；其次，对钢板的预热工序进行了详细说明；最后，结合一个具体应用实例进一步进行了说明。说明书条理清晰、步骤明确，易于所属领域的技术人员理解和实施，并能有效重现既定的技术效果。

三、项目内容

（一）核心技术指标对比

由于该类技术为国内首创，国内外未见相关报道。

本发明基于锻造结束后的坯料放凉后直接入炉进行加热、轧制，坯料或钢板极易产生裂纹甚至断裂，直接导致坯料或钢板判废等背景，提供了一种能有效消除锻造性缺陷的大单重特厚铬钼钢板的生产工艺，消除了由于锻造引起的表面裂纹、夹渣、内部撕裂等锻造性缺陷，锻造坯和钢板的表面平整、质量良好。如表2–1、表2–2所示，采用本专利技术生产的坯料或钢板的探伤合格率均高于常规方法生产的坯料或钢板；在因裂纹、炸裂等原因导致的坯料或钢板计划外率方面，指标更低，表面质量更优。

表 2–1　常规方法与本方法坯料/钢板探伤合格率对比

实施例	常规方法坯料探伤合格率（%）	本方法坯料探伤合格率（%）	常规方法钢板探伤合格率（%）	本方法钢板探伤合格率（%）
1	96.6	99.7	97.2	99.9
2	94.9	99.5	96.7	99.8
3	95.5	99.2	97.0	99.4

表 2–2　常规方法与本方法坯料/钢板计划外率对比

实施例	常规方法坯料计划外率（%）	本方法坯料计划外率（%）	常规方法钢板计划外率（%）	本方法钢板计划外率（%）
1	2.5	0.6	1.9	0.5
2	2.3	0.9	2.2	0.8
3	2.9	1.3	2.4	1.0

（二）经济效益

2011—2020年底，公司签订高性能铬钼钢板销售合同销量236798吨，吨钢平均销售价格含税18000元，新增销售额42.6亿元；吨钢平均成本含税8961元，吨钢含税利润9039元，实现利润21.4亿元。

（三）社会效益

目前，国内120mm以上且要求长时模焊韧性的大厚度铬钼钢板基本为河钢舞钢独家供货，市场占有率在95%以上。

（1）提升了河钢舞钢公司的产品档次，实现了由中国制造到中国创造的转变。产品实物质量达到国际先进水平，填补了我国乃至世界大型高性能铬钼钢板的多项技术空白，形成了自主知识产权，完善了公司的产品结构，在使200mm以内的大厚度高性能铬钼钢板实现全部国产化的基础上，进一步扩展了超大厚度铬钼钢板的市场。

（2）广泛应用于国内多个石化、煤化工工程，产生了显著的社会效益和经济效益，进一步巩固和扩大了河钢舞钢生产此类钢板的工艺路线和市场竞争力。

（四）行业影响力状况

（1）扩大了石化装备关键材料用钢品种系列，使石化装备关键材料用钢规格多样化，对我国石化、煤化工行业的持续发展具有重要的意义。

（2）对于解决我国油气资源短缺，平衡能源结构，推进国家中长期能源发展战略，降低对外依存度，保障国家能源安全等方面具有非常重要的战略意义。

（3）占领了铬钼钢制造领域的制高点，实现了高端精品技术引领，有效推动了我国石化装备的产业化发展，对国家“一带一路”倡议有着重要的社会意义。

四、项目运用

采用本专利工艺后，坯料和成材钢板均未出现炸裂、裂纹等缺陷，有效消除了由于锻造引起的表面裂纹、夹渣、内部撕裂等锻造性缺陷，锻造坯和钢板的表面平整、质量良好，具有广泛的应用价值。

本专利发明的大单重特厚铬钼钢板已成功应用到氨合成塔等一大批国内重点石化工程项目上。

本项目团队依托平顶山石油公司、煤化工设备用临氢铬钼钢板开发及应用实验室，尝试将本专利技术应用到其他诸如SA387Gr22、SA387Gr12、13MnNiMoR、3.5Ni和09MnNiDR等压力容器用钢领域，发表了一系列相关学术论文，证明了在这些领域应用本专利技术的可能性。

本专利技术未来将会被进一步应用到对大厚度钢板有强烈需求的其他领

域，如海洋工程用钢、核电用钢和军工用钢等。本专利技术在上述领域将有更为广阔的应用前景。

本专利未对生产设备设定相应的限制，因此具有冶炼设备及轧制、热处理设备的一般厂家均可按照本专利要求进行生产。

3. 一种考虑沉管隧道特殊工艺的结构最终沉降量方法

专利名称：一种考虑沉管隧道特殊工艺的结构最终沉降量方法
专利号：ZL201910732127.5
所属行业：交通运输行业
推荐单位：中铁隧道勘测设计院有限公司工会

·发明人——贺维国·

贺维国，男，四川省简阳市人，1976年生，1997年毕业于西南交通大学隧道与地下工程专业，工学学士，中共党员，教授级高级工程师，现任中铁隧道勘测设计院有限公司总经理、天津市隧道安全与风险评估企业重点实验室主任。

贺维国担任国家科技奖评审专家、中国公路学会隧道工程分会第六届理事会常务理事。他获得包括国家科学技术进步奖二等奖在内的省部级以上科技奖28项，优秀设计、咨询奖64项，授权专利100多项，发表论文25篇，出版著作7部，编写国家、行业标准11部。他享受国务院政府特殊津贴，获得“天津市中青年科技领军人才”等诸多荣誉和称号。

二十三年如一日，贺维国不辱使命，攻克了一个个技术难关，始终坚守在隧道与地下空间设计一线，日夜笃行于科技创新前沿。

·中铁第六勘察设计院集团有限公司·

中铁第六勘察设计院集团有限公司（以下简称“中铁六院”）隶属于世

界500强企业中国中铁，成立于2014年8月26日，总部设在天津，是以铁路、城市轨道交通、公路、市政建设等工程勘察、设计、咨询、监理、项目管理、总承包业务为主的大型企业集团，尤其在电气化、隧道以及通信信号等专业领域位居中国领先地位，处于国际先进水平。

中铁六院以助力实现中华民族伟大复兴的中国梦为己任，恪守“合胆同心、和衷共济”企业文化，秉持“诚信为本，创新为魂”核心价值观，尊崇“客户至上，服务至臻”市场理念、“匠心传承，精益求精”质量理念，致力于打造具有显著特色和国际竞争力的工程服务集团。

一、技术原创性及重要性

（一）本专利属于重大改进型专利，解决了本领域关键性、共性的技术难题

传统沉管隧道最终沉降量的计算只考虑了原始地基和隧道外荷载两种影响因素，未能考虑沉管隧道修建工艺中存在的水下基槽超挖、水域环境基槽

内回淤、开挖卸载引起地基回弹、沉管管段间接头结构刚度、灌砂填充管节与基槽间空隙的复合式基础形式等影响因素，导致沉管隧道管段预估沉降量失真，预留沉降量失准，差异沉降量超限，进而给隧道修建和运营带来巨大风险。上述问题已成为本领域亟待解决的关键性、共性技术难题。

针对上述行业的共性难题，本专利首创性地提出了一种专门针对沉管隧道特殊工艺结构的最终沉降量计算方法，提高了沉管隧道最终沉降量预估精度，降低了沉管隧道建设风险，改善了沉管隧道运营条件，属于重大改进型专利，具体包括以下两个技术要点。

（1）本发明给出沉管隧道最终沉降量计算的核心参数，创新提出沉管隧道最终沉降量组成体系，属于行业首创，是沉管隧道领域的突破。

沉管隧道是将预制好的管段依次沉放，对接在预先开挖好的水下基槽内，通过在隧道底部灌砂填充隧道底板与基槽间不均匀的有害空隙，然后回填覆盖形成的大型水下结构，如图3-1所示。其工艺特殊性主要包括以下6个方面：①水下基槽开挖可视性差，开挖深度不够，将导致管段无法准确对接，通常会比设计隧道底面线超挖0.5 ~ 1.0m；②基槽底部原状土体会因为上部土体被挖走而压力减小产生非线性回弹；③管段对接过程中，部分水底淤泥会随水体流动而聚集在基槽底部，形成回淤；④每节管段整体长度超过100m，管段本体和管段间接头的结构刚度差异极大；⑤隧道底部与基槽间的空隙在管段沉放对接完成后灌砂填充，其物理力学参数不能通过常规钻探手段获取，现有的沉降计算手段难以计算出其沉降量；⑥区别于以往水下矿山法和盾构法隧道，沉管法隧道有回填覆盖工序，除隧道本身自重外，覆盖层的压力将对原始地基和灌砂垫层产生二次压缩，从而增加隧道结构最终沉降量。传统沉降量计算时只考虑原始地基和结构重力两方面因素，导致计算偏差极大，不能有效指导前期设计，给后续运营带来极大风险。

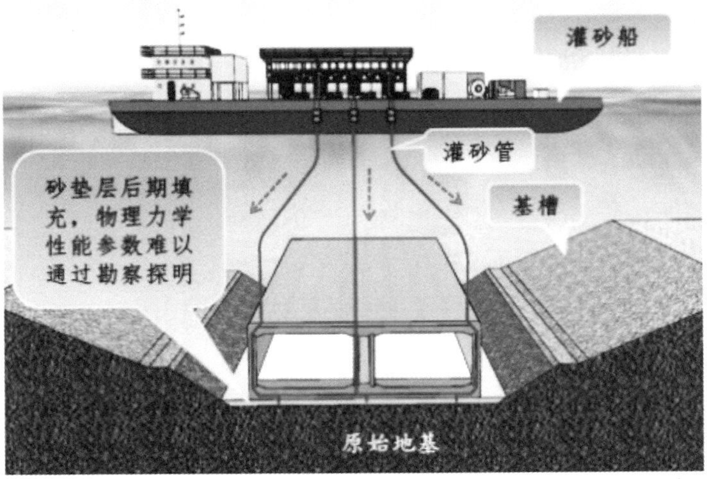

图3-1　沉管隧道工艺

本专利提出了沉管隧道最终沉降量计算核心参数，可便捷、高效地计算出最终沉降量值：影响沉管隧道最终沉降量计算结果的参数众多，其中基础形式影响系数k_1、管段间接头结构刚度影响系数k_2、回淤影响系数K_3、灌砂垫层弹性模量E_φ等都难以通过勘探手段获取准确的参数，这给沉管隧道最终沉降量的计算带来极大的挑战。基于大量物理模型试验和工程现场实测结果反演，本专利提出了上述核心参数的取值范围，大大减少了人员计算基础参数的工作量，极大提高了计算效率。

本专利通过技术创新，提出了综合考虑设备超挖、基槽回淤、地基回弹、接头刚度、垫层参数等因素为体系的沉管隧道最终沉降量组成要素，如图3-2所示，突破了沉管隧道最终沉降量计算难的行业技术瓶颈，属于沉管隧道领域的突破。

（2）本专利揭示了沉管隧道各沉降要素对最终沉降量的影响规律，发明了最终沉降量的精确计算方法。

沉管隧道的最终沉降量S（计算公式如公式一所示）由后续填充的灌砂垫层沉降量S_1和原始地基沉降量S_2组成。灌砂垫层沉降量S_1受垫层厚度H_1、超挖

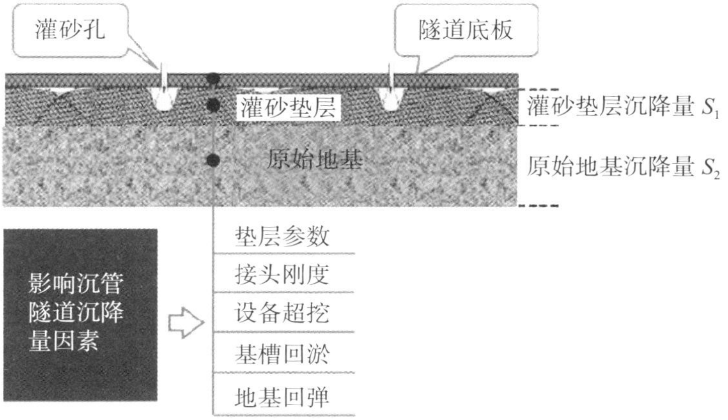

图3–2　沉管隧道影响沉降量因素

深度a、顶部压力P_0、回淤情况k_3、灌砂垫层弹性模量E_φ等因素影响；原始地基沉降量S_2受附加计算附加应力P'，沉降计算厚度H_2，原始地基弹性模量E_S和地基卸载回弹等因素影响；同时，灌砂垫层和原始地基的复核基础形式（影响因素k_1）以及管段间接头结构刚度（影响因素k_2）宏观上都会影响灌砂垫层沉降量S_1和原始地基沉降量S_2。若对灌砂垫层和原始地基沉降量影响因素考虑不足，将使计算结果失真，导致设计缺陷，引起工程事故。

$$S = k_1k_2(S_1 + S_2)$$

$$S_1 = \frac{P_0(H_1+a)}{k_3E_\varphi};\ S_2 = \frac{P'H_2}{E_s} \qquad \text{（公式一）}$$

本专利通过对灌砂垫层和原始地基的沉降分别计算，综合考虑复合基础形式和管段间接头结构刚度影响，保障了沉管隧道最终沉降量计算的精确性。

（二）参评专利为核心专利

本发明专利为一种沉管隧道结构最终沉降测量方法，提出了适用于沉管隧道特殊工艺的沉降量计算方法，大大提高了沉降计算精度。本专利权人所在中铁第六勘察设计院集团有限公司和中铁隧道勘测设计院有限公司作为世界级的隧道和地下空间勘察设计企业，通过围绕本专利技术展开技术布局，更好地保护以沉管隧道建造技术为核心的相关专利布局，以本专利作为确保沉管隧道建设和运营期安全的核心技术，其他十余项专利作为沉管隧道建造辅助技术，建立沉管隧道设计技术的专利布局。以分析方法（CN202010371174.4，专利名称：一种隧道在水中悬浮状态受水动力分析方法）、结构系统（CN202020202826.7，专利名称：一种平地预制模块化运输大型沉管隧道管段的结构系统）、设备（CN201910829957.X，专利名称：沉管隧道基础灌砂专用工程船）、管段制作（CN202010282908.1，专利名称：一种无干坞液压顶推沉管隧道管段制作装置及方法）、使用方法（CN201910732123.7，专利名称：一种沉管隧道专用沉放船及其使用方法）等多方面的专利作为本布局的延展或辅助专利。本专利权人从最终沉降量计算着手，形成了沉管隧道设计技术专利布局，全面保护本专利的核心技术。综上所述，本专利是沉管隧道设计领域的核心专利。

二、技术优势

（一）与同类现有技术相比，本专利的技术优势

（1）本专利考虑的影响沉管隧道最终沉降量要素全面，计算精度与传统方法相比提高了75%，极大改善了沉管隧道结构性能，提升了沉管隧道品质。

传统沉管隧道最终沉降量计算基于结构外荷载大小和原始地基参数两方面因素影响，计算值与工程实际偏差大，极易导致设计缺陷，引起重大工程质量事故。上海某大型沉管隧道通车仅3年，就因不均匀沉降过大而提前大修；宁波某沉管隧道因不均匀沉降超限导致接头漏水，被迫大修。本方法结合沉管隧道工艺特点，不仅考虑原始地基的沉降，还将灌砂垫层沉降纳入总沉降计算，在设计阶段可准确预估出最终沉降量，将沉降计算精度提高了75%，如图3-3所示，为指导管段预抬高量，确保后期管段接头不均匀沉降满足设计要求提供了可靠的方法，极大改善了沉管隧道结构

性能，提升了沉管隧道品质。成果在广东、江西等多个项目中应用，均取得了良好效果。

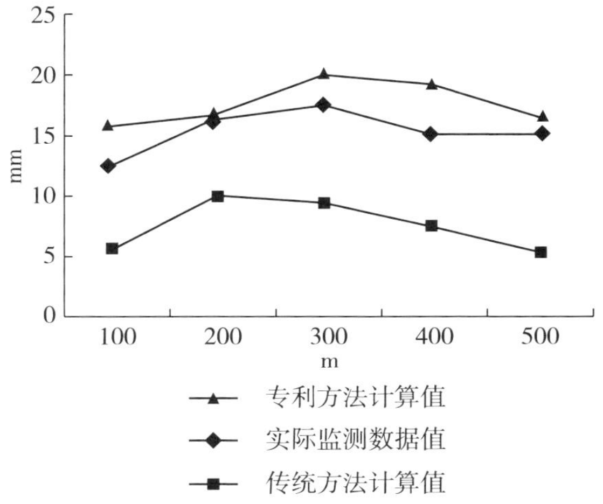

图3–3　广东某沉管隧道沉降量实测情况与理论计算值对比

（2）本专利提出了影响沉管隧道最终沉降量计算的关键参数取值范围，极大提高了施工效率，有效降低了建设成本。

影响隧道最终沉降量的关键参数包括地质参数、接头影响参数、复核地基影响参数。一般结构地质参数通过钻探获取，沉管隧道灌砂垫层在管段结构底部通过后期施工形成，无法通过钻探获取参数（钻探将打穿隧道主体结构）；沉管隧道管段间接头由材质和形状各异的钢结构、钢筋混凝土结构、橡胶结构构成，其刚度对沉降影响的量化值确定困难；沉管隧道的基础由原始地基和灌砂垫层复合叠加，复合地基沉降量需考虑基槽回淤和地基回弹等不利影响因素，影响因素取值如何确定是行业内一直未能解决的难题。本专利通过大量物理模拟试验、理论分析，结合工程现场数据反演修正，如图3–4、图3–5所示，提出了基础形式影响系数k_1、管段间接头结构刚度影响系数k_2、回淤影响系数k_3、灌砂垫层弹性模量E_φ的取值范围，避免了通过其他间接手段获取这些参数的人力、物力和财力的投入，极大提高了施工效率，有效降低了建设成本。

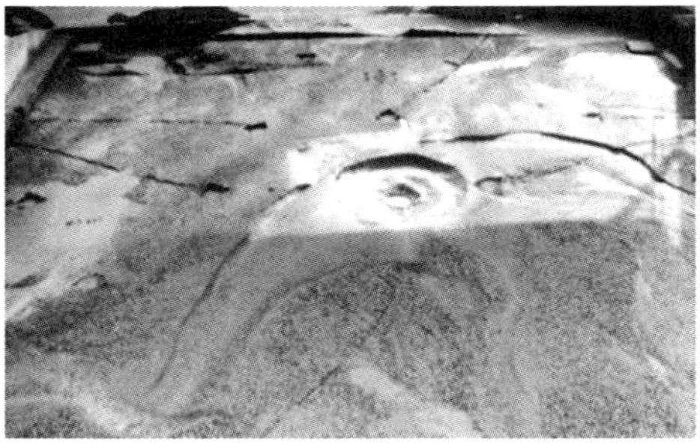

图3–4　灌砂模拟试验

综上所述，本专利首创性提出一种考虑沉管隧道特殊工艺的沉降量计算方法，解决了行业共性难题，涉及的科技成果经第三方评审，整体技术达到国际领先水平。应用本专利技术的工程“南昌红谷隧道”获得国家优质工程金奖和詹天佑奖；包含本专利技术的“超长深埋海底隧道建设关键技术及应用”项目获得2020年天津市科技进步奖一等奖；包含本专利技术的项目“高水差、复合地层内河长大沉管隧道关键技术及应用”获得2019年江西省科技进步奖一等奖。这些都足以说明本发明专利技术的重要性和技术优势。

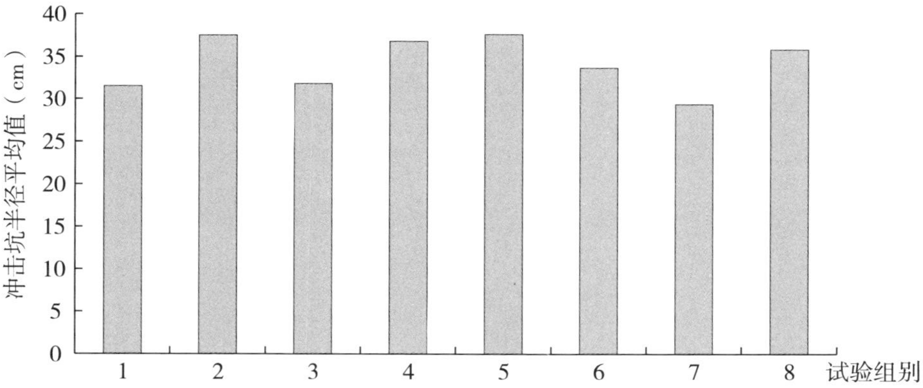

图3–5　灌砂冲击坑半径平均值

（二）本专利技术实施效果的确定性

本专利成功应用于国内外江河中上游最长的沉管隧道——南昌红谷隧道

工程，用于12节管段（总长度1329m）的基础设计和沉降控制，最终工期比计划缩短2年，极大节约了工程造价，并且大大降低了隧道施工对周边环境的影响。南昌红谷隧道建成后，管段的不均匀沉降量得到了极好控制，如图3-6所示。目前，本专利技术还应用在广州金光东沉管隧道、广州东沙—石岗沉管隧道、广州如意坊沉管隧道等国内多座大型沉管隧道项目中。

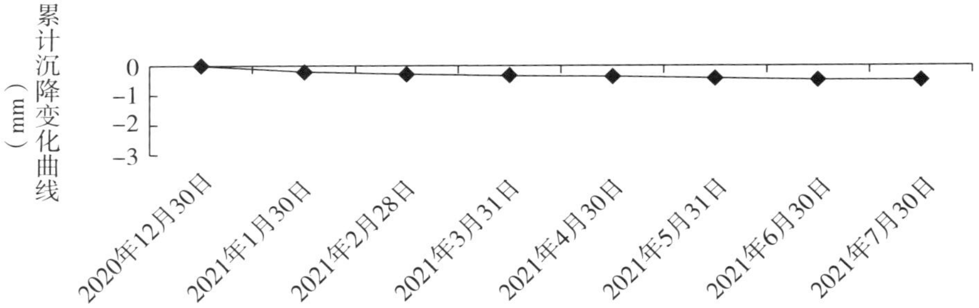

图3-6　南昌红谷隧道E1管段接头沉降实测

本专利技术相关项目实施已经取得了巨大的经济效益，结合上述实施情况，相对于公开的技术方案，说明了本专利技术实施效果的确定性。

（三）技术通用性

本专利精确、高效、便捷的算法实施，使沉管隧道技术在实际实施过程中产生了良好的实施效果，提高了多个行业与领域的生产技术，改善了施工模式，解放了生产力，降低了企业的施工成本，带来了巨大的社会效益和经济效益。

（1）本发明专利目前已应用的领域和范围

本专利技术已成功应用于市政沉管隧道、公路沉管隧道和公铁合建沉管隧道，建成了国内外内河中上游最长沉管隧道——南昌红谷隧道（沉管段总长度1329m）、国内外最大跨度的公铁合建沉管隧道——佛山东平隧道（双向6车道+双向地铁），正在应用于广州金光东和如意坊等多座沉管隧道。

（2）本专利技术可应用的其他领域和范围

随着社会发展，本专利技术应用前景广阔，同样也适用于水工结构的基础工程以及为其他行业涉水工程基础沉降控制提供技术保障。如石油领域水下钻井平台基础工程、航运和货运码头基础工程、跨越江河湖海的桥梁基础工程等。

4. 液流电池端板、液流电池电堆及其装配方法

专利名称：液流电池端板、液流电池电堆及其装配方法

专利号：CN201710780068.X

所属行业：制造业

推荐单位：上海市机电工会

·发明人——杨霖霖·

杨霖霖，女，中共党员，工学博士，高级工程师，毕业于复旦大学电化学专业，现任上海电气（安徽）储能科技有限公司副董事长、常务副总经理，长期从事新型储能技术及电池导电材料的研发工作，是国内液流电池储能行业的领军人物、上海电气集团科技带头人。她带领团队完成了上海市经信委、集团级、院级科研项目近20项，在国内外学术期刊发表论文10余篇，申请专利30余项，出版著作1部。她获得上海市机电工会“三八红旗手”、2018年上海电气“十佳青年”、2020年上海国资系统优秀共产党员、2020年安徽省科技进步奖二等奖、“安徽巢湖经济开发区创新创业领军人才”、“安徽巢湖经济开发区产业创新团队建设工程”、“储能先锋队带头人”等荣誉和称号。

·上海电气集团·

上海电气集团是世界级的综合性高端装备制造企业，聚焦智慧能源、智能制造、智能基础设施三大业务领域，为客户提供工业级的绿色智能系统解

决方案，其业务遍及全球，主要包括新能源、综合能源、环保、医疗器械及工业自动化等。

依托于深厚的科研实力、制造能力、项目经验和资源基础，上海电气集团坚持开放协同、合作共赢，着力推进“智慧能源、智能制造”的双智联动，“产业智能化、服务产业化”的双轮驱动，“能源互联网、工业互联网”的双网互动，以科技赋能产业转型升级。

作为中国工业的领导品牌，上海电气集团坚定不移走高质量发展道路，一百多年来创造了中国与世界电气领域众多第一，入选《全球制造500强》、《财富》中国500强，目前已形成有效专利5819项，位于行业前列。

一、新颖性和创造性

本专利具备新颖性和创造性，公开了一种液流电池端板，包括端板本体。所述端板本体具有用于卡设悬挂梁的悬挂槽，所述悬挂槽从所述端板本体的侧面向内部延伸，并贯穿于所述端板本体的整个厚度方向。悬挂槽可通过与悬挂梁相配合，将液流电池端板和多个电池单体插入悬挂梁，实现横向安装，所占用的空间较小，易安装，安全性高，且无须将液流电池电堆倒置，便可将需要更换的电池单体从悬挂梁拆卸后进行维护，简化了液流电池电堆装配及维护过程。专利解决了现有技术中液流电池电堆安装难度大、安全性低以及后期维护性较差的技术问题。

与现有技术相比，本技术方案具有明显的技术效果，取得了显著的进步。

本专利具有突出的实质性特点和显著的进步，具有《中华人民共和国专利法》第二十二条第三款所规定的创造性。

二、实用性

该专利技术方案具有以下几个方面的优点：①与传统上下垂直装配的方法相比，解决了由于电堆自重导致的上层电池与下层电池受到的压力不一致的问题；②在实际使用过程中，无须将电堆进行90° 翻转，降低了操作的复杂程度，也减少了电堆在翻转过程中由于振动对产品机械结构和气密性能造成的负面影响，提升了产品的质量可靠性；③由于采用悬挂定位的方式进行电堆装配，因此在压制过程中，可以确保中间的框板都能准确定位，不会造成传统垂直上下压制组装时容易出现框板之间滑移的现象，从而提升了产品的密封可靠性。

该专利技术方案在多个十千瓦、百千瓦和兆瓦级项目的电堆设备上得到了长期的应用，具有较好的电化学性能和较高的可靠性，且已连续运行数年未出现电池故障。同时，得益于本设计方案和相应的工艺工装技术，新一代的电堆生产在该技术的改进基础上逐步实现了半自动化装配，大大减少了人工作业，提高了生产效率，提升了产品质量和良品率，从而促进了整个全钒液流电池行业生产自动化技术水平的提高。

三、文本质量

本专利主题明确，说明书从现有技术出发，明确介绍了如何制作液流电池端板，使所属技术领域的技术人员能够确切地理解本专利要求保护的主题。说明书中写明了专利所要解决的技术问题以及解决其技术问题采用的技术方案，并对照现有技术写明有益效果，液流电池技术领域的技术术语表述准确。

四、技术原创性及重要性

该专利涉及的技术方案解决了全钒液流电池领域普遍存在的装配难度大、产品合格率低、质量不稳定等共性问题，是专利布局中的基础专利，属于核心专利，拥有重要的价值，具有一定的技术原创性。

本专利所采用的技术方案不仅大幅度提升了产品的质量稳定性和性能一致性，减少了装配操作的复杂度，还为产品自动化生产的实现提供了条件。因此该专利所提供的技术有效解决了本领域的上述共性技术难题，其示范效应也有利于整个行业生产技术水平提高。

五、技术优势

（一）效率显著提升

采用该专利技术的新型大功率电堆，单堆功率为50kW，效率为85%，两项指标均为国内领先水平。单位容量下的电堆个数减少，提高了系统的集中度和整体效率，也简化了电池管理系统的控制点数，提高了系统的可靠性。

（二）安全可靠

采用该专利技术制成的全钒液流电池，可燃性物质为含碳双极板、碳毡电极和塑料管路，其主要用于容纳和接触大量的水系电解液，不会发生燃烧。

（三）密封技术

该专利技术突出了独特的密封结构设计，配合特有的电堆内部结构，提高了密封措施的冗余度，可有效保障电解液内部循环的良好密封效果。

六、技术通用性

采用该专利技术制造的液流电池广泛应用于电力系统“发—储—配—用”的各个环节。

（1）新能源发电侧：可再生能源发电具有明显的不连续性和不稳定性，对电网的稳定性有一定影响；带来电力过剩无法消纳或者电力不足导致电价波动的问题。

（2）电源侧和电网侧：缓解负荷对电网的冲击，提高负荷；友好性平衡电网峰谷差，提高用电经济性；补偿电网电压及频率偏差，改善供电品质；电厂改造小，实现二次调频；有效提高电网频率的稳定性，具有快速动态响应速度。

七、专利运用

上海电气集团是本专利的专利权人，其中央研究院是本专利产品研发的实施主体，于2019年12月孵化成立上海电气（安徽）储能科技有限公司。该公司作为储能液流电池产业化实施主体，中央研究院以排他许可方式将本专利许可给上海电气（安徽）储能科技有限公司使用。

截至2020年12月，该专利技术已成功应用于以下6个项目。

（1）日本山梨县100kW/380kW·h光储示范项目。

（2）国家电投青海450MW风电场配套1MW/5MW·h液流储能项目。

（3）汕头智慧能源1MW/1MW·h液流电池储能项目。

（4）湖南常德风光柴储氢微电网10kW/60kW·h液流储能项目。

（5）安徽海立精密铸造有限公司1MW/4MW·h液流储能电站项目。

（6）澳大利亚10台2.5kW/kW·h户用储能项目。

以上项目的实施和商业化应用将进一步提升液流电池储能技术的应用广度和深度。

八、专利保护

本单位拥有液流电池相关专利47项，所涉及内容包括液流电池产品的结构设计、极板的制造方法、电堆组装、整体性能测试及其在储能系统中的具体应用等方面，专利布局全面。根据产品组成或场景应用等主题形成不同的专利组合，根据实施需求发挥其作用，形成全面保护。

九、制度建设及条件保障和执行情况

为促进知识产权发挥其应有的价值，上海电气集团围绕集团发展战略，对标国际第一梯队企业，逐步完善上海电气知识产权管理组织体系，制定《知识产权处置管理制度》，规范上海电气集团知识产权处置管理，明确知识产权处置对象、处置程序与管理权限，保障知识产权处置行为和实施过程合规合法。通过制定《技术类知识产权管理制度》，明确职务发明的专利权属，对知识产权创造、管理、保护和运用作出了具体规定。

十、社会效益状况

专利所涉及的技术主要应用于液流电池相关领域，其普遍采用的制造方法都是水平堆叠再与压机上垂直压制装配，这种制造方式的装配复杂度高，压制时电堆中各个电池模块的受力不均匀，造成产品质量不稳定，而且由于工艺复杂，难以实现自动化。

采用本专利所述的技术后，促进了产品合格率的提高，产品装配完毕后的气密检测合格率从原来垂直装配工艺的低于90%提高到98%以上，而且产品的一致性也得到了大幅度的提高。

十一、行业影响力状况

本项目所涉及的技术内容主要用于电堆的生产制造领域，由于在装配过程中可以精确定位，并且在压制过程中可以均匀受力，有效避免了传统方案中存在的问题，大幅提高了产品性能的一致性以及产品制造的良品率。该工艺方法为自动化生产提供了可行性，实现了半自动化装配，将生产效率提高了近3倍。这一成果对于整个液流电池行业提高产品质量、提高生产效率、降低生产成本都具有促进作用。

十二、政策适应性

根据我国二氧化碳排放2030年前达到峰值、2060年前实现碳中和的目标，未来十年光伏、风电等新能源发电产业年均将增加装机规模120GW，保守估计未来国内新能源发电侧储能每年将新增12GW市场份额，其中液流电池储能将有近1.2GW的可预期新增市场份额。

本项目所涉及的技术方向属于国家在未来30年到40年内重点发展的储能技术领域的关键技术之一，是液流电池得以普及和广泛用于大规模储能中的关键性支撑技术。其所在的储能产业也是国家大力扶持的热点行业，液流电池储能行业的高质量发展对于我国实现2030年碳达峰和2060年碳中和的世纪目标至关重要。

5. 一种利用地铁出入口兼作施工斜通道结构及施工方法

专利名称：一种利用地铁出入口兼作施工斜通道结构及施工方法

专利号：ZL201510649961.X

所属行业：城市轨道交通行业

推荐单位：中铁隧道勘测设计院有限公司工会

·发明人——宋超业·

宋超业，男，39岁，中共党员，正高级工程师，中铁隧道勘测设计院有限公司副总工程师、第一分院院长。他来自皖鄂交界大别山区，长期从事隧道与地下工程的设计研究工作，在穿江越海隧道和岩质超大跨隧道建设方面取得了一系列创造性成果。他构建了海底隧道高烈度、高水压、长距离下的设计理论与方法，首次进行了内河沉管隧道在大流速、高水差下的技术研发，应用于15座水下隧道，节省成本超5亿元。他提出岩质地层浅埋暗挖大跨隧道新型结构和设计理论，建成了单跨70m级的世界最大跨度隧洞工程。他获得省部级科技一等奖三项，二、三等奖8项，发表论文37篇，获发明专利14项；先后获得“中国中铁专家”“中国青年科技奖天津市有效候选人”“中国中铁青年岗位能手”等荣誉和称号。

·中铁第六勘察设计院集团有限公司·

中铁第六勘察设计院集团有限公司（以下简称“中铁六院”）隶属于世

界500强企业中国中铁，成立于2014年8月26日，总部设在天津，是以铁路、城市轨道交通、公路、市政建设等工程勘察、设计、咨询、监理、项目管理、总承包业务为主的大型企业集团，尤其在电气化、隧道以及通信信号等专业领域位居中国领先地位，处于国际先进水平。

中铁六院以助力实现中华民族伟大复兴的中国梦为己任，恪守“合胆同心、和衷共济”企业文化，秉持“诚信为本，创新为魂”核心价值观，尊崇“客户至上，服务至臻”市场理念、“匠心传承，精益求精”质量理念，致力于打造具有显著特色和国际竞争力的工程服务集团。

暗挖地铁车站的传统开挖方式是利用两端风井及风道作为施工竖井和通道，一口竖井只能打开一个工作面。为满足施工组织要求，一座车站须设置

2个至3个施工竖井，占地点位多、面积大，场地协调难度大；竖井尺寸大，深度一般在20m以上，且长时间处于临时支护状态，施工风险高；渣料采用垂直提升方式运输，工效低、费用高、工期长，此类施工方法难以满足高效、安全修建地铁车站的需求。

针对上述行业关键性、共性技术难题，本专利首创性地提出了新型施工通道结构及其施工方法，该通道结构结合地铁出入口修建工作，不额外占用施工场地，且能创造多个工作面，渣料采用水平无轨运输，施工方便快捷、工期短、造价低，属于重大改进型专利，具体包括以下3个技术要点。

（1）本专利采用创新型可兼作出入口结构的施工斜通道结构，为车站主体的施工提供了双作业面条件，实现了渣料水平无轨运输。

本专利将明挖敞口段、暗挖斜通道、人防平直段和进站挑高段依次相连通形成施工斜通道结构，如图5-1、图5-2所示。充分利用出入口人防及进站平坡段，斜坡段坡度≤14%，施工斜通道净宽≥4.5m，净高≥5.0m，运输车辆可以自如进入车站主体施工，实现了渣料水平无轨高效运输，且施工通道与车站接口处于车站中间部位，单个斜通道即可满足施工组织需求，为主体施工提供了双作业面，加快了施工进度。

图5-1　传统竖井提升样例

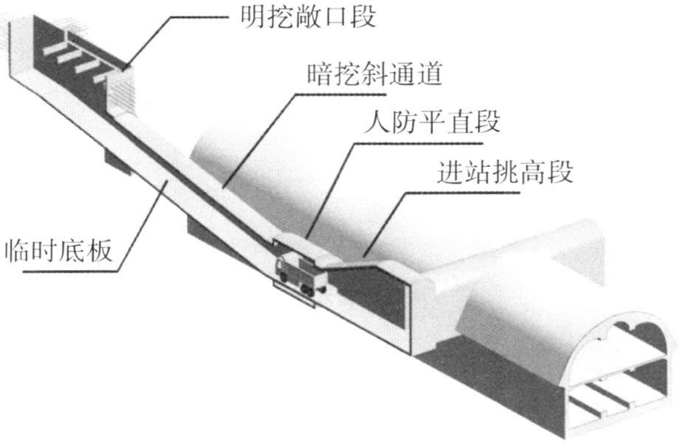

图5-2　斜通道水平运输方式

（2）本专利的施工斜通道新型创新技术，实现了临时结构到永久结构的快速、安全转换。

本专利分别对明挖敞口段、暗挖斜通道、人防平直段和进站挑高段提出相应的开挖、支护及后期改造施工工艺，其主要技术为：明挖敞口段结合地质条件采用相应的围护形式，后期改造通过模筑二衬及在出入口结构两侧、底板下方回填C20素混凝土完成；暗挖斜通道采用超前和初期支护措施开挖至人防平直段，后期改造通过破除临时底板，向下开挖至出入口底板标高，模筑二衬及拱部上方回填C20素混凝土完成；人防平直段采用相应暗挖支护措施进行开挖支护，后期改造直接模筑人防段二衬即可；进站挑高段采用超前和初期支护措施，拱顶以1∶3的坡度逐渐与车站主体相接，后期改造通过模筑二衬及拱部上方回填C20素混凝土完成，同时在出入口结构二衬拱部预埋注浆管，进行二衬背后注浆，保证二衬背后填充密实。上述施工技术保障了施工斜通道安全、快速地转换为出入口结构。本专利的施工斜通道与出入口结构转换纵断面如图5-3所示。

（3）本专利充分利用出入口特征，极大减少了废弃工程量。

本专利提出的施工斜通道充分结合出入口结构特征进行分段布置，通道的净宽、净高采用出入口结构的二衬结构宽度和高度，明挖敞口段和进站挑

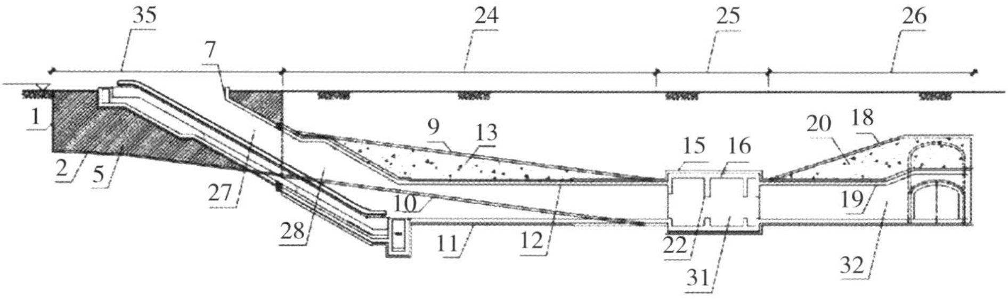

图5-3　本专利的施工斜通道与出入口结构转换纵断面

1—基坑侧壁支护；2—基坑底板垫层；5—明挖回填层；7—出入口混凝土结构；9—施工通道初期支护结构；10—斜通道施工通道底板；11—后期开挖出入口初支结构；12—暗挖斜坡段二衬结构；13—暗挖斜坡段回填混凝土层；15—人防初期支护结构；16—人防二衬结构；18—进站挑高段初期支护结构；19—进站挑高段二衬结构；20—进站挑高段回填混凝土层；22—门垛结构；24—暗挖斜通道；25—人防平直段；26—进站挑高段；27—明挖出入口通道；28—暗挖斜通道；31—人防通道；32—进站通道；35—明挖敞口段

高段与出入口结构重合度高，人防平直段与出入口结构人防段结构一致，仅需拆除暗挖斜通道临时底板，废弃工程量极小。本专利的施工斜通道与出入口结构对比如图5-4所示，人防平直段与出入口人防段结构对比如图5-5所示。

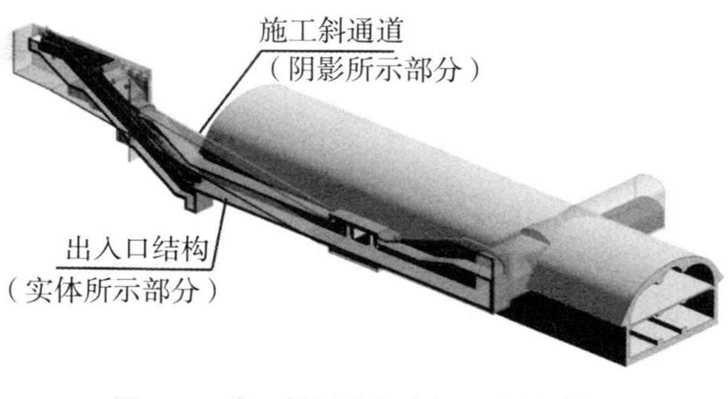

图5-4　施工斜通道与出入口结构对比

本专利技术充分结合出入口特征进行施工斜通道布置，采用明暗结合和斜坡挑高等分段组合方式，可实现良好进站施工功能，与常规技术相比，具有以下3个显著优势。

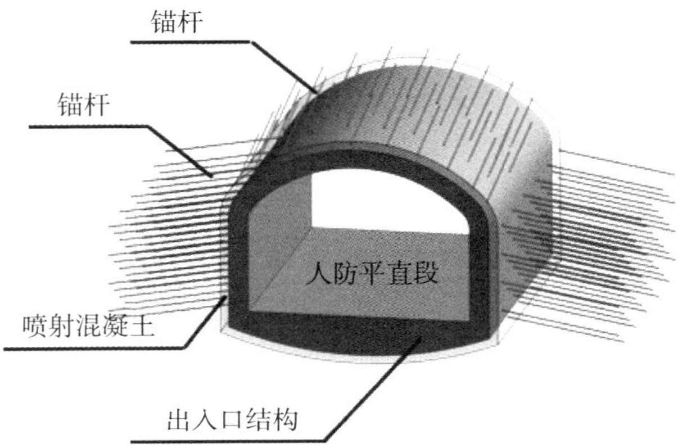

图5–5　人防平直段与出入口人防段结构对比

（1）本专利的施工斜通道结构，将渣料运输方式由传统的竖井垂直提升转变为水平无轨运输，运输效率可以提升80%，且一个出入口可为车站主体施工提供双作业面，车站开挖综合进度可以提升28%。

暗挖地铁车站的常规做法是利用风井及风道组织进站施工，渣体与材料依靠竖井垂直运输，并需倒运才能到达工作面，环节多，容易相互干扰，且竖井受尺寸和井架吊装能力的限制，凿岩机、大挖机等大型设备需要解体后吊入车站内再安装，降低了施工效率。垂直提升效率较低，单井口每小时渣料运量约为20m^3，一个施工竖井只能开辟一个工作面，为满足施工组织要求，一座车站需设置2个至3个施工竖井，占地耗时长、难度大。

本专利提出的施工斜通道可供车辆运输使用，设备和材料可直接运至工作面，单通道每小时渣料运量约为36m^3，运输效率可以提高80%；斜通道暗挖进洞速度快，与主体接口处于车站中间部位，能够快速同时开辟两个工作面，一条通道即可满足车站施工组织需求。采用此种方式进行车站开挖，综合进度指标可以提升28%，以全长200m地铁车站为例，采用本专利提出的施工斜通道结构可以缩短工期120天。

（2）本专利提出的施工斜通道运输方式较传统竖井垂直提升系统具有设备投入少、能耗小、成本低等优势，且工效提高带来的经济效益明显。

常规的竖井提升方式需在井口架设龙门吊或井架，并配备抓斗、电动葫芦等提升及倒转机械，设备投入多；竖井深度多在20m以上，提升作业不间断进行，能耗较大；竖井占地面积大，工期时间长，成本较高。

本专利提出的施工斜通道依靠低速自卸运输车运输，设备投入少，且施工斜通道结合出入口结构修建，无须额外占地，资金投入少，工期短，能够降低企业管理、设备折旧及占地费用等，产生的经济效益明显。综合人、机、料投入情况，单个车站可降低成本约753万元，经济效益提升明显。

（3）本专利提出结合出入口布置的施工斜通道及其施工方法工艺成熟，技术安全可靠。

本专利提出施工通道形式采用明挖敞口段、暗挖斜通道、人防平直段和进站挑高段分段组成，充分结合出入口结构特征和岩体力学特点，整体实施简单，支护手段灵活，且后期施工作业出入口结构仅拆除暗挖斜通道的临时底板即可，无须破除原支护体系，受力转换简单，可实现安全作业，技术可靠。

本专利成功申请后，已在国内多个工程推广应用，具体涉及“北京轨道交通28号线工程”“大连地铁5号线工程”“济南市轨道交通M1线工程”“北京轨道交通13号线扩能改造工程”“北京轨道交通22号线工程”等项目，取得了巨大的社会效益，具有得到市场认可的技术稳定性和优越性。

本专利专利技术在工程应用中取得了多项行业荣誉，2018年“大连地铁1号线兴工街站设计”获得天津市授予的“天津市‘海河杯’一等奖”，2017年“国内首座复杂环境下洞柱法超大跨单柱车站”被中国土木工程学会授予“城市轨道交通技术创新推广项目”，2021年“强透水地层暗挖地铁车站机械化建造关键技术研究及应用”被中国铁路工程总公司授予“中国铁路工程总公司科学技术奖二等奖”等。

本专利已经成为目前国内较为成熟的考虑地铁出入口兼作施工斜通道

结构及施工方法，凭借着本专利产品精确、高效、便捷的结构，使利用地铁出入口兼作施工斜通道结构技术在应用过程中产生了良好的实施效果。该技术已推广至包括城市轨道交通、大型地下空间开发、矿产及能源建设等多个领域，提高了多个行业的生产技术，改善了生产模式，解放了生产力，减少了企业的生产成本、人力成本，带来巨大的社会效益和经济效益。

6. 动车用低烟无卤阻燃高伸长率聚烯烃电缆料及制备方法

专利名称：动车用低烟无卤阻燃高伸长率聚烯烃电缆料及制备方法
专利号：ZL201410453145.7
所属行业：电气机械和器材制造业
推荐单位：安徽华菱电缆集团有限公司

·发明人——陈龙·

陈龙，男，1982年4月生，材料学硕士，安徽华菱电缆集团有限公司副总工程师，高级工程师。他从事特种电线电缆材料研发与应用工作，具有丰富的科研项目实施与管理经验。他作为公司技术创新带头人，承担国家、省、市各级项目科研项目7项，其中主持安徽省科技重大专项项目1项，省级科技计划项目1项，作为主要完成人参与安徽省科技重大专项项目1项，开发新产品、新技术30余项，创造近10亿元销售收入，获得专利20余项，作为主要完成人获得安徽省科学技术奖二等奖2项、安徽省专利优秀奖2项，获得“安徽省技术领军人才”称号。

·安徽华菱电缆集团有限公司·

安徽华菱电缆集团有限公司是安徽省电缆行业的领军企业。公司始建于1990年2月，经过三十多年的发展，已成为国内特种电缆制造骨干民营企业之一。公司是国家级高新技术企业、国家级专精特新重点小巨人企业，安徽

省优秀民营企业，拥有国家级博士后科研工作站、特种电缆国家地方联合工程研究中心等五大研发平台。公司注册商标——“欣菱”先后被评为“安徽省著名商标”“中国驰名商标”。目前，公司拥有国家专利92项，其中发明专利6项，参与编制国家及行业标准24项，通过省级成果鉴定13项，获得省科学技术奖二等奖3项，安徽省质量管理奖1项，安徽省企业管理进步成果一等奖1项。

本专利属于高分子材料技术与科学领域，涉及一种电线电缆料，为一种动车用低烟无卤阻燃高伸长率聚烯烃电缆料及制备方法。公司为了获得高速动车组用电线电缆的市场竞争优势，进行了高速动车组用电线电缆系列专利的申请，采用该材料作为电缆的绝缘和护套材料，共申请并授权了5项实用新型专利，利用本专利的基本原理申请了2项发明专利并进入实审。

一、技术原创性及重要性

本专利的技术要点主要包括通过采用基础材料添加阻燃剂、补强剂、相容成分等方式，实现橡胶和塑料两种具有不同分子结构和分子量的材料互相交联，并具有优异的阻燃、高强度、高伸长率、耐油、耐酸碱等性能，同时还公开了该材料的制作方法。专利内容注重原创性和新颖性，并非某一其他专利的复制和改进，因此属于基础型专利。

本专利解决了本领域关键性、共性的技术难题。国内时速350公里以上动车用耐弯曲电缆一直以进口电缆为主，其绝缘和护套材料均由国外电缆生产厂家开发，其对国内电缆生产厂家始终保持技术壁垒。而国内主要原材料生产厂家在开发该材料时无法实现橡胶、塑料、有机、无机等材料的完全相容，也无法解决该材料易老化和无法通过小分子燃料油性能测试的行业共性问题。本专利公开的材料配方和加工方法，完全满足我国自主研发的时速350公里"复兴号"高速动车组对耐弯曲电缆绝缘和护套材料的技术要求。尤其是具有高分子量和弹性的橡胶类材料三元乙丙橡胶，能够与分子结构规整且具有高度结晶性的塑料材料高密度聚乙烯实现两相融合，不仅解决了高分子材料中复合材料（高分子合金）相分离的关键共性问题，还实现了多种无机材料在高分子材料中的相容性问题，包括氢氧化镁、氢氧化铝、二氧化硅等高比表面积的无机填料，解决了高分子材料易老化、不耐小分子燃料油的共性问题。通过4个实施例的试验结果证明，本专利不仅解决了本领域关键性、共性的技术难题，还具有实施简单、效果显著的特点，以其作为绝缘和护套的高速动车组电缆目前已在国内各大主机厂使用，各类电缆累计销售收入超过5亿元，是本领域最重要的专利之一。

二、技术优势

本专利公开了动车用低烟无卤阻燃高伸长率聚烯烃电缆料的成分，包括高密度聚乙烯、线性低密度聚乙烯、阻燃剂、二氧化硅、乙烯－醋酸乙烯酯接枝马来酸酐共聚物、弹性体、抗氧剂、润滑剂。本专利还公开了上述电缆料的制作方法为将按重量份数复配好的聚烯烃和助剂加入高速混合机中，在转速1000～1500r/min时混合5～10min后，再经双螺杆挤出机在150～170℃下混炼、造粒，得到电缆料。目前国内未发现类似专利及其材料开发技术，与之相近的专利如"一种微交联低烟无卤阻燃聚烯烃电缆料及其制备方法"（专利号：ZL201510711552.8）中涉及一种微交联低烟无卤阻燃聚烯烃电缆料及其制备方法。此制备方法制造的聚烯烃电缆料具有耐高温、不开裂、柔软且无卤阻燃的特点。技术方案采用的原料为乙烯醋酸乙烯酯共聚物、过氧化物硫化剂、阻燃剂、界面相容剂、润滑剂以及抗氧剂。制备方法的具体步骤包括将乙烯醋酸乙烯酯（EVA）与过氧化物硫化剂（DCP）熔融共混，双螺杆挤出，干燥，制得包覆DCP的EVA母料；将包覆DCP的EVA母料、阻燃剂、界面相容剂、润滑剂、抗氧剂在密炼机中混合均匀，通过双螺杆挤出造粒。与之相比，本发明采用的基料为高密度聚乙烯、线性低密度聚乙烯和弹性体，并采用乙烯－醋酸乙烯酯接枝马来酸酐共聚物作为相容剂。这4种材料具有不同的特性，高密度聚乙烯为复合电缆料提供高强度和高伸长率，线性低密度聚乙烯的作用是使复合电缆料可添加大剂量的如无机阻燃剂、补强剂等无机材料，弹性体进一步提高材料的弹性并起到一定的相容作用。

三、技术通用性

本专利所述的复合材料制备方法和制备技术已经应用到高速动车组用电线电缆中，其材料性能指标可满足时速350公里动车组用电线电缆中对绝缘和护套材料的要求。目前采用该材料作为绝缘和护套的产品包括NH-C-WL1型电缆、NH-WL1型电缆、NH-WLM2型电缆以及NH-WEX型电缆。同时由于其优异的性能，在EN50306、EN50264等系列产品中应用更为广泛，已经成为高速动车组用电缆的通用材料之一。

四、专利运用

公司为保证专利的实施，投资3000万元用于建设专用原材料生产车间，实现该材料的产业化。项目名称为高速轨道交通用新材料，建设地点为安徽华菱电缆集团有限公司内，总投资3000万元，其中固定资产投资2400万元，流动资金600万元。项目于2017年7月3日经无为市经济和信息化委员会备案。项目所需资金由安徽华菱电缆集团有限公司自有资金承担，未申请贷款。

本专利自2017年初获得授权后，所开发的材料直接应用于高速动车组用电线电缆上。截至2020年底，安徽华菱电缆集团有限公司销售高速动车组用电线电缆183540km，实现销售收入98298.84万元，新增利润14052.96万元。

自2017年本专利产品成功上市以来，面向各企业单位推广应用。截至2020年底，应用本产品的企业包括中车青岛四方机车车辆股份有限公司、中国北车集团大同电力机车有限责任公司、中国北车集团大连机车车辆有限公司、中车株洲电力机车有限公司和江苏常州庞巴迪牵引系统有限公司。其中中车青岛四方机车车辆股份有限公司是本专利应用产品的最大用户，其生产的每一辆动车组都有本专利产品。用户一致认为该项目产品性能稳定，完全符合技术要求，可替代进口同类产品。

五、专利保护

专利权人为获得市场竞争优势，在专利保护方面所采取的措施及成效包括但不限于专利维权、国际申请、系列专利申请等。

安徽华菱电缆集团有限公司开发动车用低烟无卤阻燃高伸长率聚烯烃电缆料及制备方法，并在专利保护方面采取了积极的措施。由于本专利的独特性，到目前为止，未有实质性侵权行为。公司为了获得高速动车组用电线电缆的市场竞争优势，进行了高速动车组用电线电缆系列专利的申请。采用该材料作为电缆的绝缘和护套材料，共申请并授权了5项实用新型专利，利用本专利的基本原理申请了2项发明专利并进入实审，其详细清单如表6-1所示。这些系列专利的申请，为公司有效保护本专利提供了有力保障。

表6-1　系列专利信息汇总

序号	系列专利名称	专利类型	状态	专利号/申请号	授权/受理时间
1	一种多芯屏蔽机车车辆电缆	实用新型	授权	ZL201620225397.9	2016-10-05
2	一种高速动车组用耐高温机车车辆电缆	实用新型	授权	ZL201620225396.4	2016-10-05
3	一种中国标准动车组连接器耐弯曲中压电缆	实用新型	授权	ZL201620225395.X	2016-10-05
4	一种动车组用耐弯曲电缆	实用新型	授权	ZL201821248936.6	2019-03-29
5	一种时速350公里动车组用耐光热老化电缆	实用新型	授权	ZL201821248189.6	2019-04-26
6	耐光热老化低烟无卤阻燃聚烯烃电缆料及其制备方法	发明	受理/实审	201810869438.1	2018-08-02
7	结壳型高伸长率低烟无卤阻燃聚烯烃电缆料及制备方法	发明	受理/实审	201810869439.6	2018-08-02

7. 一种保证准东煤锅炉安全运行的煤质参数控制方法

专利名称：一种保证准东煤锅炉安全运行的煤质参数控制方法
专利号：ZL201910071463.X
所属行业：火力发电
推荐单位：中国华能集团有限公司

·发明人——刘家利、姚伟、方顺利·

刘家利，女，1976年6月生，硕士研究生毕业，正高级工程师。2003年7月毕业于重庆大学，毕业至今，一直工作在西安热工研究院，主要致力于燃煤特性与锅炉主机及辅机的匹配性研究。她获得中国电力科技进步奖二等奖4项、省部级科技进步奖2项，20余项发明专利和4项软件著作权，合作出版专著1部，编制标准3项，发表论文10余篇。

姚伟，男，1964年4月生，研究员。1985年7月毕业至今，一直在西安热

工研究院从事电厂锅炉专业工作，现任华能集团首席专家，享受国务院政府特殊津贴，“百千万人才工程”国家级人选，享受“三秦人才津贴”，获聘国家科学技术奖励专家库专家，国家科技专家库专家，中国博士后科学基金会评审专家，陕西省科技评审专家库专家，华能集团和神华集团科技评审专家库专家；电力行业锅炉标准化技术委员会委员、秘书长，全国煤炭标准化技术委员会委员，中国电机工程学会会员。

方顺利，男，1985年7月生，高级工程师。2012年11月毕业于华中科技大学，获博士学位。他主要从事常规、非常规燃料的燃烧特性，与电站锅炉适应性、锅炉智能燃料掺混及燃烧等方面的工作。他获得省部级科技进步奖10余项，作为主要完成人起草行业标准9项，作为第一发明人授权发明专利7项及海外专利1项。

·西安热工研究院有限公司·

西安热工研究院有限公司（一般称“西安热工研究院”，简称“西安热工院”，英文缩写“TPRI”），是我国电力行业国家级热能动力科学技术研究与热力发电技术开发机构。

西安热工研究院科技队伍实力雄厚、技术过硬、作风顽强，试验设施和实验设备先进齐全。近半个世纪，西安热工研究院以提高火电机组安全运行的经济性和可靠性、提高能源转化利用率、减少污染物排放为目标，致力于清洁煤发电技术、火电机组安全经济运行技术、火电机组自动控制技术、电厂化学水油处理技术和节水技术、电站新型材料技术、电站重要部件设备寿命评估及管理技术、电站状态检修技术、电站远程诊断网络技术、新能源发电技术、电力设备监督检验技术、机组启动调试技术、火电机组辅机技术以及电站建设相关技术等领域的研究开发，并在火电工程和核电常规岛工程技术领域进行咨询服务，同时重视在相关技术领域进行工程化应用研究及相关

高科技产品与装置的开发、生产、销售。

历年来，西安热工研究院已完成国家各部委、中外合作及重大科技攻关科研项目400余项，获得国家级科研成果奖80余项，省部级科研成果奖260余项；制、修订国家及电力行业标准400余部；编著并出版专著80余部；获得国家专利200余项，软件著作权40余项。

一、项目背景

我国煤炭资源分布总体呈北多南少、西多东少，西北地区的煤炭资源在我国占有举足轻重的地位，煤炭资源总量居全国各大区之首。

新疆准东地区和哈密市是我国特高压输电网络的关键电源点，同时也是我国国家级大型煤电能源基地。这些地区富藏的高碱煤是主要的发电燃料，其开采能耗低，特别符合燃煤发电机组高效、低污染、稳定与灵活运行的需求，在保证煤电实现“碳达峰、碳中和”的过程中发挥兜底作用的同时，本身还具有明显的减碳效果，是“3060”期间优质的发电用煤。然而，高碱煤中的碱金属在燃烧过程中极易气化，在锅炉受热面上均能凝结，极易捕获灰粒并形成低温共熔体，进而形成完全熔融、致密的严重结渣、沾污，给锅炉的安全稳定运行带来极大影响，至今国内外尚未解决此类问题，属于世界级难题。现役准东（高碱煤）锅炉大都通过掺烧低钠煤、高岭土或者类似添加剂来降低入炉煤的结渣和沾污性，提高燃烧安全性。

目前大型电站锅炉掺烧准东煤存在的问题主要包括以下两个方面。

（1）已有研究成果为不同煤灰成分以及相关煤灰成分指标对准东煤结渣、沾污性能的影响，但并未给出保证准东煤机组安全运行时各指标的具体控制范围，可操作性较差。

（2）已有研究成果依据乌鲁木齐周边地区掺烧准东煤的中小容量电站锅炉运行实践情况，得出煤灰中Na_2O的含量可作为保证锅炉安全运行的监测指标，但忽视了其他煤灰成分对准东煤结渣、沾污性能的影响。该研究结果是基于早期的非准东煤锅炉或者防结渣和防沾污措施不足的准东煤锅炉总结得出，已不适应目前最新设计的具有优良防结渣和防沾污性能的准东煤锅炉。因此，在实际掺烧过程中大多仅凭经验控制Na_2O含量，当煤质波动或者掺烧比例控制不当时容易造成严重的结渣和沾污问题，严重制约了准东煤作为动力煤的安全、清洁、高效燃烧，造成了煤炭资源的极大浪费，影响能源的安全供应和国家“西电东送”战略的实施。

二、项目内容

本专利涉及煤粉锅炉安全运行的技术领域，具体为一种保证准东煤锅炉安全运行的煤质参数控制方法，适用于具有良好防结渣和防沾污性能的准东煤锅炉，可用于准东煤锅炉的燃煤掺配或者燃煤与高岭土的掺配等。本专利针对高碱煤安全、高效、清洁燃用的重大需求，在基础理论，结渣沾污防控关键技术，大容量高碱煤电站锅炉设计开发、运行以及工业应用等方面开展了全面系统的研究工作，从锅炉结渣、沾污方向得到了保证准东煤锅炉安全掺烧的煤灰成分指标控制方法，通过对单一小指标和组合指标的共同控制保证了准东煤机组的安全运行。具体内容包括以下4个方面。

（1）通过准东混煤的煤灰成分包括SiO_2、Al_2O_3、Fe_2O_3、CaO、MgO、Na_2O、K_2O和TiO_2，得到准东煤结渣、沾污性能的相关控制指标。

（2）提出了保证准东混煤的结渣、沾污性能在安全范围内的控制指标极限值，具体包括混煤的Na_2O、Fe_2O_3、CaO、B（煤灰碱性氧化物的总含量）、B/A（煤灰碱性氧化物与酸性氧化物之比）、B/A × Na_2O指标。

（3）系统考虑了不同控制指标之间的相互影响，并进行指标关联性控制，避免了相关指标同时达到极限值。

（4）将控制指标与锅炉炉膛设计即锅炉的抗结渣、抗沾污能力相结合，保证了准东混煤在不同抗结渣、抗沾污能力的锅炉上的安全燃用。

三、项目的技术优势

（1）本专利首次协同考虑准东煤结渣和沾污性能对锅炉安全运行的影响，并提出了通过控制Na_2O、Fe_2O_3、CaO、B、B/A、B/A × Na_2O六个关键煤质监测指标以及具体的控制限值来实现准东煤锅炉的安全运行。

（2）本专利首次考虑了不同煤灰成分对煤灰结渣、沾污性能的影响及相互作用，提出了关联性的控制指标，保证了影响煤灰结渣、沾污性能的指标不能同时达到极限值。

（3）本专利首次结合锅炉设计特点即锅炉抗结渣、抗沾污能力，得到了保证准东煤机组安全运行的入炉混煤关键煤质指标控制值，充分体现了煤质控制和锅炉设计优化对于准东煤机组的安全运行是必不可少的，更具有工业应用价值。

四、项目的社会效益

本专利的成功应用，对促进安全、清洁、高效燃用储量巨大的陕西陕北、新疆地区高碱煤，推动陕西陕北、新疆哈密、新疆准东地区建设“一带一路”能源核心区、国家“西电东送”“疆电外送”基地、国家大型煤炭煤电煤化工产业示范区，优质利用资源、繁荣区域经济，进而带动区域经济全面健康地发展、共建和谐社会等具有重要的现实意义。同时，对长期、稳定、安全地为国家提供充足的能源保障，建立国家稳定、安全、经济等多元的全球资源供应安全体系具有重要的战略意义。

本专利成果的推广应用，将有力提升我国开发具有自主知识产权和世界领先水平的高碱煤安全燃烧能力，对电力行业科技进步具有巨大的推动作用。

本专利成果的推广应用，将彻底解决现有高碱煤掺烧过程中没有明确控制指标的难题，有利于提高准东煤燃烧的安全性和高效性，避免资源浪费，具有重要的现实意义。

鉴于该专利的技术先进性和可靠性，可保证准东煤（高碱煤）锅炉的高负荷、长周期、安全、稳定运行。为3900亿吨储量的准东煤、2000亿吨储量的哈密煤在电站煤粉锅炉的安全燃用提供技术支持。

五、项目的经济效益

制造企业经济效益：东方电气集团东方锅炉股份有限公司新增设备销售额累计4.8亿元，新增利润0.16亿元；上海锅炉厂有限公司新增设备销售额累计4.34亿元。

发电企业经济效益：北京国电电力有限公司新疆米东热电厂、华电阜康发电有限公司、华电新疆发电有限公司乌鲁木齐分公司、华电新疆五彩湾北一发电有限公司、神华国能哈密电厂、神华神东电力新疆准东五彩湾发电有限公司6家发电单位显著提升高碱煤燃用比例，降低了燃料成本，共计新增利润4.75亿元。

研究单位经济效益：西安热工研究院有限公司新增技术服务、改造等合同额累计1.22亿元，新增利润0.43亿元。

六、项目专利的保护

入炉煤煤质参数控制是保证准东煤机组安全运行的关键和根本，为了保护该项新技术，充分获得市场竞争优势，申报单位在进行了核心专利的申报后，继续以核心专利为中心，从燃料掺烧、锅炉及辅机设计优化、锅炉及辅机运行优化三大方向形成一个完整的技术体系，在保证准东煤机组安全运行的基础上，实现准东煤掺烧比例最大化以及准东煤锅炉燃烧的环保性和经济性。其中燃料掺烧包括准东煤与低钠煤的燃煤掺烧技术和掺烧设备，准东煤与高岭土、添加剂等非煤的掺烧技术和掺烧设备，保证了入炉煤质达标以及入炉煤质的均匀性，并防止锅炉形成局部严重结渣和沾污，影响锅炉的安全运行；锅炉及辅机设计优化主要包括锅炉炉膛热负荷参数设计、受热面设计、吹灰器设计及布置、辅机的设计等，通过提高设备的抗结渣能力进而提升锅炉设备对准东煤的适应性；锅炉及辅机运行优化主要是从锅炉及辅机的关键运行参数控制、配风方式、吹灰器吹灰控制等，保证锅炉受热面的结渣和沾污在未形成大渣块或烧结沾污时能被及时清除，确保准东煤锅炉的安全运行。综上所述，为了保证核心专利的高效实施，从提高准东煤掺烧比例的掺烧方法和掺烧设备、锅炉主机及辅机设计、运行的配置及优化等方面进行了持续的研发布局。至2021年9月，公司共申请专利22项，其中发明16项，实用新型6项（已全部授权），如图7-1所示。

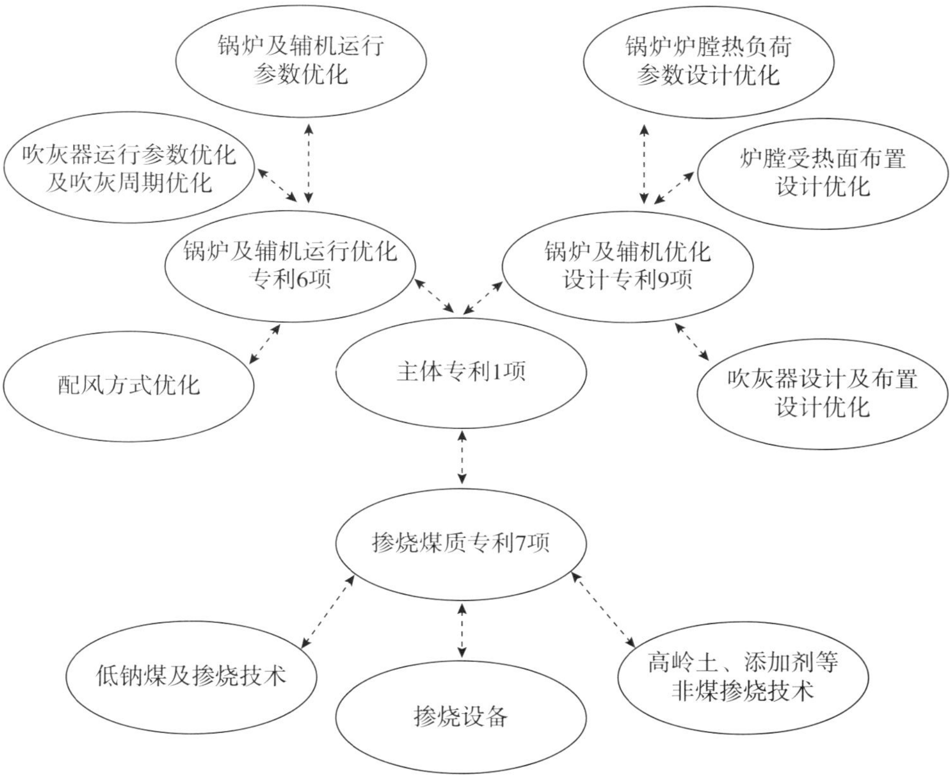

图7-1　专利群示意图

8. 大跨度斜交框构桥下穿铁路免抗横移桩线路加固施工工艺

专利名称：大跨度斜交框构桥下穿铁路免抗横移桩线路加固施工工艺
专利号：ZL201811570921.6
所属行业：建筑业
推荐单位：中建七局第一建筑有限公司

·发明人——郎志军·

郎志军，男，1983年2月生，项目主要负责人，牵头框构桥下穿铁路免抗横移桩线路加固关键技术的研发工作。现任中建七局一公司基础设施公司总工程师，路桥专业高级工程师，一级建造师（公路、市政），交通运输部监理工程师，经济师。他长年从事道路、桥梁、隧道、高速公路、市政道路等基础设施工程，历任测量员、施工员、技术主管、技术部经理、项目总工、分公司总工等职务。

个人先后获得“先进生产者”“优秀项目总工”“岗位能手”“项目管理先进个人”“质量管理优秀推进者”“十大创新人才”“优秀创新带头人”“河北省优秀总工程师”等荣誉和称号。他先后取得局优秀施组（方案）多项，国家级QC成果3项，局十大创新成果1项，省级工法3项，中建集团工法1项，公路工程工法1项，完成发明专利2项，实用新型专利8项，“国内领先”科技成果2项，局科技进步奖1项，河南省建设科技进步奖1项，河北省建筑业技术发明奖一等奖1项。

立足生产经营，积极推动技术革新，主持《大跨度框构桥下穿铁路顶推线路加固》课题研发工作，完成结题验收；《山岭高速百米高填方路基关键技术》《富水岩溶特长隧道涌水处治》等多项课题成功立项住房和城乡建设部科研课题。

·中国建筑第七工程局有限公司·

中国建筑第七工程局有限公司（以下简称“中建七局”）是隶属于世界500强第13位——“中国建筑集团有限公司”的骨干成员企业，总部驻地郑州市经开区中建七局大厦，是国内一流的投资建设综合产业集团，河南省百强企业第4位，注册资本60亿元，年经营规模2000亿元左右，员工22000余人。

公司成立于1952年，是中国建筑旗下，也是河南省建筑行业首家“三特三甲”资质企业，即建筑施工总承包特级（暨设计甲级）、市政公用施工总承包特级（暨设计甲级）、公路工程施工总承包特级（暨设计甲级）资质，集融投资设计施工于一体。

施工足迹遍布全国以及东南亚、南亚、西亚和北非、南美洲等地区；施

工领域涉及能源、交通、石化、电子、机械、轻纺、建材、住宅、商贸、行政、医疗、体育、文化教育设施等各个行业，获得100余项鲁班（国优）奖，3000余项专利、工法，省优项目数百项，是国家级高新技术企业。

中建七局紧跟中国建筑“一创五强”战略目标，大力实施结构调整和战略转型，完成了从住宅建造商向城建服务商、从单一房建向全产业链“四位一体”、从单纯生产经营向产融结合经营方式的转变升级。

中建七局将秉承中国建筑“拓展幸福空间”的企业使命，打造“品质七局、创新七局、幸福七局”，向“成为核心经营地区最具竞争力的投资建设综合产业集团”的愿景不断迈进。

一、专利背景

随着我国高速公路建设的蓬勃发展，新建高速公路与既有铁路路线不可避免形成交叉，下穿铁路框构桥顶进施工应用越来越广泛。在顶进施工之前，要对既有铁路进行加固，通常的做法是采用H形钢纵梁配合横抬纵挑法布置的工字钢横梁以及防护桩、支撑桩、抗移桩组成线路加固系统，以防止铁路轨道发生横向移动。抗移桩位于顶进就位方向，与既有铁路线路平行，紧靠既有线路。采用纵横钢梁横抬纵挑法进行加固，之后将横梁与抗移桩连接，而纵梁用于加固横梁。

此种加固方式需要预先打设抗移桩，但抗移桩的成桩周期长、施工成本高。在顶进施工结束后，抗移桩就失去了作用，从而被遗弃，造成资源的浪费。

二、技术路线及实施步骤

本专利的目的在于提供一种大跨度斜交框构桥下穿铁路免抗横移桩线路加固施工工艺，以解决现有技术中存在的打设抗移桩造成施工周期延长且施工成本增加的技术问题。专利属于路桥施工技术领域。

为实现上述目的，本专利采用的技术方案是提供一种大跨度斜交框构桥下穿铁路免抗横移桩线路加固施工工艺，包括以下9个步骤。

（1）施工准备。

（2）在铁轨前侧设置硬化地面。

（3）在铁轨前侧的地面上搭设盘扣式支撑架及顶部工字钢横撑。

支撑架包括：支架体；托架，设置在支架体上且用于承托横梁；限位架，设置在支架体上且限位架一侧用于与横梁端部抵接，横梁上设有用于与铁轨侧部抵接的铁轨限位件。

支架体包括：盘扣支架，设置在工作面上；支承梁，设置在盘扣支架上部，用于与托架和限位架连接；斜支撑，设置在工作面上且与限位架的另一侧抵接；斜支撑上设有用于调节斜支撑长度的伸缩机构；托架与支架体固定连接，限位架与托架通过对拉螺栓连接。

（4）在铁轨的前侧设置一台挖机顶住限位架，在铁轨的后侧设置另一台挖机顶住横梁的一端，将横梁穿入铁轨下部，直至横梁的端部与限位架接触，将横梁的前端部与支撑架连接，后端部与滑车连接。

（5）在横梁上设置纵梁并连接牢固。

（6）在横梁与铁轨之间设置隔层，并用木楔子塞紧，再通过铁轨限位件将铁轨侧部卡紧，使横梁中部与铁轨连接，并将横梁的后端与牵拉设备的前端连接，将牵拉设备的后端与待顶进的框构件连接。

牵拉设备包括：预埋固定件，预埋在工作面上；拉绳，一端与横梁连接，另一端与预埋固定件连接；手拉葫芦，设置在拉绳上，用于收紧拉绳。

（7）进行顶进施工，并随框构涵的顶进驱动牵拉设备以保持铁轨的平直。同时观察铁轨横移情况，若铁轨横移超过预定范围，则驱动牵拉设备将铁轨拉回恢复顺直状况，使铁轨回到原先位置，直至完成一个阶段的顶进施工。若检测到铁轨横移超过预定范围，驱动牵拉设备对铁轨进行牵拉预定时间后，铁轨横移仍然超过预定范围，则暂停顶进施工，并继续驱动牵拉设备将铁轨拉回，再继续进行顶进施工。

（8）重复步骤（7）直至顶进施工完成。

（9）拆除纵梁、牵拉设备、滑车、横梁及支撑架。

免抗横移桩线路加固体系统主视、俯视结构如图8-1至图8-4所示。

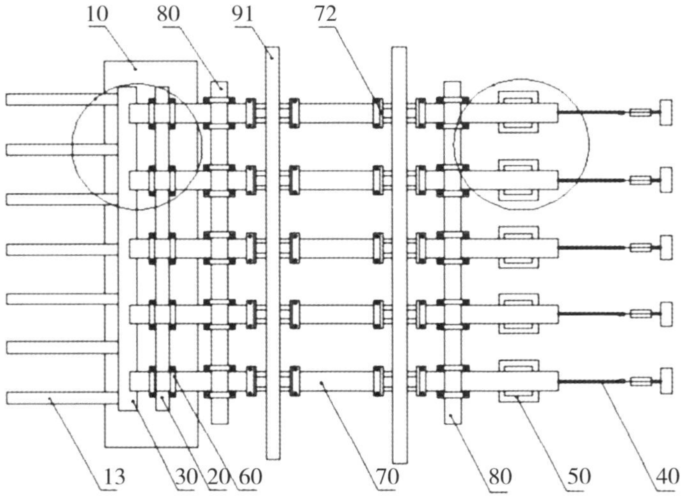

图8-1 本专利一种实施例应用的俯视结构

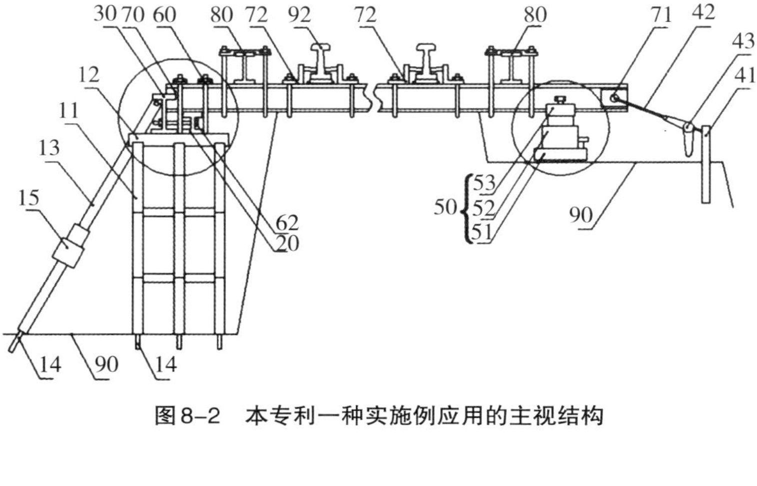

图8-2 本专利一种实施例应用的主视结构

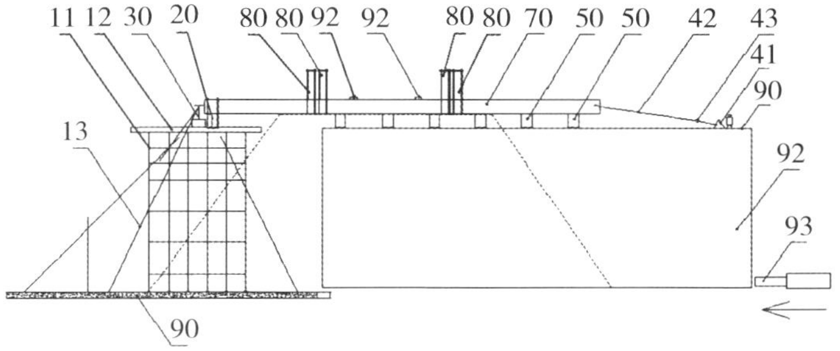

图 8-3　本发明另一种实施例应用的主视结构

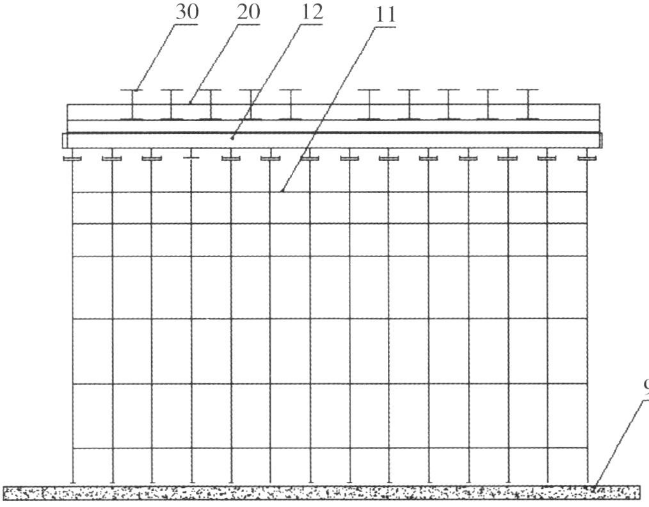

图 8-4　本发明另一种实施例应用的俯视结构

其中，图中各附图标记：

10—支架体；11—盘扣支架；12—支承梁；13—斜支撑；14—支架连接件；15—油缸；20—托架；30—限位架；40—牵拉设备；41—预埋固定件；42—拉绳；43—手拉葫芦；50—滑车；51—滑动座；52—支撑体；53—限位座；60—U形螺栓组件；62—对拉螺栓；70—横梁；71—拉绳孔；72—铁轨限位件；80—纵梁；90—工作面；91—铁轨；92—框构涵；93—顶进装置。

三、技术先进性

在整个下穿顶进施工工艺中，线路加固、顶推施工是下穿既有线顶进施工的最关键环节。传统工艺虽然应用成熟，但缺点和短板也比较明显，该专利技术是在既有工艺技术基础上迭代升级，研发和总结出的一套适用性广、推广性强、施工更加便捷、快速有效、安全可靠、经济实用的快速顶进及线路加固技术。

（一）5–0–5纵横梁线路加固技术

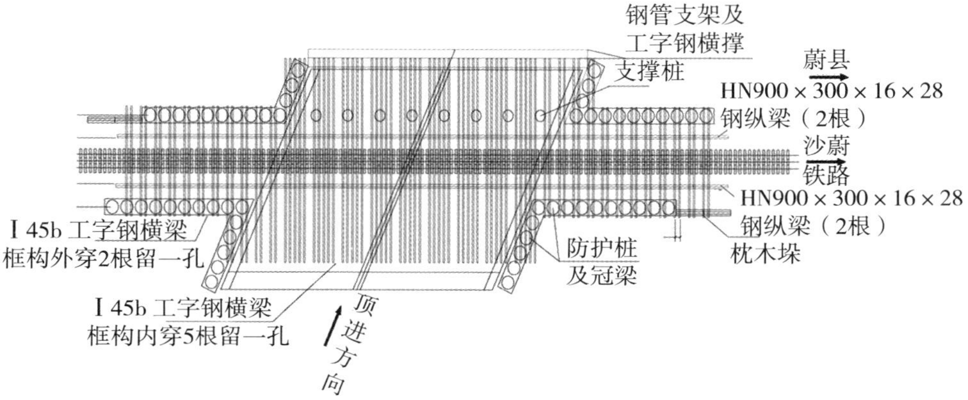

图8–5　5–0–5纵横梁线路加固方式

专利首次提出5–0–5纵横梁线路加固方式，如图8–5所示。针对通常采用扣轨及纵横梁线路加固方式，如图8–6所示，进行优化改进，变成单一的5–0–5纵横梁加固方式，解决了以往加固方式工序复杂，操作难度大，耗用各项资源多及施工时间较长的缺点，相比传统做法节省成本33%。

目前，国内外常用线路加固方式为扣轨及纵横梁加固，既采用扣轨加固，又采用纵横梁加固，工序烦琐、操作难度大、耗用资源多、施工速度慢、安全风险高、影响铁路运营时长、综合成本高，不利因素较多。

图8-6　传统工艺：扣轨及纵横梁线路加固方式

图8-7　创新做法：5-0-5纵横梁加固方式

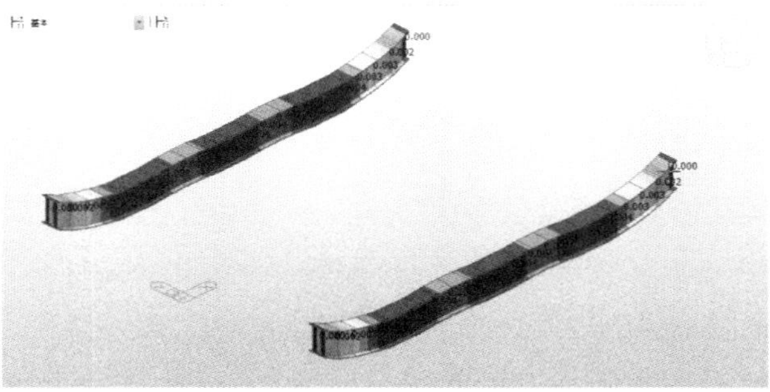

图8-8　有限元仿真分析

5–0–5纵横梁线路加固方式和有限元仿真分析如图8–7、图8–8所示，相比传统的纵横梁及扣轨加固法，取消了3–5–3（或3–7–3）扣轨，从而取消抽换长木枕，保留原有轨枕，取消扣轨加固，调整工字钢横梁布置方式，框构以内按5–0–5布置（穿5根留1孔），框构以外按2–0–2布置（穿2根留1孔），在线路两侧路肩部位的横梁顶面各架设一道纵梁，纵梁与横梁采用U型卡固定，将横梁挑起，形成单一的横梁+纵梁线路加固体系。这样施工工序大大简化，加快了施工进度，降低了安全风险，同时也大大节约施工成本。

（二）免抗横移桩线路加固技术

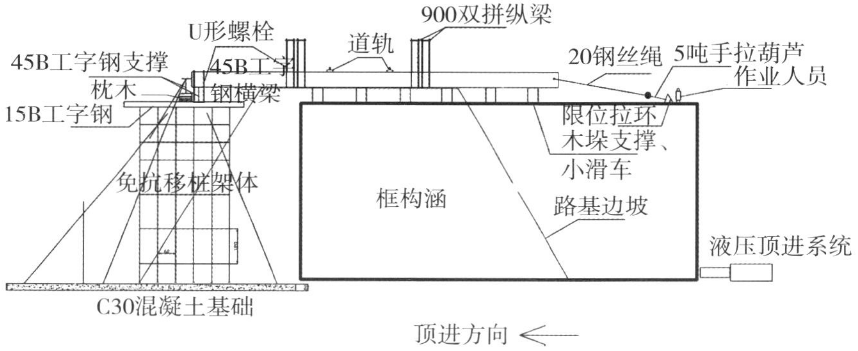

图8–9　免抗横移桩线路加固体系

免抗横移桩线路加固体系如图8–9所示，颠覆了传统的抗横移方法。“承插式盘扣支架及顶部工字钢横撑”免抗横移桩体系替代了原有的“钢筋混凝土抗移桩及冠梁”抗横移系统，如图8–10、图8–11所示，实现了以周转材料代替现浇钢筋混凝土结构。相比传统做法节省成本比例 89%，技术优势明显，经济效益显著。

目前，国内下穿铁路框构桥线路抗横移主要依靠设在框构前端的钢筋砼抗横移桩及冠梁。横向工字钢梁一端搭在框构顶部，一端搭在L形冠梁上，顶紧冠梁，防止在框构顶进的过程中发生轨道横向移动。抗移桩的成桩周期

图8-10　传统工艺：钢筋混凝土抗移桩及冠梁

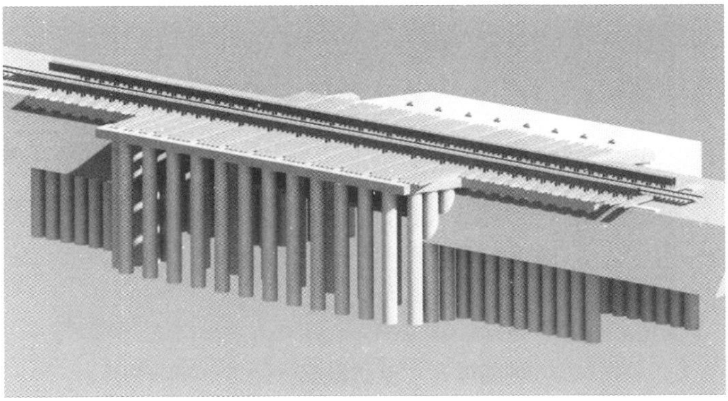

图8-11　传统工艺：钢筋混凝土抗移桩及冠梁（BM模拟）

长，施工成本高，而且在顶进施工结束后，抗移桩就失去了作用，从而被遗弃，造成资源的浪费，短板突出。

免抗横移桩线路加固方式采用“承插式盘扣支架+后锚拉”免抗横移桩体系，如图8-12、图8-13所示，替代原有的“钢筋混凝土抗移桩及冠梁”抗横移系统。取消钢筋混凝土抗横移桩及冠梁，在原抗横移桩位置，沿线路搭设一字形承插型盘扣支架，顶部摆放工字钢梁。同时在框构尾端预埋拉环，专人指挥，随顶进拉紧线路，如图8-14至图8-16所示，以此来代替原有的桩基抗移桩。

图8-12 创新做法：免抗横移桩体系（承插式盘扣支架+后锚拉）

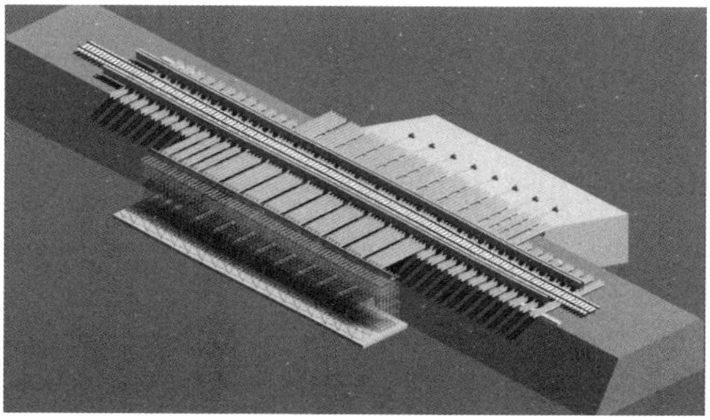

图8-13 创新做法：免抗横移桩体系（BM模拟）

图8-14 盘扣支架搭设

图8–15　专人指挥顶进施工

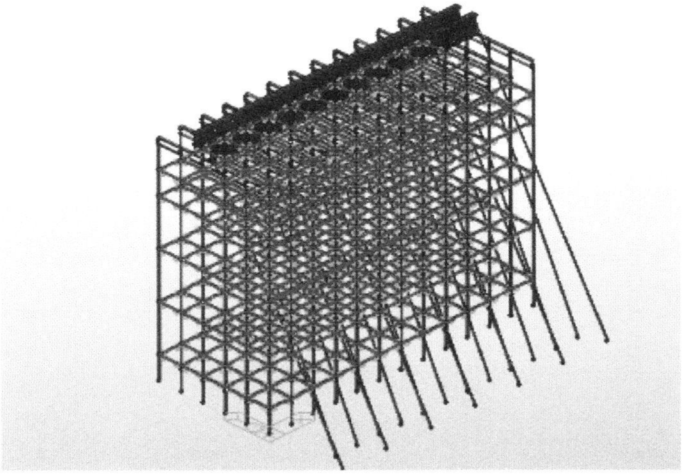

图8–16　有限元仿真分析

免抗横移桩线路加固方式规避了施作抗横移桩造成的较大经济投入；由钢筋砼结构变为盘扣式支架，施工便捷性大大凸显，可以与线路加固其他工序同时施工；规避了现浇结构施工周期长的特点，缩短了与铁路的施工交叉时间，降低了安全风险；实现了盘扣式支架等材料可以就地取材、快速周转和重复利用。整体指标从技术优势、安全优势、经济优势和工期效益等方面都得到全面提升，如图8–17、图8–18所示。社会效益和经济效益显著，具有极大的推广意义。

图8–17　精准就位

图8–18　圆满交工

四、应用情况

该专利成功应用在太行山京蔚高速项目。太行山高速公路属于河北省一号工程，工程于2017年6月开工，2018年8月底竣工。其中位于张家口市涿鹿县的京蔚段中建3分部下穿沙蔚铁路2～14m框构桥，交角 θ=115°，结构跨度15.45+15.45m，框构总长33.93m，框构主体宽度17m，边墙厚1.05m，中墙厚0.94m，顶板厚0.95m，底板厚1.1m，主体长33.93m，结构净高7.8m，结构全高9.85m，竣工后提供净高≥5.5m。框构顶进就位后框构顶距离既有线最低轨底处1000mm。主体采用C40钢筋混凝土预制，抗渗性不低于P8，抗冻不小于F350。预制完成强度达到100%后，通过沙蔚公司许可，在不妨碍铁路行车的条件下，采用顶进法由北向南一次顶进到位。本桥顶程为30.49m，下穿既有沙蔚铁路线。

（一）经济效益

该技术创新性地取消了钢筋混凝土抗横移桩及冠梁，采用免抗横移桩体系“盘扣式支架及顶部工字钢横撑”代替，可以带来极大的经济效益。钢筋混凝土抗横移桩及冠梁施工，机械方面需要采用机械成孔、钢筋笼起重机械；材料方面需要投入钢筋、混凝土等大宗材料，还有其他模板、管件等周转材料，施工周期长，投入大量的人力。采用免抗移桩体系“盘扣式支架及顶部工字钢横撑”后，钢筋混凝土抗横移桩及冠梁的所有施工内容全部取消，工序被大大减少，材料方面只需要租赁一定数量的盘扣式支架、工字钢、枕木等，而且还可根据现场总体材料情况就地取材，周转使用，机械方面投入少量起重机械，施工周期短，只需要投入少量人力。

经测算，采用通常做法的钢筋混凝土抗横移桩及冠梁成本为704200元，采用改进以后的免抗横移桩体系成本（材料按租赁计算）仅为77783元，节省626417元，节省成本89%。免抗移桩体系所需材料均为自有材料，可重复使用，材料费几乎可以忽略，只需要极少的机械人工费，可以带来巨大的经济效益。

（二）社会效益

该技术实现了边通行、边施工，最大限度地减少了施工期对线路造成的影响。施工期间，交通不中断，铁路照样运营，火车限速通过，影响几乎可以忽略。

钢筋混凝土抗移桩及冠梁施工周期长，因而与铁路营运有较长的施工交叉期。改进以后，不需要提前施工，可与线路加固其他工序同时开始，大大缩短了施工时间，把对铁路营运的影响降到了最低，同时也降低了安全风险。

免抗横移桩体系施工所需的盘扣式钢管架及工字钢横撑，操作方便快捷，可以实现快速施工和施工完毕的快速转场，加快周转，施工便捷性大大提高，效益显著。

9. 一种快速评估锂离子电池浆料分散性的方法

专利名称：一种快速评估锂离子电池浆料分散性的方法

专利号：ZL201610467028.5

所属行业：锂离子电池制造

推荐单位：江苏省总工会（江苏省职工技术协会）

·发明人——连林、靳承铀、郑媛媛、薛驰、缪永华、赵映军·

连林，男，中级工程师，主要从事锂电池产品设计开发，深知解决电池一致性问题要从电池生产的源头做起，致力于提升电池的一致性和安全性能。

靳承铀，男，高级工程师，具有十余年先进电池及器件的研发经验，近

10年专注于锂电池研发及产业化、锂电池安全及失效分析。

郑媛媛，女，中级工程师，主要从事锂电池产品开发、锂电池安全及失效分析。

薛驰，男，致力于推动企业转型升级，设立了中天科技研究院，在国内首创“知识产权银行”。

缪永华，男，现任中天储能科技有限公司总经理。一直以来，以高度的责任感和强烈的事业心，推动企业发展。

赵映军，男，从事锂电池行业多年，累计授权锂电池相关有效专利二十余件。

·中天储能科技有限公司、江苏中天科技股份有限公司·

中天储能科技有限公司（以下简称“中天储能”）成立于2012年12月，注册资本14.8亿元，是中国企业500强、金牌上市公司江苏中天科技股份有限公司的全资子公司。一直以来，中天储能注重用科技的力量推动企业发展，不断提升公司产品的市场竞争力，运用“科技强企”策略，提升企业的核心竞争力。

1992年，江苏中天科技股份有限公司起步于光纤通信行业，2011年布局新能源行业，现已发展成为顺应“清洁低碳”新经济秩序的绿色科技集团。企业跻身中国企业500强，是江苏省优秀民营企业、中国工业大奖和全国质量奖获得单位、金牌上市公司、国家认定企业技术中心、国家创新示范企业。

一、项目技术背景

近年来，随着环境问题的日益严峻，新能源技术迎来了发展的春天。在众多的新能源技术中，锂离子电池由于具有高比能量、长寿命等诸多优势而蓬勃发展。但在锂离子电池的生产制造中，仍面临着诸多亟待解决的问题，安全性和一致性一直是困扰电池行业的问题。解决电池一致性问题要从电池生产的源头配料做起，配料是制作锂离子电池的基础，也是保证电池一致性的根本。如果电池浆料的分散性不好，对电池性能造成的影响包括电池容量不一致、电池内阻不一致、电池安全性能差。

所以，浆料分散均匀性直接影响电池的一致性和安全性。根据相关文献资料显示，原有的关于锂离子电池浆料分散均匀性的评价方法都存在一些缺陷，包括时间成本长，不能实时监测；评测数据的不可控因素多，数据可信度差；经验依赖性强，无法将浆料分散均匀性用一个量化的指标进行评价。

二、项目技术原创性及重要性

针对以上问题，“一种快速评估锂离子电池浆料分散性的方法”专利的技术方案，经过取样、烘干测试和与平行样进行对比，可以快速评估锂离子电池浆料的分散性。该快速评估锂离子电池浆料分散性的方法，适用于含其他任何易测元素的配料过程的浆料分散均匀性检测及配料工艺优化，适用于多种材料的配料过程的浆料分散性评价。如磷酸铁锂、磷酸锰铁锂、镍钴铝三元材料、镍钴锰三元材料、富锂材料以及它们的共混物等正极材料，钛酸锂、硅氧、合金负极等负极材料，多种材料的配料的浆料均匀性检测及优化配料工艺。该方法适合任何行业配料过程浆料均匀性的检测及配料工艺优化，不局限于锂离子电池行业。本领域一般技术人员根据专利文本所记载的内容可以完整地再现技术方案并达到相同的技术效果，在工业上也能够大规模地使用该技术方案。

三、项目技术应用的领域和范围

目前，该专利已经成功应用到锂电池制造领域，作为磷酸铁锂电池、三元锂离子电池正极配料浆料分散性的评价及工艺优化的工具，并且可以实现实时、快速准确评价浆料的分散性差异，起到实时监控生产过程的作用，为保障生产过程和产品性能的稳定提供了有效的技术保证，产生了示范和规模效益，取得了良好的经济效益和社会效益。

根据技术基本原理，本专利可用于所有使用碳作为添加剂的领域，用以评价碳添加剂在材料主体的分散均匀性，如超级电容器领域、导电涂料领域等。

四、项目专利运用及保护措施

（一）专利运用

“一种快速评估锂离子电池浆料分散性的方法”专利目前主要用于锂电池制造领域，作为磷酸铁锂电池、三元锂离子电池正极配料浆料分散性的评价及工艺优化的工具。专利权人在组织开展项目研发的同时，同步进行了以本专利为核心的关键专利技术布局，将项目创新成果及时申请专利加以保护。本专利及其从属核心专利，在中天储能科技有限公司实现了技术成果转化运用，产生了示范和规模效益，取得了良好的社会效益和经济效益。

此外，专利权人还围绕本专利群中的其他专利，建立了浆料分散性的标准流程及相关的硬件配置，包括取样方法、烘干、测试及数据分析系统，在量产线实现了实时的量化评价标准，确保了浆料的批次稳定性。同时，根据指标的波动情况，能够及时发现过程中的异常，提前预警排查问题，得到了实践的检验，提高了本专利技术的工程适应性和实用性，具有显著实施效果。

（二）专利保护

（1）通过构建专利池来加强对本专利技术的保护

专利权人以本专利技术为核心，从不同的技术方向，对锂电池制备技术进行了合理有效的专利布局，获得了一定规模的专利技术储备，旨在对每一项关键技术进行深入剖析，对研发成果进行最大限度的保护，具体布局如表9–1所示。

表9–1　专利布局

序号	专利/申请号	专利名称	专利权人	发明人	法律状态	备注
1	201510573400.6	一种锂离子电池水性正极浆料配料工艺	中天储能科技有限公司、江苏中天科技股份有限公司	石祥锐、徐国光、薛驰、缪永华	有效	
2	201510572082.1	一种锂离子电池负极材料硅碳复合物及其制备方法	中天储能科技有限公司、江苏中天科技股份有限公司	薛驰、沈一春、金鹰、靳承铀、钱雪峰、宰建陶、李波	实审	
3	201510951661.7	一种圆柱锂电池快速化成分容方法	中天储能科技有限公司	徐国光、徐洲、靳承铀、薛驰、缪永华、薛群山	有效	
4	201610559002.3	一种动力磷酸铁锂电池的配组方法	中天储能科技有限公司	吕林、袁伟强、薛驰、缪永华、薛群山	有效	
5	201710042527.4	一种采用椰壳纤维制备磷酸铁锂材料的方法	中天储能科技有限公司、江苏中天科技股份有限公司	吴德鹏、陈文浩、郑媛媛、薛驰、缪永华	有效	

续表

序号	专利/申请号	专利名称	专利权人	发明人	法律状态	备注
6	201710524082.3	一种锂离子电池拆解后极片材料克容量测试的方法	中天储能科技有限公司	吴德鹏、陈文浩、郑媛媛、靳承铀、薛驰、缪永华	有效	
7	201410447532.X	一种提高电池注液速度的方法	中天储能科技有限公司、江苏中天科技股份有限公司	石祥锐、薛驰、赵映军、缪永华	有效	
8	201620748039.6	一种锂电池电极极耳结构	中天储能科技有限公司、江苏中天科技股份有限公司	杨伟、薛驰、缪永华、薛群山	有效	
9	201620811291.7	一种锂离子电池的组合电芯	中天储能科技有限公司、江苏中天科技股份有限公司	钱宝明、薛驰、缪永华、薛群山	有效	
10	201611236019.1	一种方型锂离子电池纯铝结构盖板	中天储能科技有限公司	刘欢、薛驰、缪永华、赵映军、徐洲	实审	
11	201720020320.2	一种锂离子电池用的紧配合铝壳与盖板	中天储能科技有限公司、江苏中天科技股份有限公司	王宾、薛驰、缪永华、赵映军、徐洲	有效	
12	201710042147.0	一种三电极体系测试装置及其测试方法	中天储能科技有限公司	陈文浩、郑媛媛、靳承铀、薛驰、缪永华	有效	
13	201820904664.4	浆料制作系统	中天储能科技有限公司	周长阳、张弘、杨伟、李文生、缪永华	有效	

续表

序号	专利/申请号	专利名称	专利权人	发明人	法律状态	备注
14	201910233473.9	涂布垫片、涂布机以及极片涂布工艺	中天储能科技有限公司	朱佳敏、缪永华、李文生、周长阳、陈至炜	有效	
15	201810130600.8	多级电池极片的制备方法	中天储能科技有限公司	王宾、缪永华、薛驰	实审	
16	201810542461.X	锂离子电池正极黏结剂的制备方法	中天储能科技有限公司	张弘、杨伟、李文生、缪永华、薛驰	实审	
17	201910465031.7	锂离子电池壳电压异常修复方法、修复装置及锂离子电池	中天储能科技有限公司	吴文静、王明李文生、张祥、缪永华、薛驰	实审	
18	201910544905.8	锂离子电池以及制备方法	中天储能科技有限公司、江苏中天科技股份有限公司，清华大学	蹇伟中、张刚、崔超婕、缪永华、杨周飞、金鹰、刘莎、杨智皋、张抒婷	实审	
19	202011580099.9	锂离子电池一致性分选方法及分选系统	中天储能科技有限公司	钱宝明、缪永华、吴文静、任大卫、冯志强、杨伟、薛驰	实审	

至今，本发明及其布局专利群未被提起无效请求，也未发生权属纠纷。为发挥本专利及专利群的价值，专利团队还采取了以下措施：①不断加强研发投入，根据现有技术继续申请新的专利，避免发生知识产权纠纷，从根本上取得相对于竞争对手的优势地位；②针对锂电池制备工艺和商业应用中遇到的问题，对技术和产品进行合理布局，保持专利状态的稳定；③与专业知识产权服务公司合作，共同开展专利保护、运营、培育等工作，通过产业化

运作、产权保护等法律手段，牢牢掌握自主知识产权，避免来自竞争对手的不当竞争。

（2）通过国际专利申请来加强对本专利技术的保护

为了更好地在全球范围内保护研发成果，专利权人还针对《一种原位三电极测试系统》《一种自修复型聚合物基固态电解质膜及其制备方法》申请了专利合作协定（PCT），作为海外专利布局的基础。

五、项目产生的经济效益以及技术成果

该专利已在中天储能科技有限公司进行应用，成为锂电池浆料制备工序浆料分散性的核心评价方法。基于该方法对浆料分散评价的简便性和准确性，公司对浆料分散工序开展了系统的工艺技术优化。优化后新工艺浆料的分散性得到了显著提升，制备电芯产品的容量波动由6%降低至2.5%，内阻波动由0.08mΩ降低至0.04mΩ，产品的一致性得到显著提升。除此之外，公司将该方法应用到生产过程中，将基于该方法评价浆料分散性的作用常态化，显著提升了我司产品的一致性。

基于本专利对产品批次实时监控的效果，显著提升了产品的一致性和公司产品的市场竞争力，该专利已在公司核心产品“500kW/1MW·h集装箱储能系统”上实施运用。

10. 六氟磷酸锂的制备方法

专利名称：六氟磷酸锂的制备方法

专利号：ZL200810049660.3

所属行业：制造业

推荐单位：河南省职工技术协会

·发明人——李世江·

李世江，男，高级经济师，多氟多新材料股份有限公司董事长，兼任河南理工大学新材料产业学院院长，是中国氟硅有机材料工业协会副理事长，中国无机盐工业协会副会长，河南省知识产权保护协会会长。

李世江拥有发明专利106项，科技成果13项，主持制、修订多项国家、行业标准，国际标准化组织成员，国际ISO标准氟化盐工作组召集人，带领公司走出了一条"技术专利化、专利标准化、标准国际化"道路，实现从氟化工向新能源的转型发展。

李世江被评为"全国优秀党务工作者""全国模范退役军人""最美退役军人""全国优秀企业家"，获得中国无机盐工业协会终身成就奖、氟硅协会终身成就奖、中国老科学技术工作者协会奖，中国石油和化学工业改革开放40周年突出贡献人物等荣誉和称号。

·多氟多新材料股份有限公司·

多氟多新材料股份有限公司（以下简称"多氟多"）成立于1999年12月

21日，注册资本7.65亿元，拥有20家控股子公司。产品布局高性能无机氟化物、电子化学品、锂离子电池及材料等领域，是国家高新技术企业，国家创新型试点企业，国家技术创新示范企业，国家知识产权示范企业。

公司坚持科技创新，走出一条“技术专利化、专利标准化、标准国际化”的发展路线，授权专利523项，其中发明专利163项。主持制、修订100余项国家、行业标准，拥有国家认定企业技术中心、国家认可实验室、博士后科研工作站等研发平台，是全国有色金属标准样品定点研制单位、全国化学标准化委员会无机分会氟化盐工作组召集单位、国际ISO/TC 226氟化盐工作组召集单位。

公司先后承担完成国家“863”计划、国家工业强基工程，国家战略性新兴产业专项等国家级项目21项、科技成果30项，获得国家科学技术进步奖二等奖一项。

随着能源危机和环境污染的日益加剧，世界各国均将新能源汽车的发展提升至国家战略层面。我国作为资源生产和消费大国，生产和消费均位列世界第一。但由于新能源汽车的制造核心——锂离子电池制造技术受制于日本、韩国企业垄断，致使我国的新能源汽车产业发展基本处于停滞状态。为加快发展以锂离子电池为动力的新能源汽车技术，解决当前逐渐恶化的生态环境，加速我国汽车工业在国际上从跟跑到并跑，再到领跑的转变，要实现锂离子电池关键材料的国产化及自给能力，这对实现国家“碳达峰、碳中和”战略，构建人类命运共同体，建设“美丽中国”尤为关键。

六氟磷酸锂作为不可替代、只可复合的锂离子电池制造核心原材料，其产品形态、纯度、痕量杂质、一致性以及均一性决定了锂离子电池的充放电性能、能量密度以及使用寿命。由于六氟磷酸锂产品稳定性差，微量水分会发生分解，制备时须在无水无氧、低温、耐腐蚀设备等苛刻的工况下进行，导致产业化困难重重。国内许多学者和科研院所先后对其进行研发，取得了较大的技术进步，但仍未实现产业化。

20世纪90年代前，国内市场六氟磷酸锂的供应一直被日本瑞星化工、森田化学和关东电化等企业垄断，当时毛利率高达80%，价格也高得离谱，达80万元/吨以上。

多氟多作为国内无机氟化工领军企业，2006年提出了从氟化工向新能源进军的战略目标，决定开发六氟磷酸锂，历经多年攻坚克难，最终实现本发明专利。从原料纯化到技术装备、反应工程、工艺开发、能量利用等全面突破了高纯晶体六氟磷酸锂生产关键技术。自主研发的晶体六氟磷酸锂制备方法，以浓磷酸、无水氟化氢和氟化锂为主要原料，经反应分解、原料提纯、气泡流搅拌梯度结晶、超声波结晶及双釜等多单元组合，制得六氟磷酸锂粗品。再经过滤、洗涤干燥后得高纯晶体六氟磷酸锂，母液循环套用或用于传统氟化物生产。本发明区别于其他技术的优点是原料廉价易得，经提纯后可保障原料的供应和品质，所制六氟磷酸锂生产成本低、反应转化率高、产品质量好。反应过程中副产的废酸可用于传统氟化物的生产，形成新经济增长点。

本专利技术先后经小试、2吨中试、200吨中试、2000吨级产业化实施，验证了工艺的可行性和实用性。经产业化验证、专家鉴定及客户使用反馈后得出本工艺属国际首创，产品技术指标居国际领先水平，社会效益、经济效益和环保效益都较为显著，新颖性和创造性较为突出，实用性较强。目前公司已具备15000吨/年生产能力，国内市场占有率达40%，全球市场占有率达20%，产销量居全球第一。市场中每三块锂离子电池中就有一块用的是多氟多专利权人制造的六氟磷酸锂，产品返销日本、出口韩国，使我国成为第二个能生产晶体六氟磷酸锂的国家，为我国新能源汽车的长远发展奠定了基础。

多氟多专利权人经过多年努力，使得六氟磷酸锂价格由34万元/吨下降至8.4万元/吨。自2012年该专利授权以来，2020年六氟磷酸锂全年销量同比增长962%，销售额同比增长390%，新增营业额347923.65万元，新增利润160543.9万元，新增出口额29005.74万元，已成为为公司利润作贡献的中流砥柱，并授权相关专利36项，含发明24项。

本专利的社会效益比较突出，包括以下5个方面。

（1）打破国外技术垄断，替代进口产品，实现中国制造。六氟磷酸锂作为锂离子电池的核心材料，长期被日本公司技术封锁和市场垄断。本项目突破了关键制备技术瓶颈并实现产业化，提高了基础材料的制备技术水平和自给保障能力，促进了我国制造业的创新发展和质量提升，为加快工业转型升级、建设制造强国作出了贡献。

（2）促进我国锂离子电池行业及新能源汽车产业健康可持续发展。率先实现了晶体六氟磷酸锂国产化，并成为全球和国内占据市场份额最大的企业。推广应用以来，保障了国内锂离子电池核心原材料的供应安全，缩短了供货周期，保证了产品质量，降低了制造成本，提升了锂离子电池行业竞争力，促进了新能源汽车的推广应用，为实现我国汽车工业“弯道超车”提供了支持。

（3）实现氟锂战略资源综合利用。利用含锂副产品开发含锂无水氟化铝新产品，不但降低了六氟磷酸锂的生产成本，而且有利于电解铝行业的节能减排，利用含氟废液处理高硅氟化钠，延伸了氟资源产业链。

（4）对化工行业的精细化、高端化发展起到示范作用。六氟磷酸锂技术的突破和推广应用，彰显了我国在高端化学品领域的研发和产业化实力，对化工行业技术进步起到示范作用。

（5）培养了一大批专业技术人才。在项目实施过程中，引进博士6名，培养高级工程师33名，其中教授级高级工程师5名，形成了一支高素质专业人才队伍。

本专利技术属于《国家重点支持的高新技术领域》中的“六、新能源与节能，（三）新型高效能量转换与储存技术，2.新型动力电池（组）与储能电池技术，动力与储能电池高性价比关键材料技术等”。

本专利产品属于国家《产业结构调整指导目录（2011年版本）》中的鼓励类产品，属于国家提出的《节能与新能源汽车技术路线图》《国家中长期科学和技术发展规划纲要（2006—2020年）》《国务院关于加快培育和发展战略性新兴产业的决定》《国民经济和社会发展“十三五”规划》《中国制造2025》《新材料产业“十三五”发展规划》《中国高新技术产品指导目录》《电子信息产业调整和振兴规划》《汽车产业调整和振兴规划》《轻工业调整和振兴规划》《河南省电动汽车产业发展规划（暂行）》等重点规划的新材料产品。以1Wh锂离子电池需要0.15g六氟磷酸锂为基准，预计2025年全球动力电池需求量将达到1268.4GW·h，加上小型电池和储能电池，合计出货量将达到1615GW·h，需要六氟磷酸锂约24.2万吨，市场空间发展巨大，未来将保持高速增长。

综上所述，本发明技术和产品完全符合国家产业政策，属于目前的鼓励类产品，市场前景良好，值得大力推广应用。

公司作为主要单位，完成GB/T 19282—2014《六氟磷酸锂产品分析方法》国家标准、HG/T 4066—2015《六氟磷酸锂》行业标准的起草和发布。

项目方面，专利权人承担的《锂离子电池全产业链电解质开发》项目于2012—2014年通过国家“863”计划项目验收。专家组认为：该课题重点研究了晶体六氟磷酸锂规模化制备技术，围绕原料纯化、工艺控制参数优化、设备结构优化等方面关键技术开展研发，实现了年产千吨级晶体六氟磷酸锂规模化生产，研制的晶体六氟磷酸锂电解质产品实现了进口替代。工信部强基工程项目《高纯晶体六氟磷酸锂》于2017年通过验收，获得业界高度认可。专家一致认为：生产工艺属国际首创，产品技术指标居国际领先。

专利成果于2017年获得国家科学技术进步奖二等奖，2012年和2014年两次获得河南省科技进步奖二等奖，2013年获得第四届全国职工优秀技术创新成果奖三等奖，2015年获得中国石化联合会科技进步奖一等奖，2017年获得河南省首届专利二等奖。

11. 大截面、高落差高压电缆线路高点无接头连续敷设技术

专利名称：大截面、高落差高压电缆线路高点无接头连续敷设技术

专利号：ZL201810888906.X

所属行业：电力行业——输电电缆

推荐单位：江苏省电力工会

·发明人——何光华·

何光华，女，国网江苏省电力有限公司无锡供电分公司电缆运检中心主任，电力电缆高级技师，研究员级高级工程师。她从事电力电缆施工及检修工作20余年，始终扎根生产一线钻研创新，被授予“全国劳动模范”“享受国务院政府津贴专家”“中国质量工匠”等荣誉和称号。

多年来，她潜心钻研生产技术难点问题，在电力电缆线路施工运维领域获得国家专利授权64项，获得省部级及以上科技奖项8项，共计创效23.8亿元。她主持研发的《高落差高压电缆线路无损施工技术创新及应用》获得2019年国家科技进步奖二等奖，主编及参编7部专业专著，完成线上、线下逾万人次的技能培训，为培养更多专业技能人才贡献力量。

·国网江苏省电力有限公司无锡供电分公司·

国网江苏省电力有限公司无锡供电分公司位于太湖之滨、运河之畔，承

担着为无锡经济社会发展和人民生活提供安全、经济、清洁、可持续电力供应的基本使命。截至2020年12月底，公司营业客户总数达384.67万户。无锡地区拥有35kV及以上变电所342座，变电容量6429.85万kVA，35kV及以上线路长度7621.97km。

公司高度重视科技创新工作，各项科研成果显著。截至2020年12月，无锡供电分公司累计申请专利869项，其中国际专利3项，获得授权专利657项，其中发明专利218项，成果先后获得国家科学技术进步奖二等奖1项，中国专利优秀奖3项、全国总工会职工技术优秀成果奖一等奖1项，中国电力科学技术进步奖2项，公司及以上级科技进步奖40余项。

一、本专利的新颖性和创造性

高压电缆线路是世界各大城市的“电力主动脉”，其安全、可靠施工关乎国计民生。随着城市立体交通、地下管线建设的快速发展，呈几字形高落差、狭小空间、多弯折等特征的电缆通道大幅增加。由于高压电缆重量大、刚性大、弯曲半径受限，在传统方法施工中出现高落差分段再接、小空间挤压、固定不当损伤等问题，国内外均未找到有效解决方案。由电缆损伤引发的国内外大面积停电等社会重大影响恶性事件，严重威胁城市供电安全，如图11–1所示。

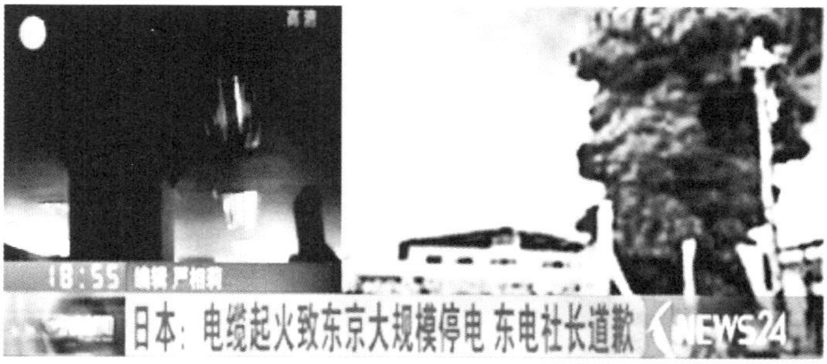

图11–1　日本东京电缆起火导致大规模停电

本专利通过以下3个创新点解决了上述国际行业难题。

（1）首建了高落差无接头连续敷设牵引力工程模型及计算方法，实现了复杂工况下牵引力的精准计算。

由于立体交通和地下管线资源等限制，在电缆敷设时越来越多地应用弧形轨道组合的拉管、带弧形限位的垂直沉井通道形式。传统技术缺乏弧形组合路径的牵引力精确计算方法，难以实现电缆同步敷设动力精准控制，导致牵引力过载或不均匀造成电缆内部绝缘损伤。

本专利针对非开挖拉管段计算牵引力时采用分段模型，建立了包含拉管段多工况下牵引力组合模型和计算方法，如图11–2所示。将几字形高落差复杂工况下牵引力计算误差从40%～50%降至5%以内，实现了牵引力精准计算，为电缆高点无接头连续敷设提供了理论基础。

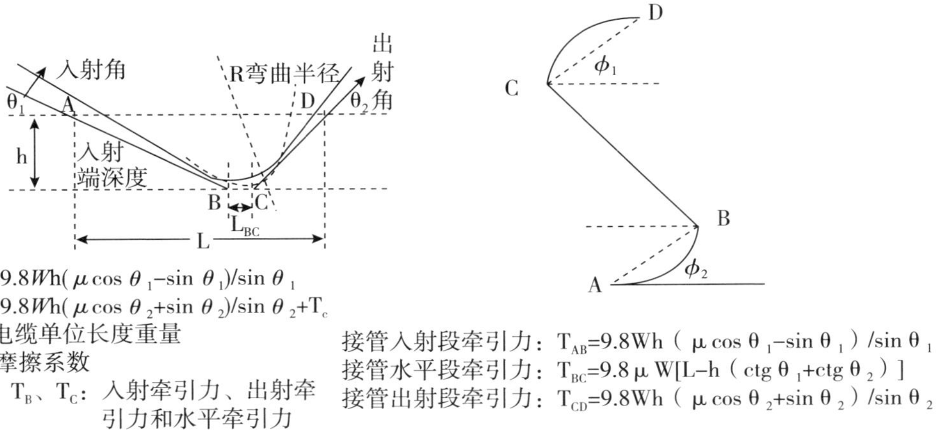

图11-2　拉管段多工况下牵引力计算

（2）首创了高落差高压电缆精准同步敷设技术，实现了整段电缆在高落差复杂通道中低摩擦均匀无损自动化敷设。

敷设高落差高压电缆时，传统工艺为避免过载牵引、绝缘挤压、绝缘拉伸损伤，必须在几字形高点设置电缆接头连接两段电缆，而接头的事故率高达50.8%。此外，传统工艺采用人工二次搬运电缆，至少存在200次/千米磕伤风险。

本专利基于牵引力计算模型优化整段电缆输送动力分布，如图11-3所示，避免局部过载；研制多功能导向滑动架等工器具，使电缆敷设摩擦力平均降低62.5%；开发了输送机组正反转自适应调节控制的一体化同步敷设系统，设计方向和转矩预判启动响应单元，输送机同步位移精度<10mm，实现了整段电缆在高落差复杂通道中低摩擦均匀无损自动化敷设，消除了分段接头故障隐患，施工周期从每千米5～7天缩短至1天；发明了可适位高度调节敷设工法，消除了搬抬造成的200次/千米的电缆磕伤风险；发明了可适位宽度调节敷设工法，为作业人员腾出50%空间作为逃生通道，如图11-4所示。

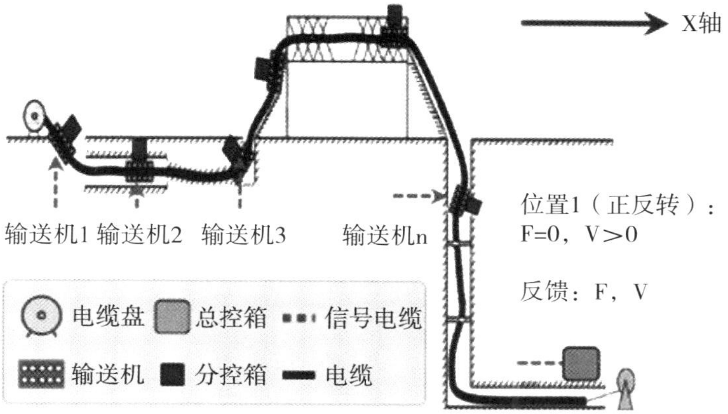

图 11-3 优化整段电缆输送动力分布

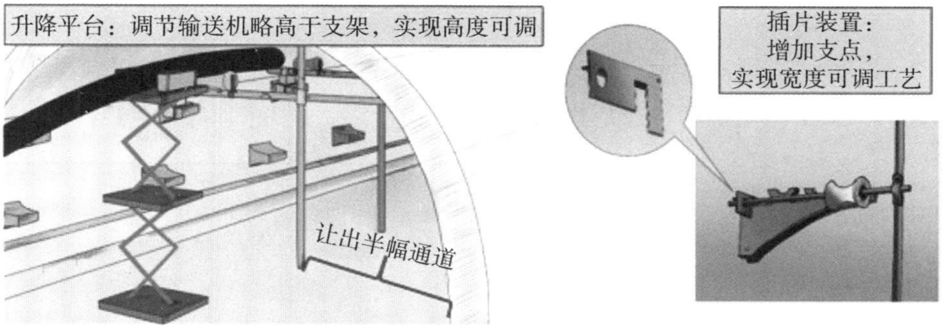

图 11-4 高、跨度可适位敷设工法

（3）创新了高落差高压电缆无损固定技术，实现了高压电缆在小空间、高落差环境下的无损固定。

随着电缆载流量和环境温度的变化，大截面电缆由于热胀冷缩，可产生高达百 kN 的热应力，导致电缆损伤。而在高落差、狭小空间环境中，传统电缆热应力释放夹具因体积、功能等原因无法适用。

本专利发明了滑移高压电缆浮动组合固定装置，研制了上下浮动的剪刀式结构和水平滑动的滑移槽组合装置，实现了热应力的横向滑移向弧形上升的转换。相比普通伸缩节体积减小 60%，实现了小空间高压电缆无损固定。

发明了高落差高压电缆刚、挠性转换固定支架，提出高落差高压电缆热应力自适应固定方法，设计了随动距离S可调和轴向可双侧旋转的主梁，通过刚、挠性灵活组合，实现了高落差高压电缆无损固定。

相关对比文件1、2、3、4（CN108242780、CN107359550、CN104167694、JP3284178B2）均未单独公开本专利权利要求的全部技术特征，且区别特征也并非本领域惯用技术手段的直接替换，因此专利权利要求书中的1～14条具备专利法第二十二条第二款规定的新颖性。

对比文件1作为最接近本专利的现有技术，公开了一种电缆敷设的装置及其敷设方法，包括垂直线路敷设装置、高差较小的水平线路、有限空间电缆敷设装置。但没有公开以下3个区别技术特征。

①对于高落差无接头连续敷设牵引力工程模型及计算方法，对比文件1、2、3、4均未公开相关内容，基于该区别技术特征，本专利提出了高落差无接头连续敷设牵引力工程模型及计算方法，为复杂工况下电缆无损敷设提供了理论基础。

②对于高落差高压电缆精准同步敷设技术，对比文件1、2、3均应用人工绑扎辅助机械敷设方法，对比文件4未涉及高落差、小空间环境控制方法。本专利考虑了双向落差环境，研发了多功能导向、低摩擦同步、转矩和方向自适应精准同步敷设技术，实现了整段电缆在各类复杂通道中低摩擦均匀无损自动化敷设。

③对于高压电缆刚、挠性转换固定技术，对比文件1、2、3、4均未公开相关内容，基于该区别技术特征，本专利研制的空间定位和电缆刚、挠性自适应转换固定技术，实现了落差段、狭小空间中电缆无损固定。

对比文件1、2、3、4均未公开上述区别技术特征，上述区别技术特征也并非本领域的公知常识，本专利权利要求书中的1～14条具有突出的实质性特点和显著进步，具备专利法第二十二条第三款规定的创造性。

本专利在国家知识产权局专利检索咨询中心发明专利检索结果：首次实

现了高压电缆线路在高落差条件下的连续敷设，不需要增加额外的电缆接头，减少了成本和接头损伤隐患，具有新颖性和创造性。

二、本专利技术先进性

日本古河公司、电产尼得科公司是该技术领域公认的领先企业，分析其2020年度公开的先进技术指标，与本专利对比如表11-1所示。

表11-1 行业领先企业先进技术指标与本专利技术指标对比

工作方法参量类型	国内传统技术（CN112448322A）	国外技术（JP2019155030A）	本专利技术	对比
高点敷设	有接头	有接头	无接头	在国际上首次实现整段电缆连续敷设，彻底消除了分段接头损伤
位移精度	400mm	300mm（日本电产尼得科）	<10mm	误差降至1/30
工作效率	7d/km	5d/km	1d/km	效率提升5～7倍
高落差固定技术	刚性或挠性方法	刚性或挠性方法（日本古河）	刚、挠性灵活转换	首次实现15m及以上高落差段无损固定
狭小空间固定技术	3～6m	3m（日本古河）	1.2m	首创空间定位转换技术，长度缩短60%，实现狭小空间无损固定

三、专利技术实施效果

（1）本专利已在全国28省（区、市）电力行业的851项电缆工程中得到应用，应用本专利成果的工程一次投运成功率100%。已投运工程至今零故障，专利技术有力保障了城市供电安全，推动了行业技术进步，带动了高压电缆施工装备的产业升级。市场推广前景广阔，预计在3年内能快速占领国内市场份额60%以上。

（2）本专利可应用于不同行业长距离、大截面管线类敷设作业，已在地铁、通信、钢铁等众多行业得到推广应用。成果还通过专利许可的方式出口至德国、哥伦比亚、秘鲁、新加坡等7个国家。

四、技术通用性

本专利主要应用于66kV及以上高压电力电缆施工领域，还可应用于其他行业长距离、大截面管线类敷设作业，具有提升敷设作业同步性，提高作业效率，保证作业人员安全，释放长距离管线累积热应力的效果。

五、专利许可

本专利于2020年12月授权许可应用于江苏威亨电气设备有限公司和江苏杜昌电力设备制造有限公司项目，共计许可金额395万元，至2020年底许可收入395万元。

六、专利保护

专利权人策划布局申请与本专利相关同族系列专利11件，授权9件。

七、相关标准制定推广情况

本专利成果纳入国家电网公司《输变电工程建设工法创新三年行动计划实施项目》清单。

专利第一发明人作为标准第一起草人，依据本专利技术，形成了《66kV及以上大段长交联聚乙烯绝缘电缆线路敷设技术导则》（征求意见稿）（T/CEC 20191028）中国电力企业联合会标准，向全国电力行业推广。

八、经济效益

自申请日以来，专利成果累计实现新增利润29362万元。

九、专家鉴定意见

周孝信院士领衔的鉴定委员会认为：项目首次在国际上完成高落差高压三维精准同步一体化敷设及多振动源、局部放电、X射线数字化成像综合检测工程实践，攻克了相关施工技术难题，实现了高落差高压电缆整段无接头，取得了显著的经济效益和社会效益，项目整体技术居国际领先水平。

十、获奖情况

本专利为项目《高落差高压电缆线路无损施工技术创新及应用》主要技术创新成果之一，项目获得第五届全国职工优秀技术创新成果奖一等奖、2019年度国家科学技术进步奖二等奖。

12. 电力厂站的网络安全监测方法和装置、计算机设备

专利名称：电力厂站的网络安全监测方法和装置、计算机设备

专利号：ZL201910220929.8

所属行业：电力

推荐单位：中国南方电网有限责任公司

·发明人——张文哲·

张文哲，男，高级工程师，南方电网电力调度中心网络安全处主管，在电力通信、网络安全等专业技术领域具有丰富的科研、运行经验。张文哲获得发明专利8项、国家部委奖励2项、南方电网奖励10余项，发表论文20余篇。

·南方电网电力调度控制中心·

南方电网电力调度控制中心（以下简称“南网总调”）是南方电网最高级调度机构，代表南方电网公司在南方五省区（广东、广西、云南、贵州、海南）行使调度权。南网总调于2003年4月15日成立，承担调度指挥任务，负责组织、指挥、指导、协调南网电网安全、经济、优质、环保运行，具体负责电网调度、运行方式、发电调度、水电调度、继电保护、安全自动装置、电力通信、调度自动化、网络安全、调度监督等专业管理工作。南网总调曾承担国家、电力行业、南方电网等多项重点科研项目，通过自主技术研发，突破前沿技术，为我国电力行业技术进步贡献了力量。

一、技术背景

没有网络安全就没有国家安全，能源安全、网络安全是国家安全的重要组成部分。网络攻击已致使全球范围内发生多起大面积停电、电力设施损毁等事故。电力系统是现代社会高度依赖的能源供给系统，任何一处遭受网络攻击都将牵一发而动全身，影响电网安全稳定运行，影响国家安全。

长期以来，我国网络核心关键元器件及算法受制于人，西方国家的网络战争部队长期在世界范围内大规模嗅探、潜伏以及预制“后门”，中国成为遭受黑客攻击最大的受害国，电网成为国家级网络战的首要攻击目标。

本专利解决的是电力监控系统网络安全监测及防御问题，相关项目得到科学技术部等部委的立项支持。

二、技术方案

电力监控系统的网络安全监测及防御需要解决4大难题：①电力监控系统网络安全风险模型不准，难以全面监测风险、及时预警；②无法采集孤立网络及嵌入式设备网络安全数据；③无法监测基于特征的未知威胁；④难以灵活布防及实时阻断大规模网络攻击。

本发明首创性地将态势感知理念用于电力监控系统的网络安全监测及防御，设计了融合设备静态属性及动态行为的安全建模方法（权利要求1），可全方位刻画系统当前网络安全状态及推演未来安全发展趋势；设计了隐式数据采集（权利要求1、6），解决了孤立网络及海量工控设备数据难以获取的难题；设计了基于置信区间的威胁监测方法（权利要求2～5），具备已知威胁精准发现和检测未知威胁的能力；设计了协同布防及阻断技术（权利要求3、7），实现大规模网络环境快速布防及精准阻断，如图12–1所示。

	四大难题	四大创新
建模方法	只能检测线上的网络入侵，不能反映“态”，难以预测“势”	融合装置静态属性与动态行为的安全态势建模方法
采集技术	孤岛网络众多，嵌入式装置不能安装采集软件	隐式数据采集方法与灵活中继的隧道传输技术
分析技术	利用已知规则分析判断，无法发现未知威胁	多源规则匹配和人工智能行为分析的检测方法
布防阻断	人工封堵无法实现“零漏洞”，内网无阻断手段	中心边缘协同布防技术与数据链路层阻断技术

图12–1　网络安全监测技术方案

三、专利质量

通过对国内外主要官方及商业专利数据库进行检索，发现3项最接近的对比文件：CN102413013A（网络异常行为监测方法及装置）、CN106411951A（网络攻击行为检测方法及装置）、CN103077347B（一种基于改进核心向量机数据融合的复合式入侵检测方法）。

本发明与3项对比文件的主要技术区别和优势在于以下两个方面。

（1）解决的技术问题不同。现有技术仅适用于互联网式的攻击行为监测，不适用于电力工控系统内部脆弱性及外部威胁监测，不能全面描述系统安全状态及未来发展趋势。

（2）技术方案不同。现有技术采用基于攻击特征的安全监视方法，容易被针对性绕过，且无法识别未知攻击行为。

本专利相对上述对比文件其主要优势在于以下4个方面。

（1）既可全面描述系统的网络安全风险，又可在单点受攻击时由点及面，迅速推演全网潜在受影响风险点，预警全局的“势”。

（2）可实现孤立网络及嵌入式工控设备的无损、全面数据采集。

（3）可实现对已知攻击的精准识别，具备对未知攻击的发现能力。

（4）具备在大规模网络中快速布防及阻断的能力。

综上所述，与3项对比文件相比，本专利具备新颖性和创造性。现有技术方案进行组合或者互补也无法得到本发明技术方案，本专利具有突出的实质性特征和显著的进步。

本专利成果已经由专利权人销售至南方电网5省区全部76个地市，累计销售各类型装备2968台（套），国内共有19家网络安全厂商依据本专利成果研制相应装备。本专利技术方案具有可实施性和可再现性，具备实用性。

四、技术先进性

（一）同行专家鉴定

本专利属于电力监控系统网络安全监测及防御的核心基础性专利。2020年，项目技术成果通过中国电机工程学会组织的鉴定，方滨兴院士、国家能源局信息中心温红子副主任、电力规划设计总院黄晓莉副总工程师等国内知名网络安全专家一致认为：项目所提出的孤立网络可感知、中心边缘协同与异地中心多活、隐式数据采集与中继传输等方面达到了国际领先水平。

2021年，赵沁平院士、陈志杰院士等评价：解决了点多面广、孤岛众多的电力工控环境网络安全数据难以获取，已知威胁监测精度及效率难以平衡，未知威胁难以发现等重大技术难题。

（二）第三方检测认证

本专利成果通过航天中认、许昌开普检测研究院等权威机构测试，技术指标超过了国外同类技术标准，如表12–1所示。

表12–1　本专利成果与国内外相关技术的对比

比较内容	本项目	国外行业解决方案	国内行业解决方案	比较结果
建模方法	日志+流量+主动探测，威胁+脆弱性	日志+流量+主动探测，关注威胁	日志或流量，关注威胁	填补行业空白
采集方法	适应工控系统应用环境：无须改变孤岛网络结构、无须安装Agent	网络必须直通，需要安装Agent	网络必须直通，需要安装Agent	领先
安全分析	多安全逻辑+多特征库+人工智能，已知威胁+未知威胁	单安全逻辑，已知威胁	单安全逻辑，已知威胁	领先
布防阻断	虚拟补丁+二层阻断	边界阻断	边界阻断	填补行业空白

注：国外行业解决方案为美国国家标准技术研究院 *NIST.SP.1800-7*《*Situational Awareness For Electric Utilities*》。

1. 典型用户评价

专利成果自应用以来，获得用户的高度评价，广东、广西、云南、贵州、海南等电力调度控制中心一致认为本专利成果解决了当前存在点多面广的网络安全数据采集以及大规模网络的安全布防反制难题，实现了网络安全风险的全面监测，达到了网络安全风险可发现、可控制及可溯源的目的。

2. 相关成果获奖

本专利相关成果获得国家部委的高度认可，先后入选国资委中央企业网络安全优秀案例、工信部网络安全示范工程，获得中国电力科技进步奖一等奖、中电联电力创新奖一等奖等荣誉。

五、专利运用及保护措施

（一）专利应用及经济效益情况

专利权人高度重视专利成果的保护及运营，围绕“网络安全风险建模、孤立网络数据采集、网络安全风险分析、布防阻断”等技术领域进行了完整的专利布局，累计申请发明专利43项，登记软件著作权5项。

专利权人通过自行实施、专利许可、专利授权、专利标准化等方式构建了覆盖产、学、研、用的完整专利产业价值生态链。与云南云电同方科技有限公司签订了专利许可实施合同，与114家单位建立了合作伙伴关系，授权实施本专利装备成果。截至目前，专利权人已经完成专利成果在南方电网76家调度控制中心、2882座发电厂及变电站的部署应用，南网5省区内市场覆盖率达到100%，产品占有率约20%。本专利成果全面带动网络安全技术研究、装备制造、集成实施等上下游产业链，创造直接合同收益4.312亿元，间接经济效益超过20亿元。

本专利成果已经被国家标准采纳，相关技术已向电力的发、输、变、配、用各环节全面延伸，促进了专利成果的标准化运用。同时，本专利成果已经向轨道交通、航天航空、网络通信、化工、大型互联网等行业企业大规模推广应用。

（二）制度建设、条件保障及执行情况

专利权人高度重视知识产权制度建设、专利培育以及保障等工作，制定《知识产权管理办法》等多项企业制度，成立创新管理部负责知识产权运营及科技创新，牵头开展电力新能源知识产权运营中心建设（央企首家产业知识产权运营中心，国家知识产权局批复），集团公司及下属单位共计11家科研单位通过知识产权贯标，在中央企业专利质量评价中连续两年获评A档。

六、总结

本专利成果落实了国家能源安全、网络强国、自主可控的重大战略，应用效果显著，连续3年在国家级实战化网络安全攻防演习中实现电力监控系统的零失分，显著提升了电力系统的网络安全保障水平，保卫了国家安全。

本专利成果解决了大规模电力监控系统网络安全监测以及防御难题，先后获得中国电力科技进步奖一等奖，中电联科技创新奖一等奖，带动了电力行业网络安全的科技进步。

本专利成果创造直接合同收益4.3亿元，间接经济效益20亿元，催生了一条覆盖产、学、研、用各方，包括生产、研发、制造、实施、检测各类型企业的高价值产业链，经济效益显著。

13. 铁素体耐热不锈钢及其制备方法

专利名称：铁素体耐热不锈钢及其制备方法
专利号：ZL201811452857.1
所属行业：冶金行业——钢铁
推荐单位：太原钢铁（集团）有限公司

·发明人——张威、南海、王琦、李阳、曾莉·

张威，男，1980年生，博士，正高级工程师，太钢技术中心建筑与新能源领域团队负责人，多年来一直从事特殊领域用不锈钢产品开发工作。他主持参与14项国家和省部级科研项目，获得省部级科技进步奖一等奖1项、二等奖5项、三等奖2项，获得中国钢铁工业优秀科技工作者、中国金属学会冶金青年科技奖、山西省“三晋英才”拔尖骨干人才等荣誉和称号，入选山西省青年拔尖人才支持计划。他以第一发明人授权发明专利6项，发表学术论文28篇，其中SCI收录3篇。

南海，男，1970年生，本科，高级工程师，现任太钢技术中心主任，先进不锈钢材料国家重点实验室主任，中国金属学会轧钢分会第七届中厚板学术委员会委员，“三晋英才”高端领军人才。他多年来一直从事金属材料，特别是不锈钢的品种开发、工艺技术研究工作，是太钢不锈钢领域高水平的学术带头人。他牵头承担国家重点研发计划等政府科技项目3项，发表论文10余篇，获授权国家发明专利12项，获省部

级以上科学技术奖5项。

王琦，男，1986年生，硕士，工程师，太钢技术中心研究员，主要从事高性能不锈钢产品开发工作。他先后承担国家级科技项目2项、省级项目4项，获得山西省科技进步奖二等奖1项，山西省专利二等奖1项，授权国家发明专利3项，在国家级知名刊物发表论文4篇。

李阳，男，1985年生，硕士，高级工程师，太钢技术中心研究员，主要从事能源领域用不锈钢产品开发工作。他先后承担国家级科技项目2项、省级项目9项，获得冶金科技奖一等奖1项，山西省科技进步奖二等奖1项，山西省专利二等奖1项，山西省“五小六化”优秀成果奖一等奖1项。他以第一发明人申报国家发明专利6项，其中4项已授权，在国家级知名刊物发表论文31篇，其中多篇被SCI或EI收录，他参与制定行业标准1项，团体标准1项。

曾莉，博士，正高级工程师。她从事镍基高温合金无缝管管材、超级奥氏体不锈钢系列板材、超超临界塔式锅炉用铁素体耐热不锈钢板材、抗菌不锈钢系列板材、核电站堆内构件不锈钢材料等研发工作。她承担和参加国家级、省部级科研项目16项，发表学术论文26篇，授权发明专利32项，制定行业标准2项。研究成果获得冶金科学技术奖二等奖1项，山西省科技进步奖二等奖1项，专利发明奖2项，入选山西省“三晋英才”。

·山西太钢不锈钢股份有限公司·

山西太钢不锈钢股份有限公司是全球不锈钢行业领军企业，专注生产以不锈钢为主的特殊钢。历经多年发展，形成年产1200万吨钢（其中450万吨不锈钢）的生产能力，建有先进不锈钢材料国家重点实验室、国家理化实验室等创新平台，拥有800多项以不锈钢为主的具有自主知识产权的核心和专有技术，主持或参与制定我国超过70%的不锈钢板带类产品标准，形成了以不锈钢、冷轧硅钢、高强韧系列钢材为主的高效节能长寿型钢铁产品集群。不锈钢产品涵盖板带型线管全系列超宽超厚超薄极限规格，笔尖钢、手撕钢、核电用钢、铁路用钢、双相不锈钢等高精尖产品享誉国内外。“太钢牌”不锈钢材获得“中国名牌产品”和“中国不锈钢最具影响力第一品牌”称号。

一、技术背景

火电机组的发展史已超过百年，自火力发电技术问世之日起，世界各国都在努力提高蒸汽机组的运行参数，并且经历了亚临界、超临界、超超临界的发展过程，随着锅炉参数和热效率的提升，机组的热效率和燃煤水平也逐渐提高。

进入21世纪，为优化电源结构，实现节能减排战略目标，我国采取了“上大压小”等一系列政策，坚决关停低效率的小机组，大力发展大容量、高效率火电机组，加快超超临界火电机组的设计和建造。

锅炉是火电机组中最重要的部件之一，其对整个电厂的安全经济运行起到举足轻重的作用。其结构复杂，而且运行中需要消耗大量钢材，包括过热器、再热器、水冷壁、联箱管道等承压部件以及其连接件。其中600℃参数锅炉中不同温度段受热面过热器、再热器等承压关键设备的锅炉管材料T91、T92等技术目前已成熟，并实现国产化，但锅炉管之间大量的吊架等连接件用板材技术目前尚未成熟。由于其直接接触炉膛，需要承受1000℃以上的高温煤灰冲蚀，要求材料具备优良的抗高温氧化性能、冲击韧性、低膨胀系数、焊接性能等。目前主要采用的耐热钢（1Cr6Si2Mo）性能无法满足要求，需要开发一种铁素体耐热不锈钢以满足使用要求。

目前正在研制的相关钢种主要是在传统铁素体耐热钢基础上进行成分优化和改良，如以下3种。CN105256247B公开了一种用于燃煤火力发电锅炉管路及阀门类铸件的铁素体类耐热钢及其制备方法，在传统铁素体耐热钢T91的基础上，通过添加微量的Ni、Mn、Mo、Al等元素，提高强度和抗高温腐蚀性能。然而该材料由于Cr元素含量不够，导致其在1000℃以上环境使用时抗氧化性能不足。CN105506489A公开了一种抗高温氧化的铁素体耐热不锈钢及其制造方法，合金设计采用Cr18体系，同时通过调节钢中C元素含量，增加稀土元素以提高钢种抗高温氧化性能，加入Nb和W元素，以保证钢的高温力学性能强度，加入Ti元素以提高焊接性能。然而为了降低浇铸难度，该材料不含Al和Si元素，在高温环境下氧化膜的结构不稳定，降低了抗氧化性能。CN103131951A公开了一种铁素体耐热钢，在9Cr钢基础上，通过将Cr元素的比例提高到13%左右，同时复合添加W、Co、Mo、Nb、V等元素提高抗氧化性及强度。然而其中W、Co、Mo元素的价格昂贵，且容易在加工和使用过程中形成有害析出，使性能急剧降低。

综上，通过复合添加 W、Co、Mo、Nb、V 等合金元素来提高耐热钢的高温强度，但是对提高其高温抗氧化性能的作用不大。

二、本专利的目的

本专利的目的在于提供一种铁素体耐热不锈钢及其制备方法，以解决现有材料耐高温氧化性能差、成本高、韧性差、焊接性能差等问题。同时解决材料在冶炼、热加工、热处理等加工制备方面的难题，以满足超超临界电站锅炉连接件的使用要求。

三、技术方案

本专利铁素体耐热不锈钢的设计思路为：采用 Cr18 型铁素体不锈钢作为基体钢，保证材料最基本的抗高温氧化能力；复合添加适量的 Al、Si 元素，在使用过程中表面形成 Al_2O_3、SiO_2，通过与 Cr_2O_3 氧化膜相复合，提高氧化膜的致密性，可以使材料在高温煤灰腐蚀环境下保持抗氧化性；控制适量的 N 元素，通过形成 AlN 提高材料的热稳定性；控制适量的 C 元素，保证材料的强度和冲击韧性；控制 Mn 元素含量以提高材料的焊接性能。

以下将详细阐述合金元素含量范围限定的原因。

C 元素可以与钢中合金元素形成如 $M_{26}C_6$ 或 M_7C_3 的碳化物，进而起到析出强化的作用。提高钢在高温中的强度和韧性，而塑性和韧性则会相应下降。然而当 C 元素含量过高后，碳化物粗化会造成抗氧化性以及焊接性能下降。因此，C 元素含量限定在 0.06% ~ 0.11%，优选范围为 0.07% ~ 0.09%。

Si 元素是一种可以强化铁素体的元素，在高温条件下与氧气接触，形成尖晶石结构的氧化物，和基体紧密结合，既可以改善其耐热性，又可以提高耐高温氧化性，同时 Si 元素还起到脱氧的作用。但过高的 Si 元素含量会促进有害相析出，降低韧性和焊接性能。因此，Si元素含量限定在0.7%～1.2%，优选范围为0.8%～1.0%。

Mn元素作为冶炼时的脱氧、脱硫剂添加，可大幅提高钢的纯净度，同时可以和Fe元素形成固溶体，进而提高钢的强度和硬度；若添加量过大，会影响钢的热加工性能和焊接性能。因此，Mn元素含量限定为0.6%～1.0%，优选的范围是0.7%～0.9%。

Cr元素是最重要的铁素体形成元素，在高温下Cr元素与氧反应生成Cr_2O_3，阻止外部氧的进一步侵入，可大幅提高钢的抗高温氧化性能，然而当Cr元素含量在19%以上时再提高则效果不明显。同时当其含量过高时，在高温长时间使用时容易产生大量有害σ相，降低组织稳定性。因此，Cr元素含量限定为17%～19%，优选的范围是17.5%～18.5%。

Al元素在高温下可形成致密坚固的Al_2O_3，且不具有挥发性，与Cr_2O_3氧化膜紧密结合形成复合氧化膜，可大幅提高材料的高温抗氧化性。同时，Al元素在钢中与N元素结合生成的AlN会在加热时具有较高的稳定性，减弱钢的过热倾向，使材料的抗氧化性能得到改善。但是，过高的Al元素含量会导致材料冲击韧性和焊接性能严重弱化。因此，Al元素含量限定为0.7%～1.2%，优选的范围是0.8%～1.1%。

N元素可以与Al元素共同形成强化相AlN，少量添加可以提高钢的高温抗氧化性。但过量的N元素会使钢韧性降低，同时增加加工难度。因此，N元素含量限定为0.005%～0.015%，优选的范围是0.007%～0.012%。

本发明提供的铁素体耐热不锈钢的制造方法包括以下五个步骤。

（一）冶炼

采用铁水预处理→K-OBM-S→VOD精炼→钢包精炼炉（LF）工艺冶炼出符合本奥氏体耐热不锈钢成分的钢水。

预处理后钢水温度1250～1350℃。

K-OBM-S全程吹氩，出钢温度1650～1690℃，钢包渣厚度控制在

30～80mm。

VOD 沸腾时间 12～18min，还原时间 15～20min，最后一批铝加入后搅拌 5～8min。

LF 精炼渣系为：c（CaO）≥60%，c（Al_2O_3）≥30%，c（SiO_2）≤1%。

LF 弱搅拌前 5min 喂硅钙线，钙线喂入量 3～4m/t，促进夹杂物的聚集长大与上浮。弱搅拌 15min，LF 总处理时间≥45min，出站钢水温度：1560～1580℃。

（二）连铸

开浇前用氩气清空中间包空气。

连铸过程全程吹氩气保护。

启动电磁搅拌，电磁搅拌参数 900～1100A。

（三）铸坯修磨

连铸板坯出连铸机后，保证在 400℃以上完成表面热修磨、切割、定尺等工序，防止铸坯冷却到室温后粗大柱状枝晶间形成细微裂纹。

（四）热轧

轧前坯料采取保温措施，保证坯料入炉温度≥250℃。加热温度 1160～1220℃，加热时间根据坯料厚度不同设定为 0.8～1.2min/mm。

终轧温度 750～800℃，单道次轧制变形量 18%～28%。

（五）热处理

加热温度 800~850℃，保温时间根据钢板厚度不同设定为 4～5min/mm，出炉空冷。

四、有益效果

采用本发明生产的铁素体耐热不锈钢板材具有优异的力学性能、抗冲击韧性、高温抗氧化性能以及焊接性能，可以用于制造超超临界火力电站锅炉连接件。

五、实施例

下面结合实施例详细说明本专利的具体实施方式，且本专利的具体应用方式不局限于下述实施例。

（一）不同实施例和比较例的成分及制备工艺

采用铁水预处理→K-OBM-S→VOD精炼→钢包精炼炉（LF）→连铸工艺冶炼出连铸坯，不同实施例及比较例（1Cr6Si2Mo）的成分如表13-1所示。

表13-1 实施例与比较例化学成分（重量百分比）

成分	C	Si	Mn	P	S	Cr	Al	N	Mo
实施例1	0.110	0.70	1.00	0.016	0.001	17.0	0.70	0.007	—
实施例2	0.060	0.79	0.85	0.014	0.001	17.5	0.78	0.005	—
实施例3	0.071	0.82	0.74	0.013	0.001	18.4	0.86	0.008	—
实施例4	0.093	1.05	0.69	0.015	0.001	19.0	1.02	0.010	—
实施例5	0.088	0.91	0.79	0.016	0.001	17.8	0.92	0.009	—
实施例6	0.102	1.20	0.60	0.014	0.001	18.2	1.20	0.012	—
比较例	0.072	1.70	0.40	0.025	0.003	5.80	—	—	0.51

连铸板坯出连铸机后，在400℃以上环境完成表面热修磨、切割、定尺等工序，坯料入炉温度约320℃，加热温度1160～1220℃，加热时间根据坯料厚度不同设定为0.8～1.2min/mm，终轧温度750～800℃，单道次轧制变形量18%～28%，热处理温度 800～850℃，保温时间根据钢板厚度不同设定为 4～5min/mm，出炉空冷。用于生产 6mm、8mm、10mm、12mm、15mm、18mm、20mm七种规格的钢板。

（二）不同实施例和比较例的性能

（1）室温力学性能

对本专利及比较例钢板进行室温力学性能检测，检测结果如表13-2

所示。可以看出，本专利实施例的力学性能明显高于比较例的力学性能。

表 13–2 实施例与比较例常温力学性能

实施例及比较例	屈服强度 $R_{p0.2}$（MPa）	抗拉强度 R_m 断后（MPa）	伸长率 A（%）20℃	冲击（J）60℃	冲击（J）
实施例 1	450	630	18.0	6.8	15.5
实施例 2	421	623	19.5	5.9	14.1
实施例 3	378	593	28.0	6.9	15.8
实施例 4	320	520	30	6.5	14.5
实施例 5	346	531	26	6.6	14.7
实施例 6	395	586	24.5	6.4	13.9
比较例	285	504	17.4	4.8	12.5

（2）对本专利和比较例钢板开展抗高温氧化性能检测，其结果如表 13–3 所示。可以看出，本发明实施例钢板在 800℃、900℃和 1000℃环境中抗高温氧化性能明显优于比较例。

表 13–3 实施例与比较例抗高温蒸气氧化性能

实施例及比较例	800℃、140 小时增重（mg/m^2）	900℃、140 小时增重（mg/m^2）	1000℃、140 小时增重（mg/m^2）
实施例 1	0.69	0.85	2.38
实施例 2	0.73	0.84	2.56
实施例 3	0.63	0.79	2.45
实施例 4	0.65	0.82	2.53
实施例 5	0.72	0.83	2.55
实施例 6	0.68	0.82	2.63
比较例	1.23	1.95	3.56

六、专利实施效果

本专利技术在现有铁素体不锈钢工艺基础上通过调整关键技术参数实现高铝铁素体耐热不锈钢的规模化生产。本专利技术成熟稳定，目前应用于山西太钢不锈钢股份有限公司，技术经济指标先进，2018—2020年累计生产销售646吨，产品质量属国际先进水平。新增销售额1109万元，新增利润500万元，新增缴税75万元。产品吨钢利润7740元，吨钢利润率较高，属于高附加值产品。

高参数火电锅炉关键高温连接件用铁素体耐热不锈钢中板的开发，填补了国内该领域的技术空白，各项自创技术均处于国际先进水平，形成了完备的耐热钢产品体系。产品已在山西漳泽、大唐东营、华电莱州、内蒙古盛鲁、印度OPLLE等10个1000MW机组得到应用示范，产品以优异的质量和稳定的性能，得到了终端用户的认可和好评，在锅炉行业内起到了良好的项目工程示范作用，社会效益显著。

14. 一种综采工作面智能供液方法及系统

专利名称：一种综采工作面智能供液方法及系统
专利号：ZL201810333524.0
所属行业：矿山机械
推荐单位：中国煤炭科工集团

·发明人简介——韦文术·

韦文术，男，安徽安庆人，研究员，中国煤炭科工集团技术委员会委员，中国机械工程学会流体传动与控制分会水液压专业委员会委员，中国煤炭工业协会支护专业委员会委员，北京天地玛珂电液控制系统有限公司首席液压技术专家，副总工程师，国家认定企业技术中心主任。他主持和参与完成了国家和省部级科研项目20余项，获得省部级以上科技奖成果奖励6项，授权发明专利25项，授权实用新型专利16项，发表论文20篇，出版论著2部，起草国家标准1项、行业标准1项，是2017年科技部创新人才推进计划国家重点领域创新团队——煤炭智能化无人开采创新团队核心成员。

·北京天玛智控科技股份有限公司·

北京天玛智控科技股份有限公司（以下简称“天玛智控”）成立于2001年7月，隶属于中国煤炭科工集团，是天地科技股份有限公司的控股子公司，注册于北京市中关村科技园顺义园林河科技创新功能区。公司遵循集团公司

“1245”总体发展思路，追求“世界一流的智能化技术、装备、服务一体化创新型企业”愿景，担负“引领煤矿智能化科技，促进安全、高效、绿色开采”使命，专业从事煤矿智能开采控制技术装备的研发、生产、销售和服务业务。旨在为煤矿提供优质产品及精准服务，降低煤矿工人劳动强度，提高煤矿开采安全智能化水平及生产效率。公司是国家高新技术企业、国家技术创新示范企业、北京市智能制造标杆企业、国有重点企业管理标杆创建行动标杆企业，拥有国家认定企业技术中心、国家重点领域创新团队。

目前，综采工作面开采的工况非常复杂，由于对流量的需求是实时变化的，因此供液系统的供液流量也是实时变化的。现有技术主要是通过检测主管路压力来判定开泵数量，进行流量等级的粗略计算。单泵通过变频器对流量进行控制，变频器的反应速度为秒级，电磁卸荷的反应为毫秒级。因此在流量波动情况没有反馈到合理值的情况下，单泵会出现由于压力波动引起的自动增压卸荷现象，既不节能也无法满足工作面流量实时变化的工作要求。同时，乳化液泵需要减速传动系统，而综采工作面顺槽狭小的工作环境限制了乳化液泵的外形尺寸。因此，目前单台乳化液泵和单台喷雾泵均不能满足综采工作面的液力需求，需要多台同时运行，导致供液系统总的设备长度和重量超标，在井下时常有坡度变化的工况下，拉移列车存在着巨大的安全隐患。

本专利提出的一种综采工作面智能供液方法及系统满足了工作面流量实时变化的需求，解决了供液系统压力波动引起的增压卸荷不稳定的问题，首创了一种以工作面用液需求为目标的压力窄幅波动大流量供液模式，创新提出了一种自适应采煤工艺的乳化液均衡输出控制方法并研制出首套智能供液控制系统，实现系统的闭环智能联动控制。

（1）首创了一种工作面按需供液的大流量智能供液模式。以质量守恒方程、纳维－斯托克斯方程、能量守恒方程为基础，以液压支架初撑力、刮板输送机直线度、采煤机牵引速度等为边界条件，以液压支架移设流量压力需求函数为依据，以执行元件快速响应为特征，建立了工作面按需供液的智能供液模型。

（2）首创了适用于多种综采自动化开采工艺的智能供液决策控制系统。开发了以压力、流量、液位、浓度等参数为感知条件，以工作面按需供液的智能供液模式为决策依据，以电磁卸荷和变频技术为控制手段，以高压大流量泵站为执行元件的智能供液决策控制系统。

（3）与液压支架电液控制系统互联互通，实现工作面用液需求的预知预判和及时响应。首次将液压支架电液控制系统与集成供液系统融为一体，实现信息的互联互通。液压支架电液控制系统在执行动作功能之前，将控制信息传达给集成供液系统，集成供液系统根据工作面用液需求，采用变频技术对电机转速进行平滑控制实现对输出流量的控制，达到与用液需求相匹配的目的，提高泵站流量利用率，降低泵空转运行时间和能耗，减少电磁卸荷次数，有效延长了电磁卸荷阀的使用寿命。通过各泵电磁卸载阀不同压力等级的设定，实现泵站多组合智能调节高效运行。

（4）创新性提出了以电控卸载为主、液控卸载为辅的冗余设计方案，发明了一种具有电控旁路开关阀结构的卸载阀，实现电控卸载与液控卸载两种卸载方式并存，填补了国内外此领域技术空白。正常使用过程中以电控卸荷为主，在电控卸载失灵或失电情况下，泵站压力达到液控卸载压力设定值后，液控卸载阀自动保持正常工作，避免了工作面因失液而造成的停产。

（5）供液系统液源高压稳定的特性提高了工作面液压支架的支护安全性。基于具有蓄能器能量存储的大流量智能供液系统，依据攻克的工作面用液的预知预判技术和电磁卸载与变频联动控制技术，解决了综采工作面供液系统压力波动大、液压支架初撑力合格率不高的问题，改善了工作面顶板的支护质量，减少了顶板事故发生的概率。

该专利技术在提高煤矿生产效率、自动化水平方面有着巨大的促进作用，可以有效优化综采工作面自动化采煤工艺，提高设备开机率，诊断设备运行状况、提高综采设备整体运行协调性，提高煤炭产量。在某些特殊环境的煤矿中，如薄煤层工作面，工人在工作面爬行空间狭小，行进速度缓慢，通过自动化控制可大幅提高薄煤层工作面开采速度，提升效率。在有害气体较高的工作面，本专利系统可将工人从危险环境中解放出来，大幅提升工作面的开采效率。同时该套系统也大幅提升了煤矿综采的自动化水平，相较于其他行业自动化、智能化普遍应用的情况，煤炭行业仍然处在以人作为操控主体的落后水平，本套系统使得煤矿开采技术从机械化采煤转变为自动化开采，对整个煤炭行业产生了深远的影响。

截至目前，该专利已在全国近30家煤矿矿区推广应用50余套，合同额近3亿元，取得了巨大的经济效益及良好的应用效果。系统各项功能应用效果良好，能够大量减少采场作业人员，降低工人劳动强度，工作面的生产能力不断提高。2020年，经中国煤炭工业协会鉴定，专利技术水平达到国际领先水平，本专利在煤炭行业有十分明显的技术优势。

本专利所涉综采工作面智能供液方法及系统目前已经在国内大部分大型煤矿企业推广和应用，几乎涵盖了煤矿开采行业各种类型的工作面。从1.3m以下薄煤层工作面至7m特大采高工作面；从综采工作面到综放工作面；从普通工作面到急倾斜特厚煤层工作面都有应用。因此，本专利适用于所有煤矿开采工作面，适用性和实用性极为广泛。本专利还可应用于煤矿综采工作面以外的其他领域，如生产环境更为恶劣、危险性更高的掘进工作面，可使用专利进行工程安装方面的较小改动，即可实现掘进工作面的生产自动化。同时，本专利还可应用于其他领域，尤其是有隔爆要求的行业，如石油、天然气等相关生产行业。

近几年，液压支架集成供液系统新增市场需求大约在100套/年。自专利实施以来，天玛智控在支架集成供液系统的新增市场份额翻了一番，占据了新增市场份额的40%，稳固占据着市场主导地位。同时，依托该项技术，天玛智控开展的无人化开采技术的应用与示范在行业内具有领先地位，在行业中具有重大的影响力。

15. 城市轨道交通供电运行安全生产管理系统及管理方法

专利名称：城市轨道交通供电运行安全生产管理系统及管理方法
专利号：ZL201410342779.5
所属行业：地铁交通行业
推荐单位：广州市职工技术交流中心

·发明人——何霖·

何霖，男，毕业于西南交通大学，教授级高级工程师，主要从事铁道电气化方向研究工作。他2002年被中国轨道交通运输协会轨道交通专业委员会评为“城市轨道交通中青年专家”，具有丰富的城市轨道交通运营管理经验。

何霖在轨道交通行业内积极倡导和践行“服务是商品”的观念，科学组织地铁运营，在城市轨道交通线网下的行车组织、客运组织、维修模式的理论和实践方面进行了开创性的探索与研究。他在地铁运营管理中推行“三标合一”（ISO 9001、OHSAS、ISO 14001）的制度体系，深入推广“成功源于细节、质量造就品牌”的管理理念，建立了以乘客为关注焦点的持续改进管理体系。他获得国家科技进步奖二等奖、广东省科技奖一等奖、中国城市轨道交通协会科技进步奖一等奖等奖项。

·广州地铁集团有限公司·

广州地铁集团有限公司成立于1992年11月21日，是广州市政府全资大型

国有企业，负责广州市轨道交通系统的工程建设、运营管理和附属资源开发经营。第一条线路广州地铁1号线于1997年开通运营，是国内第四座、广东省首座开通轨道交通的城市。截至2021年底，广州地铁运营线路共15条，共设车站290座，共有换乘站40座，运营里程590公里。

本发明涉及轨道技术领域，特别涉及一种城市轨道交通供电运行安全生产管理系统及管理方法。

轨道交通的安全运行离不开安全、规范、可靠的供电系统，供电系统是轨道交通运输的血液，是核心系统。供电系统一旦发生故障或中断，不仅会造成城市轨道交通运输瘫痪，而且还会危及乘客生命安全，并给地线公共交通运输带来巨大压力，对社会稳定和城市形象造成不良影响。

目前，城市轨道交通供电系统的变电所、接触网以及车辆段的防误大多停留在设备本体防误、局部防误阶段，防误效果有限。例如，变电所的开关柜设备本体自带机械联锁功能，但在开关柜间以及整个变电所的防误是缺失的；接触网挂地线和验电操作之间无技术关联，存在带电挂地线风险；个别地铁线路的列检库安装有简单的五防闭锁装置，依靠五防锁具完成电动/手动隔离开关的合、分闸电气及手动机械操作的闭锁，无法对整条地铁线路实现防误闭锁。

针对上述现有技术现状，本发明所要解决的技术问题是提供一种城市轨道交通供电运行安全生产管理系统及管理方法，将安全保障从传统的“设备本体”转换为“系统整体”，在设备本体防误、局部防误的基础上，完善跨设备、跨地点防误，形成基于线网的整体安全保障体系。

为了解决上述技术问题，本发明所提供的一种城市轨道交通供电运行安全生产管理系统包括以下12个部分。

（1）OCC 服务器和电调办公席客户端。OCC 服务器和电调办公席客户端分别连接至第一交换机，OCC 服务器用于对整个系统的数据进行存储和管理，电调办公席客户端用于审批工作票，根据工作票生成调令，并根据调令进行工作分解。如果当前步骤的设备为遥控设备，对该遥控设备进行远程操作；如果当前步骤的设备为就地操作，将调令下发。

（2）值班点客户端。值班点客户端连接至第二交换机，第二交换机与第一交换机通过有线网络连接。值班点客户端用于根据作业指令编制、审核工作票，并将工作票提交至OCC 电调办公席客户端。值班点客户端接收OCC 电调办公席客户端下发的调令，并根据调令模拟预演、生成操作票和执行序列，并将操作票和执行序列向外传输。

（3）电脑钥匙。电脑钥匙通过有线网络或者无线网络连接至第二交换机或者与第二交换机相连的第三交换机，用于接收值班点客户端下传的操作票和执行序列。对于正确的操作步骤，解锁相应设备，同时采集操作过程和操作结果信息，并传输至值班点客户端。

（4）闭锁锁具。闭锁锁具通过无线网络与电脑钥匙连接，用于对现场的设备进行强制闭锁。电脑钥匙依照操作票内容进行授权后，解锁所述闭锁锁具。

（5）地线管理装置。地线管理装置与第三交换机相连，用于存放地线，向值班点客户端提供地线的当前状态，并执行值班点客户端的解、闭锁命令。

（6）验电器。验电器通过无线网络与电脑钥匙连接，用于挂接地线前的强制验电，并将验电结果通过无线网络发送给电脑钥匙。

（7）智能地线。智能地线通过无线网络与电脑钥匙连接，用于与地线桩配合使用，并将地线挂接位置和状态发送至电脑钥匙。

（8）防误主机。防误主机连接至第三交换机，电脑钥匙通过防误主机连接至第三交换机。

（9）摄像机。用于监视现场操作过程。

（10）视频服务器。视频服务器连接在摄像机与第三交换机之间。

（11）解锁钥匙管理机。解锁钥匙管理机连接至第三交换机，用于管理紧急钥匙。

（12）信息采集设备。信息采集设备连接至第三交换机，用于采集现场设备的状态。

本发明所提供的一种城市轨道交通供电运行安全生产管理方法包括以下16个步骤。

（1）变电所、接触网或车辆段值班点的人员根据作业指令在值班点客户端上编制、审核工作票，并将工作票通过系统上传到OCC电调办公席客户端。

（2）OCC电调值班人员在OCC电调办公席客户端上进行工作票审批。

（3）工作票审批通过后，OCC电调值班人员在OCC电调办公席客户端上根据工作票编制停电操作的调令。

（4）OCC电调值班人员在OCC电调办公席客户端上根据调令的顺序进行工作分解。

（5）当前步设备为遥控设备时，OCC电调值班人员远程遥控操作，OCC服务器提供防误逻辑判断；当前步设备为就地操作时，OCC电调值班人员在OCC电调办公席客户端上将调令下发到值班点客户端上。

（6）变电所、接触网或车辆段值班点的人员在值班点客户端上，根据调令开停电操作票，系统自动提供防误逻辑判断，操作票生成后传输到电脑钥匙。

（7）操作人员到变电所、接触网或车辆段的现场进行操作，用电脑钥匙按照操作票上对现场各个带锁设备的操作流程依序解锁并操作设备，操作完成后用电脑钥匙把操作结果回传到值班点客户端，值班点客户端再把相关信息通过系统传输到OCC服务器。

（8）操作结束后，OCC电调办公席客户端根据电脑钥匙回传的操作结果确认停电操作结束，结束调令。

（9）现场进行检修作业，检修作业结束后，根据现场返回结果，工作票终结。

（10）OCC电调值班人员在OCC电调办公席客户端上编制恢复送电的调令。

（11）OCC电调值班人员在OCC电调办公席客户端上根据调令的顺序进行工作分解。

（12）当前步设备为遥控设备时，OCC电调值班人员远程遥控操作，OCC服务器提供防误逻辑判断；当前步设备为就地操作时，OCC电调值班人员在OCC电调办公席客户端上将调令下发到值班点客户端上。

（13）变电所、接触网或车辆段值班点的人员在值班点客户端上，根据调令开送电操作票，系统自动提供防误逻辑判断，操作票生成后传输到电脑钥匙。

（14）操作人员到变电所、接触网或车辆段的现场进行操作，用电脑钥匙按照操作票上对现场各个带锁设备的操作流程依序解锁并操作设备，操作结束后用电脑钥匙将操作结果回传到值班点客户端，值班点客户端再把相关信息通过系统网络传输到OCC服务器。

（15）操作结束后，OCC电调办公席客户端根据电脑钥匙回传的操作结果确认送电操作结束，结束调令。

（16）整个“停电—检修—送电”作业结束。

与现有技术相比，本专利的城市轨道交通供电运行安全生产管理系统及管理方法实现了轨道交通全线电气设备防止误操作、临时地线智能管理、工作票操作票的电子化管理、现场设备及作业的远程安全监管等功能。将流程管理从传统“人工”转换为“电子、网络化”，作业过程从“人控”转换为“技术控制”，安全保障从“设备本体”转换为“系统整体”，作业监管从“就地”转换为“远程”，有效提升了运营单位对作业人员及设备的安全保障能力，同时缩短作业时间，提高工作质量和效率。

16. 煤矿井下钻孔中径向含水异常体探测方法

专利名称：煤矿井下钻孔中径向含水异常体探测方法
专利号：ZL201410301745.8
所属行业：采矿和采石中的开采辅助服务行业
推荐单位：中煤科工集团西安研究院有限公司

·发明人——范涛·

范涛，男，博士，研究员，中煤科工集团西安研究院有限公司二级首席科学家，山东大学、西安电子科技大学企业硕士研究生指导教师，全国煤炭工业生产一线优秀青年科技工作者。

范涛致力于煤矿井下隐伏水害探测方法与装备研究，形成了矿井大电流瞬变电磁探测技术体系，实现了瞬变电磁拟地震二维反演，研发出钻孔瞬变电磁三分量测量装备和立体成像方法，将机器学习算法引入钻孔物探资料处理中，对提升煤矿巷道快速掘进技术水平，推动工作面透明化发展具有重要意义。

范涛主持国家自然科学基金1项、陕西省自然科学基金3项，参与省部级以上项目10项，获省部级奖项一等奖2项、二等奖2项，发表论文45篇，其中检索论文18篇，授权专利20项，主持、参与行业标准编写2项。

·中煤科工集团西安研究院有限公司·

中煤科工集团西安研究院有限公司前身是1956年5月在北京成立的“北

京煤田地质科学研究所”，1965年整建制迁至西安，现隶属于中国煤炭科工集团有限公司，为中央管理的大型科技型企业。经过六十多年的发展，已成为我国煤炭系统专业从事煤炭地质与勘探，在煤矿安全高效开采地质保障技术、装备与工程领域唯一具有突出优势的国家重点高新技术企业。

中煤科工集团西安研究院有限公司在煤炭资源综合勘探、煤层气资源勘探开发、矿山水文地质与水害防治、钻探装备研制、地球物理勘探和绿色矿山生态环境工程建设等领域，进行了长期的探索研究，研发出了一批具有行业领先水平、自主知识产权的地质保障技术和装备，为我国煤炭工业健康发展作出了卓越的贡献。

一、专利内容

本专利的目的是克服现有技术不足，提供一种煤矿井下钻孔中径向含水异常体探测方法，无须进行大量打孔就能提供对钻孔径向低阻异常的定位功能，扩大钻孔的控制范围，指出可能存在的含水构造目标。

为实现上述目的，本发明公开了一种煤矿井下钻孔中径向含水异常体探测方法，其特征主要包括以下六个步骤。

步骤一：在井下巷道钻入探测孔，在孔口位置设置一发射线框，在发射线框后设置有发射接收装置。发射接收装置包含信号发射组件和信号接收组件，信号发射组件连接至发射线框。

步骤二：在探测孔内设置三分量接收探头，三分量接收探头与信号接收组件连接，按一定的深度间距让三分量接收探头在多个设计测点按相同的角度固定，同时利用测斜装置记录各测点位置的方位角、倾角和横滚角。

步骤三：将各个测点的测量信息分别记录至对应的采集通道，送入处理单元后以图形方式显示，并通过图形判断异常响应。

步骤四：三分量接收探头在一个设计测点内完成一次测量后，移动发射装置位置或改变发射装置角度，重复步骤二和步骤三。

步骤五：对采集数据进行处理。首先利用测斜装置记录的探头姿态信息将每个接收点接收的数据校准至相同角度；其次根据多测道图确定异常段并提取异常场；再次依据三分量接收信号组合特征确定低阻异常体相对钻孔所在的象限；最后通过水平分量和垂直三分量信号的法线聚焦异常位置，得出钻孔周围低阻异常体位置的信息。

步骤六：在煤层中钻取多个探测孔，同时重复步骤一至步骤五，对每个探测孔数据进行联合解释。先根据钻孔信息建立立体空间图像，再将多个钻孔获得的低阻异常体位置信息共同显示在图像中，之后分析异常体互相之间的相关性，最后对相关度高的异常体进行组合，联合确定低阻异常体空间分布形态。

其中：所述孔口位于发射线框内或发射线框外。所述发射线框的边长不大于5m，其包含匝数大于10匝的发射线。在步骤三判断异常响应时，通过Z分量图形曲线在异常位置会出现极值，X、Y分量图形曲线在异常位置会出现0点的基本原则，根据在异常点前后数据出现变号来进行判断。

通过上述结构可知，本发明实现了以下两方面技术效果。

（1）提供对钻孔径向至少15m范围内的低阻异常的定位功能。一方面扩大钻孔的控制范围，增强巷道迎头超前探测的精度，另一方面指出可能存在的含水构造目标，为下一钻进方向给予指向。

（2）在钻孔中开展地球物理探测工作，无须大量钻孔即可得到周围的含水构造异常分布，扩大钻孔径向控制范围，达到有效减小钻孔布设密度的目的。

二、技术重要性

随着煤矿开采深度的不断增加，含水构造的超前探测对煤矿安全生产意义重大。由于煤矿掘进迎头需要打大量超前探水钻孔，为控制含水构造的范围，探水孔的密度很大，有时多达20个以上，耗费大量时间和成本。而人工源时间域电磁感应方法是利用不接地回线或接地电极向地下发送脉冲式或方波式一次电磁场，用线圈或接地电极观测由该脉冲电磁场感应的地下涡流产生的二次电磁场，通过对该二次电磁场的空间和时间的分布分析来认识有关地质问题。由于回线源时间域电磁感应方法的接收装置不需要接地，属于非接触式测量，信号稳定易处理，发明者认为采用该方法实现钻孔中物探是一个较好的选择。

通过潜心研究和设计，综合长期多年从事相关产业的经验和成果，发明者研究设计出一种煤矿井下钻孔中径向含水异常体探测方法，属于改进型专利。

以该专利为核心，中煤科工集团西安研究院有限公司自主创新，发明了具有自主知识产权的煤矿井下巷–孔瞬变电磁探测技术与装备。其主要科技创新包括：发明了巷–孔瞬变电磁钻孔径向探测方法和钻孔超前探测方法；发明了煤矿井下巷–孔瞬变电磁合成大功率发射机和孔中一体化三分量探头，开发了数据采集软件；发明了巷–孔瞬变电磁虚拟波场反演成像方法、基于三分量机器学习算法的立体成像方法和超前探测叠加处理方法，开发了相应软件。

经鉴定，相关的技术与装备项目成果达到国际领先水平。以该专利为核心共产生发明专利10项，已授权6项，获批软件著作权3项，发表论文33篇，录用SCI论文待发表1篇，SCI检索1篇，EI检索4篇，CPCI–S检索2篇，获奖论文2篇，核心期刊9篇，国际会议论文6篇，博士学位论文1篇，硕士学位论文1篇。

三、技术优势

以《煤矿井下钻孔中径向含水异常体探测方法》专利为核心，企业研发了煤矿井下巷–孔瞬变电磁探测技术。该技术利用孔口多匝小回线发射和孔中三分量接收瞬变电磁场信号，探测掘进工作面前方及回采工作面内部存在的隐蔽致灾水体，为可能发生的水害防治、煤矿巷道布设及掘进方案提供地学信息支撑，为煤矿安全高效开采提供地质技术保障。中煤科工集团西安研究院有限公司经过六年坚持不懈技术攻关，成功研发出具有自主知识产权的巷–孔瞬变电磁探测技术与装备，使我国煤矿井下电磁法勘探水平提升至一个新高度，探测技术达到国际领先水平。围绕该专利重点研究了以下3个方面内容。

（1）发明了巷道多匝小线框发射、孔中三分量探头接收的钻孔全方位探测方法。发明的煤矿井下巷–孔瞬变电磁钻孔径向探测方法，可对200m以内钻孔径向30m范围内的地质电性情况进行无干扰高精度探测。发明的煤矿井下巷–孔瞬变电磁钻孔超前探测方法，可对40m以内浅钻孔孔底前方60m距离、120° 夹角范围内的地质电性情况进行无干扰广域超前探测。

（2）发明了煤矿井下巷–孔瞬变电磁合成大功率三分量探测装备及数据采集软件。发明了基于多源并行发射原理实现电流叠加效果的大功率孔口发射机，可在本安防爆要求下将等效电流增大至常规情况下的4倍。发明了集成钻孔轨迹测量功能的基于单一磁芯线圈三轴异构绕制的孔中探头，实现了孔中瞬变电磁三分量数据和探头姿态数据的同点、同时测量。

（3）发明了巷–孔瞬变电磁探测资料智能精准数据立体处理解释方法及配套软件。针对巷–孔瞬变电磁探测数据特征，发明了滑动时窗波场反变换算法、二维虚拟波场动校正算法、拟声波介质的全波形反演算法、水平分量曲线形态无监督机器学习分类算法、孔旁电性信息工具面角计算法、基于趋势面的异常场提取算法和基于向量合成的巷-孔超前探测数据处理7项关键处理方法。实现了巷-孔瞬变电磁径向探测资料立体成像和超前探测资料叠加成像，并将这些模块集成为一套配套的数据处理软件。

四、应用效果

所研发的数据处理方法已集成为两套数据处理软件，可分别处理钻孔径向探测数据和超前探测数据，填补了该领域空白。其中研发的YCS2000B2矿用巷-孔瞬变电磁探测仪数据处理解释软件已具有较高的商业化水平。经过多个推广应用项目的验证，如图16-1、图16-2所示，新技术和软件的研发使得巷-孔瞬变电磁超前探测数据的解释质量提升了一个档次，数据处理效率也明显提升。

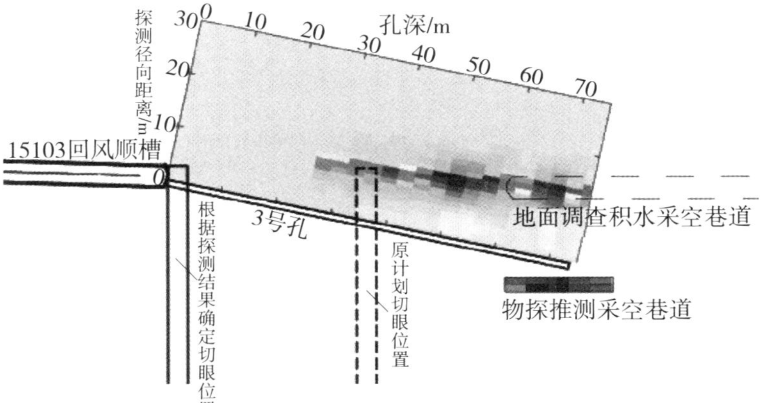

图16-1 径向探测发现积水采空巷道

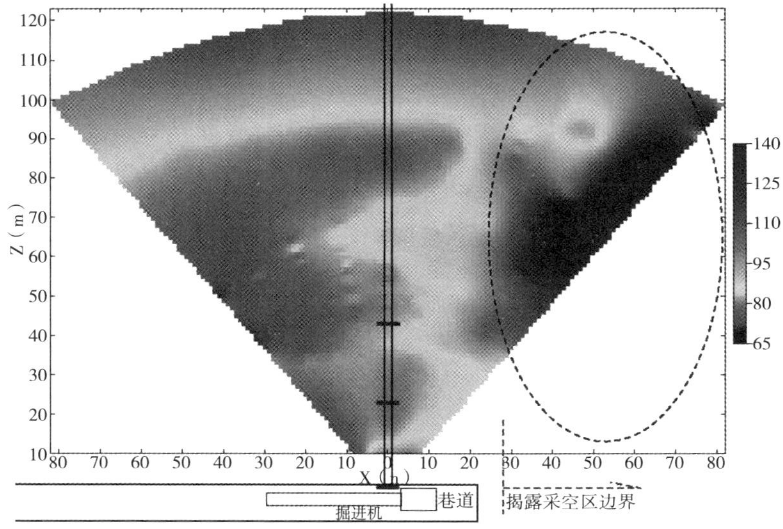

图16-2 超前探测圈出无水采空区展布形态

五、技术通用性

2019—2020年，该技术成果应用于湖南张—吉—怀铁路隧道工程中，超前预报了掌子面前方的多个溶洞，并与实际揭露吻合，避免人员伤亡的同时节省了大量建设成本。

此外，该技术还可应用于地下综合管廊建设中的地质松软体探测和考古研究中无损探测等诸多领域。

17. 一种高压支柱式绝缘子自动清扫装置

专利名称：一种高压支柱式绝缘子自动清扫装置
专利号：ZL202020589608.3
所属行业：火力发电
推荐单位：中国华电集团有限公司

·发明人——陈宇·

陈宇，男，1995年2月生，中共党员。他参加工作七年以来，积极参加各类课题研究，并将研究成果应用到公司的生产实践中，获得中国华电集团有限公司职工（青年）创新创效奖项5个，中国职工协会中国专利奖年度优秀奖，累计授权专利9项，受理专利6项（其中发明专利2项），在核心期刊发表论文6篇，为企业创造效益达百余万元。他先后获得湖北省国资委优秀共产党员、中国工业创新工匠人物、中国华电集团有限公司青年岗位能手、华电湖北发电有限公司青年岗位能手、中国设备协会年度设备检维修技术能手等荣誉和称号。

·湖北（华电）西塞山公司·

湖北（华电）西塞山公司位于湖北省黄石市西塞山麓，由华电湖北发电有限公司、美亚黄石电力有限公司、黄石市鼎城资产管理有限责任公司共同投资组建。公司在运装机容量2020MW。

公司是中国华电集团公司“五星级发电企业”、湖北省“百强企业”、国

家能源局“电力安全生产标准化一级企业”，获得亚洲电力2013年度“燃煤发电项目金奖”“环保升级改良金奖”“能源效用奖”。

一、创新成果概述

本专利通过设计一种高压支柱式绝缘子自动清扫装置对清扫的灰尘及时进行收尘处理，可以有效防止因高压电极对周围空气的电离作用而导致产生的绝缘吸尘效应，造成绝缘子二次污染的问题，可实现对绝缘子两个侧面的同时清扫，大大提高了清扫作业的效率。清扫装置的移动底座与高度、倾斜角度均可调节，操作灵活，在地面上即可实现对不同高度的立柱式绝缘子的清扫作业。

二、创新成果背景（意义、必要性）

工业化的飞速发展导致气候进一步恶劣，大气中的污秽混合物严重威胁着高压输电线路的绝缘子安全稳定运行。污闪跳闸一直是影响电力系统安全输电的问题之一，绝缘子在其中起着非常重要的作用，它的质量影响整个系统的可靠运行。一旦发生污闪事故，波及面大、持续时间长，并且经济损失巨大，严重情况下还会发生电力人身安全事故。污闪跳闸已经成为影响电力系统安全经济稳定运行的主要因素之一。现阶段，“爬、扫、涂”方式被广泛地运用在我国电力设备外绝缘维护中，为解决此种方式存在的问题，本专利对变电站支柱式绝缘子清扫系统进行了设计与研究。

三、创新成果主要做法

绝缘子清扫系统的工作原理为当控制器将机械臂末端的防静电清扫刷头送达待清扫的绝缘子，待超声波测距系统确认距离满足清扫要求，启动空压风系统驱动气动马达的旋转，防静电清扫刷头和气动马达同轴旋转，从而实现对绝缘子的清扫。通过启动收尘风机将清扫过程中的灰尘收集到收尘室，防止清扫过程中产生的灰尘对绝缘子造成二次污染。

（一）移动底座的设计

绝缘子清扫装置的移动底座如图17–1所示，下方两个履带条均由伺服电机进行驱动，每个行走轮的伺服电机上均配备用于实时测量其转速的编码器。为了控制移动底座的行走，在移动底座上装设有行走控制系统，如图17–2所示，包括供电模块、PLC控制器及分别通信连接PLC控制器的伺服驱动器和无线通信模块，无线通信模块由无线遥控器进行控制。工作人员通过无线遥控器将操作指令传送给PLC控制器，PLC控制器输出指令给伺服驱动器控制、调整伺服电机的行走姿态。无线遥控器发出的指令包括移动底座的前进、后退和拐弯，其中伺服电机的同步正、反转决定着移动底座的前进和后退，移动底座的拐弯由伺服电机的差速运行来实现。

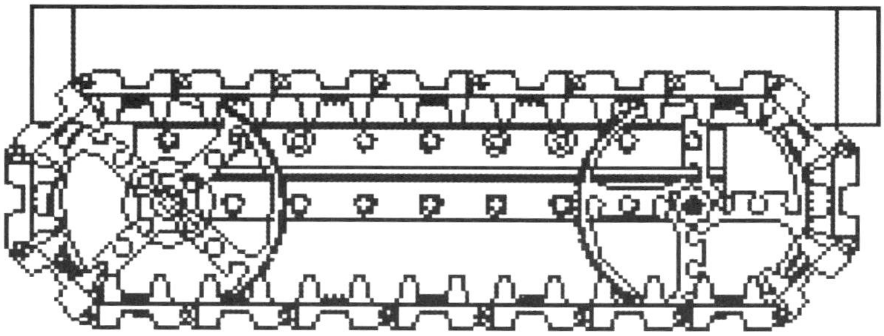

图 17-1　移动底座

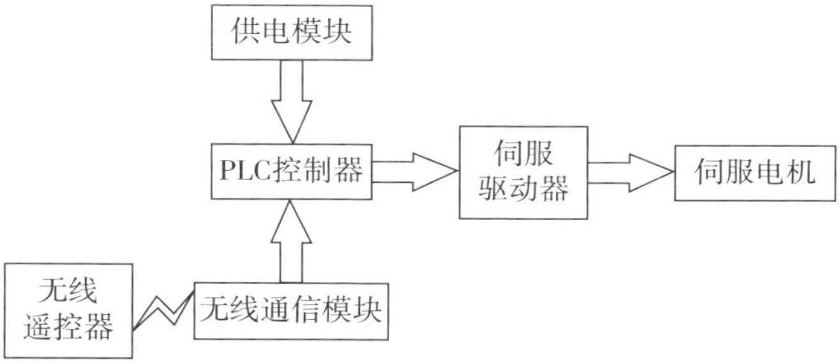

图 17-2　行走控制系统

绝缘子清扫装置移动底座的无线通信模块由433MHz频段无线数据终端DTD433构成。PLC控制器型号为西门子生产的S7-200可编程控制器，伺服驱动器的型号为西门子生产的6SL3210-1SE16-0UA0伺服驱动器。

（二）移动底座材料的选择

移动底座材料要选择机械性能较好的钢材料，钢材料按照含碳量的高低分为低碳钢（<0.25%）、中碳钢（0.25% ~ 0.60%）、高碳钢（>0.60%）。其3种材料结构比较如表17-1所示。

表 17–1　含碳量不同钢结构的比较

名称	组成成分	用途
低碳钢	大部分普通碳素和一部分优质碳素	工程结构件
中碳钢	大部分优质碳素和一部分普通碳素	机械零件
高碳钢	优质碳素	工具

设备底座选用低碳钢中的Q235作为材料，拥有优良的焊接性和塑性，但是Q235的屈服值会随着材质厚度的增加而减少，如表17–2所示。

表 17–2　不同厚度 Q235 钢材料屈服值的比较

厚度 / 直径（mm）	屈服值（MPa）	伸长率（%）
≤ 16	235	≥ 26
16< 厚度 / 直径 ≤ 40	225	≥ 25
40< 厚度 / 直径 ≤ 60	215	≥ 24
60< 厚度 / 直径 ≤ 100	205	≥ 23
100< 厚度 / 直径 ≤ 150	195	≥ 22
150< 厚度 / 直径 ≤ 200	185	≥ 21

综上所述，厚度 / 直径小于16mm的Q235钢材料屈服值和伸长率最高，为本专利设备底座的理想材料。

（三）清扫系统的模型建立

绝缘子带电清扫系统的工作方案是通过将移动底座靠近待清扫的绝缘子设备，机械臂将防静电清扫刷头送达待清扫的绝缘子，空压风系统输出干燥的空气，使平台上绝缘子清扫系统中的气动马达旋转，防静电清扫刷头和气动马达同轴旋转，从而实现对绝缘子的清扫，如图17–3所示。

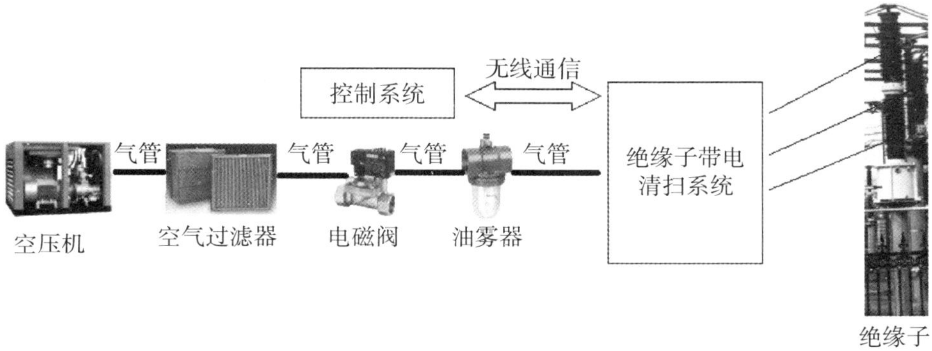

图 17–3　带电清扫系统工作方案

绝缘子带电清扫装置平面如图 17–4 所示，其中 a 为绝缘子清扫装置的左视图，b 为绝缘子清扫装置的主视图，绝缘子带电清扫装置由空压风系统、移动操作系统、清扫系统 3 个部分组成。

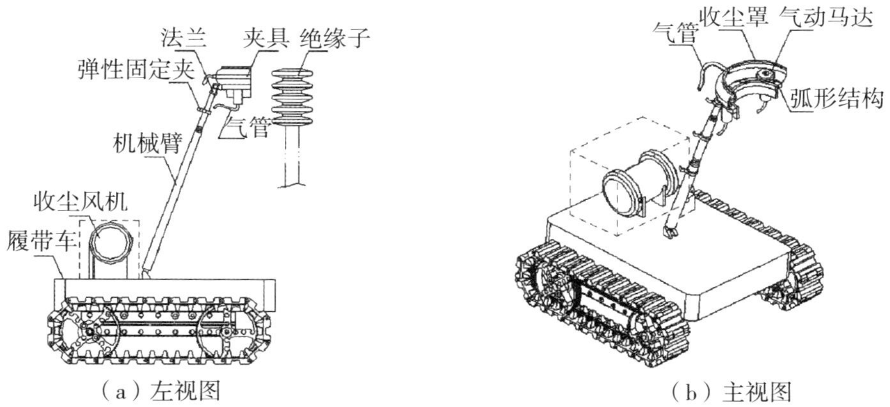

图 17–4　带电清扫装置

空压风系统包括：空压机、空气过滤器、电磁阀和油雾器。空气过滤器的作用是对空压机输送的空压风进行干燥处理；电磁阀的作用是通过调节空压风的气压从而实现对气动马达转速的调节；油雾器的作用是对空压风进行润滑处理，保证气动马达的快速转动。

移动操作系统包括移动底座、机械臂和弹性固定卡。弹性固定卡如图17–5所示，起到固定气管的作用，并通过超声波测距模块测量弧形构件与绝缘子之间的距离，可以有效防止由于机械臂的移动行程过大对绝缘子造成损伤。例如，设定测量距离为2cm，当弧形构件与绝缘子之间的距离为2cm时，机械臂停止移动，启动空压风系统，打开安全阀。

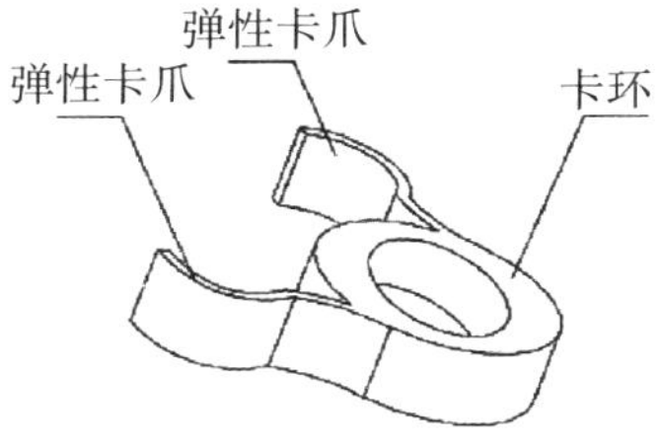

图17–5　弹性固定卡

清扫系统包括收尘管路、收尘罩、带通孔弧形结构（如图17–6所示）、气动马达、通气管路、超声波测距系统、弹性垫块和防静电毛刷。在机械臂的末端通过底座装设弧形通孔，气动马达吊装在每个弧形通孔中，防静电清扫刷头安装在气动马达的输出轴端，两个气动马达在弧形构件上安装的间距可以自由调节，从而与支柱式绝缘子的直径相匹配，两个气动马达上的防静电清扫刷头能够对绝缘子的两个侧面同时清扫；绝缘材质的弹性垫块安装在

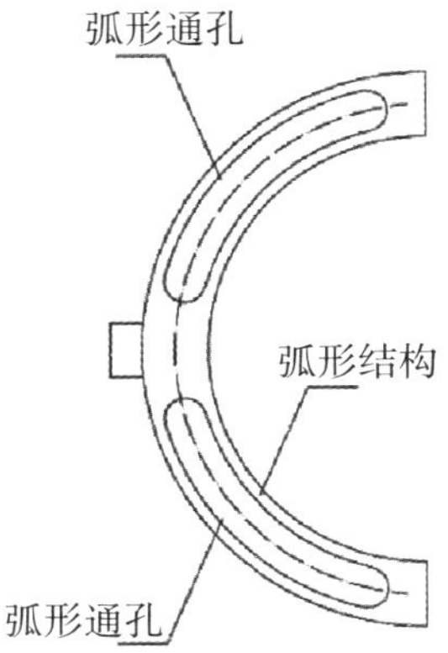

图17–6　带通孔弧形结构

弧形构件的内侧壁；弧形结构的收尘罩安装在弧形构件的外侧壁上；在移动底座中安装有气室、收尘室和收尘风机；收尘罩上连接有收尘管路，通过启动收尘风机将清扫过程中的灰尘收集到收尘室。

四、创新成果主要亮点

本成果结构简单、设计巧妙，可以实现对220kV立柱式绝缘子进行不停电清扫作业，有效防止了污闪事故的发生，确保了配电网的安全运行。本成果中移动底座、机械臂、超声波测距系统、气动马达、弧形构件和收尘罩以及弹性垫块均由绝缘材质制成，并且还对移动底座进行接地处理，可以有效防止清扫作业时发生触电危险。本成果设计的移动底座与高度、倾斜角度均可调节的绝缘立柱操作灵活，在地面上即可实现对不同高度的立柱式绝缘子的清扫作业。本成果通过设计弧形构件，在进行清扫作业时，根据绝缘子的直径直接调节两个气动马达之间的间距，可实现对绝缘子两个侧面的同时清扫，大大提高了清扫作业的效率。本成果通过设计收尘罩，对清扫的灰尘及时进行收尘处理，可以有效防止因高压电极对周围空气的电离作用而导致产生的绝缘吸尘效应，大大降低了清扫工作量。

五、成果应用效益

直接经济效益：避免设备的表面受到固体、液体和气体的导电物质的污染，使绝缘层表面电导增大，泄漏电流增加，产生局部放电，在运行电压下绝缘件表面的局部放电发展成为电弧闪络，导致线路污秽跳闸，避免了调度对电厂的考核，保证了公司机组和线路运行的可靠性。若公司线路发生污闪跳闸，绝缘子设备损坏，按抢修期为10个小时，4条出线输送功率平均每条线路300kW·h，由于转移负荷，限制机组出力，损失30%输送负荷计算，约

90000 kW·h，发生一次污闪跳闸中调考核电量50000 kW·h/次，公司上网电价每kW·h为0.41元，$90000 \times 0.41 \times 10 + 50000 \times 0.41 = 39.4$（万元），直接效益约为40万元。

其他经济效益：此清扫系统既节约了人工成本，又可以防止高压支柱式绝缘子损伤，在一定程度上保证了操作人员工作过程中的人身安全。

18. 变频器箱的防护及散热装置

专利名称：变频器箱的防护及散热装置

专利号：ZL201721729731.5

所属行业：制造业

推荐单位：康力电梯股份有限公司

·发明人——张佶·

张佶，男，1988年1月生，中共党员，江苏省苏州市吴江区人，现就职于康力电梯股份有限公司技术中心扶梯项目技术部，任电气项目负责人。

张佶2010年大学本科电气工程及其自动化专业毕业，入职康力电梯，2016年取得工程师职称，2018年取得建造师资质。在工作中，他不断学习、钻研、总结经验和教训，从一名电扶梯行业的“门外汉”到专业技术能力和领导能力都较为成熟的部级管理人员，先后参与多个重大非标项目和数十条国内外地铁、高铁重载公交型自动扶梯的电气设计和投产验收工作，至今已成长为一名能够独立承接各类重载公交型自动扶梯或重大非标项目的电气技术工作者，并能够带领团队及上下游供应商共同实现相关系统或部件的研发和降本，在政治思想、职业道德、专业水平、团队建设等方面都取得了较大成就。

·康力电梯股份有限公司·

康力电梯股份有限公司（以下简称“康力电梯”）是一家领先中国国产电

梯发展的全球著名现代化专业电梯企业，是真正的中国民族品牌。公司总部位于江苏省苏州市吴江汾湖高新技术产业开发区，另在广东中山和四川成都设立整梯制造基地，总占地面积141万平方米，是中国目前规模最大的电梯制造商。

1997年创立以来，公司以振兴民族电梯事业为己任，始终以用户满意为最高标准，视产品质量为生命，追求卓越的产品、卓越的安装和维保，为客户提供一流服务，提供24小时全天候紧急故障和意外事故处理的保障，业务遍及全球一百多个国家和地区。

公司创造了中国电梯发展史上的多个第一：2010年公司在深交所成功上市，为中国电梯行业第一家上市公司；2011年行业民族品牌内资第一家被认定国家企业技术中心；2017—2021年连续5年跻身“全球十大电梯制造商TOP10”；2013—2021年连续9年入选“中国房地产开发企业500强首选电梯供应商TOP10”。在新华社、中国国际贸易促进委员会、中国品牌建设促进会等权威机构联合发布的“2021中国品牌价值评价榜”上，康力电梯以79.18亿元品牌价值连续5年稳居中国电梯品牌首位。公司先后获得全国建设机械与电梯行业质量金奖、苏州市市长质量奖、江苏省质量奖。

一、技术领域

本专利涉及的变频器箱的防护及散热设计属于电（扶）梯技术领域。

二、技术背景

由于近年全球气温逐年升高，国内北方地区沙尘天气时有发生，自动扶梯和自动人行道中用来实现变频功能的主要设备变频器的工作环境日渐苛刻。该设计发明的主要目的是提高安装在电扶梯桁架机房内的变频器的防护等级，在机房空间相对密闭，室外阳光直射的情况下，提高变频器的散热能力，保证变频器正常运行。

三、发明内容

本专利所要解决的技术问题是由于安装在电扶梯桁架机房内的变频器使用环境恶劣且散热困难，提供一种设计精巧，功能齐全，美观大方，散热与防水效果比较好，有利于维修保养的变频器箱。

针对以上技术问题，本专利涉及变频器箱及离心风扇。风扇置于变频器箱正下方，变频器箱底部开口方形散热通风口，通风口处设置不锈钢防尘网，网外再安装防护等级为IP55的离心风扇。

四、具体实施方式

本专利涉及的变频器箱的防护及散热设计如图18–1、图18–2所示，包括变频器、变频器箱、离心风扇、8目不锈钢防尘网。变频器置于变频器箱内，通过门板、防水胶条密封，使用蝶形螺栓固定门板，变频器箱顶部开有出风口，出风口上附带防水防尘挡板，挡板四周折边，与顶部出风口成交叉状，起到防侧面的水喷溅的作用。所述变频器箱底部开有8目不锈钢防尘网，所述离心风扇安装在8目不锈钢防尘网的正下方。

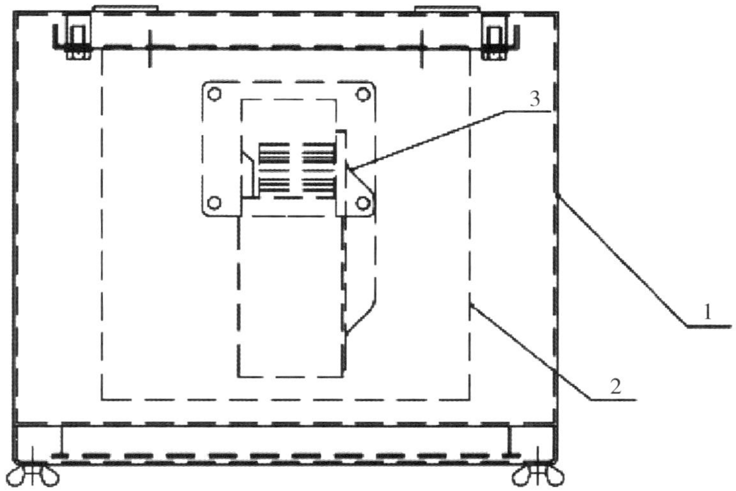

图 18–1　变频器、变频器箱、离心风扇的正视结构

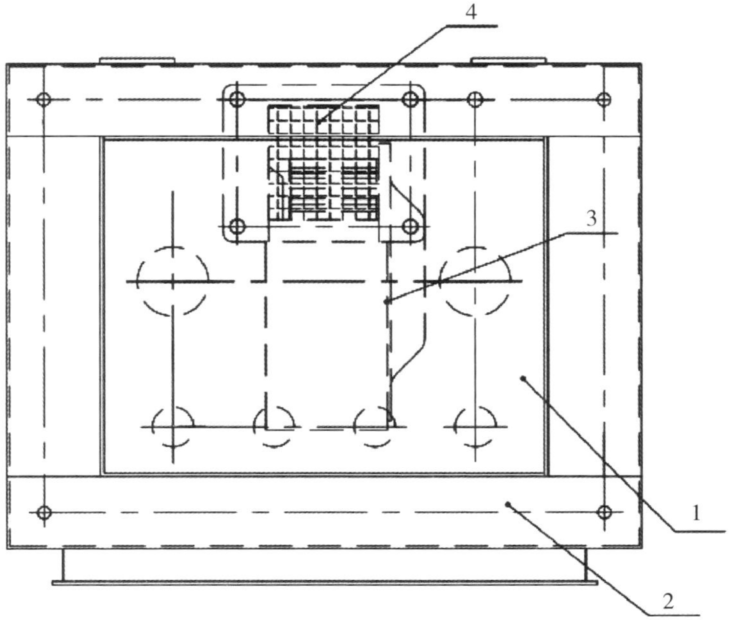

图 18–2　变频器、变频器箱、离心风扇的俯视结构

1—变频器；2—变频器箱；3—离心风扇；4—8 目不锈钢防尘网

19. 快速安装航标

专利名称：快速安装航标

专利号：ZL201920113061.7

所属行业：交通运输行业

推荐单位：江苏省总工会（江苏省职工技术协会）

·发明人——龙浩·

龙浩，男，陕西咸阳人，工程师，连云港神鹰复合材料科技有限公司技术部部长，长期致力于碳纤维复合材料成型及工艺研究。他在工作期间申请获批专利10项，发表论文5篇，完成数十项大型产品研发，所主持研发的碳纤维快速安装航标、铁路客车碳纤维转向架摇枕安全吊产品被中国纺织工业联合会、江苏省工信厅鉴定为国内领先和国际先进。研究成果获得江苏省纺织工程学会年度科学技术奖，被连云港市总工会评为职工科技创新成果奖一等奖、二等奖。

·连云港神鹰复合材料科技有限公司·

连云港神鹰复合材料科技有限公司成立于2010年，注册资本1927万元。公司隶属于鹰游集团，与中复神鹰碳纤维有限公司同属集团新材料板块，是国内规模最大、最知名的碳纤维生产基地，是连云港“三新一高”产业布局中的重要支柱型企业。

连云港神鹰复合材料科技有限公司是江苏省内专业设计、开发、生产及

销售碳纤维织物、预浸料及其复合材料制品、配套模具的科技型公司。公司致力于提供各种轻量化、防弹、耐烧蚀等特种功能性复合材料制品的产品设计、仿真分析、研发测试及配套工艺优化等工作。公司研发及测试力量雄厚，与武汉理工大学、江南大学、南京艺术学院等大学建立了长期的合作关系。同时公司内部具备多种复合材料检测设备（刚性、疲劳及冲击等），确保了公司具有较强的复合材料制品前期的计算机辅助设计（CAE）能力和后期检测能力，能够更好地满足客户多方面需求。迄今为止，公司产品已广泛应用于军工、体育休闲、工业制造、轨道交通、医疗器械、建筑补强等领域，受到客户的广泛好评。下一步，公司将一如既往地坚持品质第一、为客户创造更多价值的理念，持续助力中国复材发展，争做国内行业领先。

一、发明内容

（一）解决的技术问题

针对现有材料的缺点，本专利采用碳纤维或玻璃纤维材料制作航标，具有强度高、使用寿命长、防水防潮、不易变形、不惧海水侵蚀等优点。

针对现有产品结构的缺点，本发明提供了一种新结构的航标，具有后期维护便捷、现场操作简单、快速安装、工具配件使用少等优点。

（二）技术方案

为解决现有技术存在的问题，本专利通过以下方案予以实现。

（1）采用碳纤维或玻璃纤维新材料

一种碳纤维或玻璃纤维航标板材的制备方法为将高韧性树脂和碳纤维或玻璃纤维制成预浸料A，经过裁剪、高温真空吸附、热压整体成型后即可得到所述板材C。

一种碳纤维或玻璃纤维航标管材的制备方法为将高韧性树脂和碳纤维或玻璃纤维制成预浸料B，经过裁剪、卷制、气袋或模芯填充、高温真空吸附、热压整体成型后即可得到所述管材D。

高韧性树脂为高韧性环氧树脂、热塑性聚氨酯、热固性聚氨酯、热塑性聚烯烃塑料、热塑性聚酯类塑料中的任意一种。

预浸料A按90° 与0° 相互交叠，铺设10～30层或按45° 交错相互交叠铺设10层构成板片。预浸料B按90° 与0° 相互交叠，铺设10～30层或按45° 交错相互交叠铺设10～30层构成板片。上层的厚度为2～5mm。

进行高温真空吸附时，将裁剪好的板材料片置于成型模具上，使用耐高温真空袋包裹板材料片，进行抽真空，保持真空气压在0.8～1.5MPa，置于固化炉内，固化温度120～130℃，固化时间90min。

进行热压整体成型时，成型压力为1.5～1.7MPa，温度120～130℃，时间90min。

（2）快速安装结构

将生产好的板材C和管材D按照设计好的图形进行加工，配合其他部件安装效果如图19-1所示。

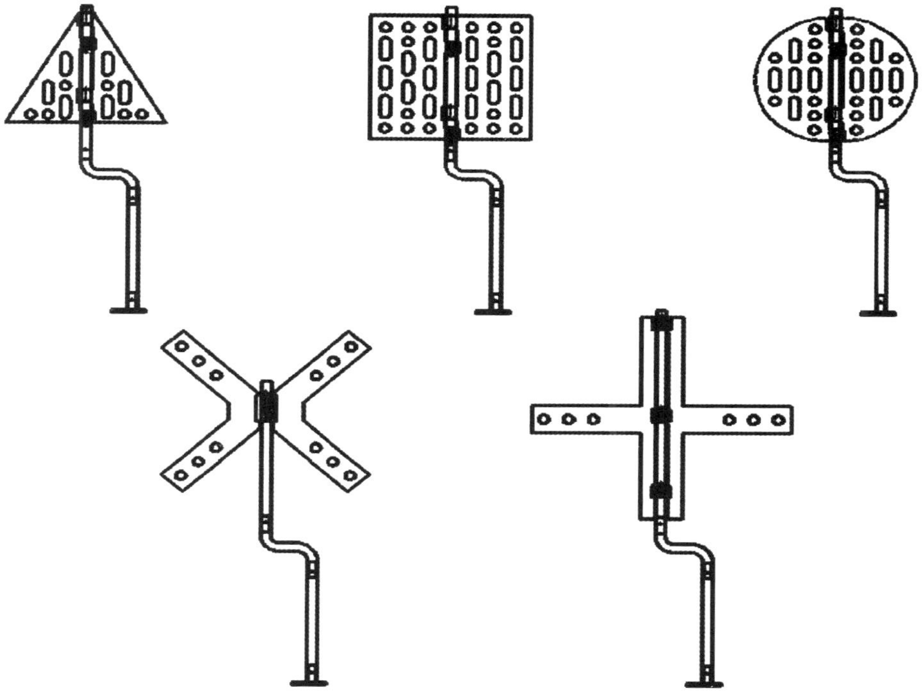

图 19–1　板材 C 和管材 D 加工后配合其他部件安装效果

（三）有益效果

本专利提供了一种航标产品的制备方法，具有的有益效果包括制备方法简单，适合大规模工业化生产；工艺稳定，能耗小，产品形状保持稳定；重量轻；承载能力强，不易变形，不惧海水腐蚀；综合强度及全生命周期长度优于金属制品；后期施工快速插接的结合方式便于海面施工，且施工人员携带配件及工具少；综合成本低于金属产品，可作为金属航标的替代物料。

二、具体实施方式

结合本专利实施例，对技术方案进行清楚、完整的描述。所描述的实施例是本专利中的一部分实施例，而不是全部。基于本专利中的实施例，本领域普通技术人员在没有做出创造性劳动前提下所获得的所有其他实施例，都属于本专利保护的范围。

（1）板材实施例1

将高韧性环氧树脂与碳纤维或玻璃纤维制成预浸料A，航标板材包括预浸料A，将裁剪好的碳纤维或玻璃纤维预浸料片置于成型模具上，使用耐高温真空袋包裹所述板材料片，进行抽真空，保持真空度在1MPa，置于固化炉内，固化温度135℃，固化时间85min，进行热压整体成型。成型压力为1.4MPa，温度135℃，时间85min。其中，预浸料A按90°与0°相互交叠铺设10层，厚度为2mm。

（2）板材实施例2

将高韧性环氧树脂与碳纤维或玻璃纤维制成预浸料A，航标板材包括预浸料A，将裁剪好的碳纤维或玻璃纤维预浸料片置于成型模具上，使用耐高温真空袋包裹所述板材料片，进行抽真空，保持真空度在1MPa，置于固化炉内，固化温度135℃，固化时间85min，进行热压整体成型。成型压力为1.4MPa，温度135℃，时间85min。其中，预浸料A按45°交错相互交叠铺设10层，厚度为2mm。

（3）管材实施例1

将高韧性环氧树脂与碳纤维或玻璃纤维制成预浸料B，航标管材包括预浸料B，将裁剪好的碳纤维或玻璃纤维预浸料片在模芯上进行卷制，使用耐高温PP带包裹料片，进行抽真空，保持真空度在1MPa，置于固化炉内，固化温度135℃，固化时间90min。其中，预浸料A按90°与0°相互交叠铺设10层，厚度为2mm。

（4）管材实施例2

将高韧性环氧树脂与碳纤维或玻璃纤维制成预浸料B，航标管材包括预浸料B，将裁剪好的碳纤维或玻璃纤维预浸料片在模芯上进行卷制，使用耐高温PP袋包裹所述料片，进行抽真空，保持真空度在1MPa，置于固化炉内，固化温度135℃，固化时间85min。其中，预浸料A按45° 交错相互交叠铺设10层，厚度为2mm。

以上方法制得的板材进行雕铣加工后，形成如图19-2所示的标片。

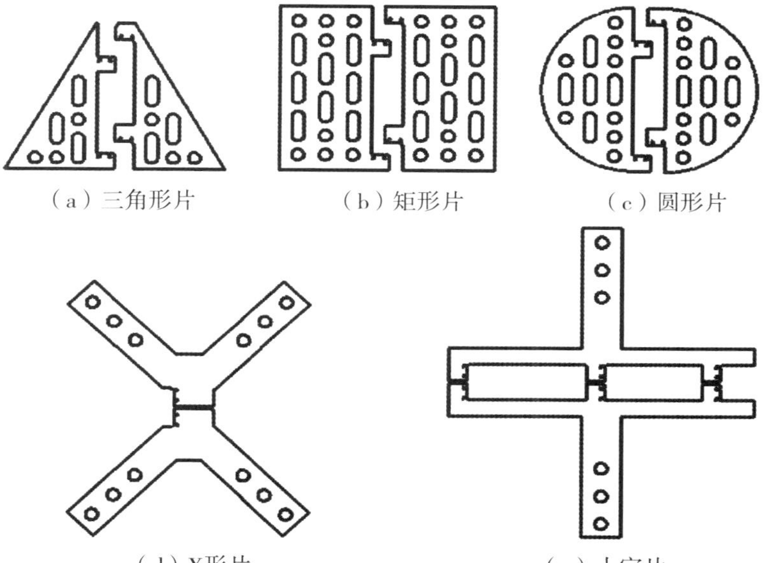

（a）三角形片　（b）矩形片　（c）圆形片

（d）X形片　（e）十字片

图19-2　板材雕铣加工后的标片

板材与管材的插接方式为一字扣，如图19-3所示。

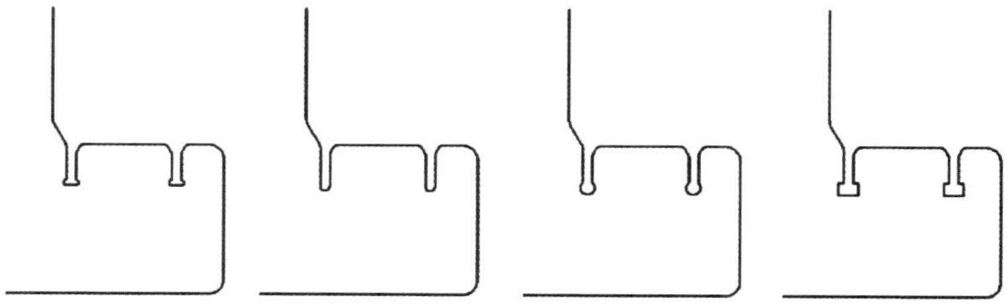

图19-3　一字扣

管材按设计的快插结构进行加工后如图19–4所示。

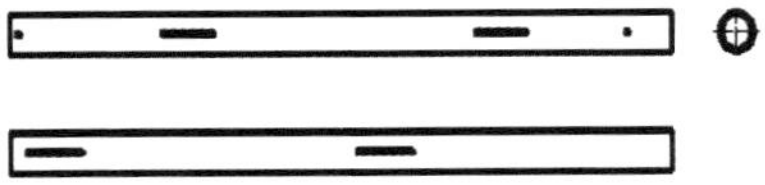

（a）三角形片管体1

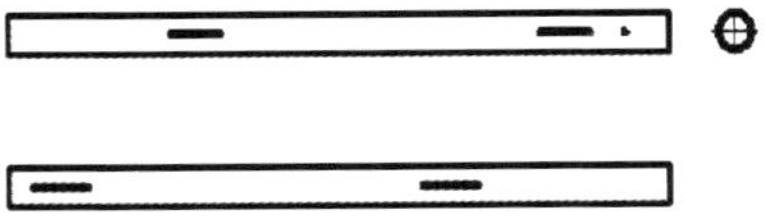

（b）矩形/圆形片管体2

（c）X形片管体3

（d）十字片管体4

图19–4　管材加工后的管体

管体与标片的插接方式如图19–5所示。

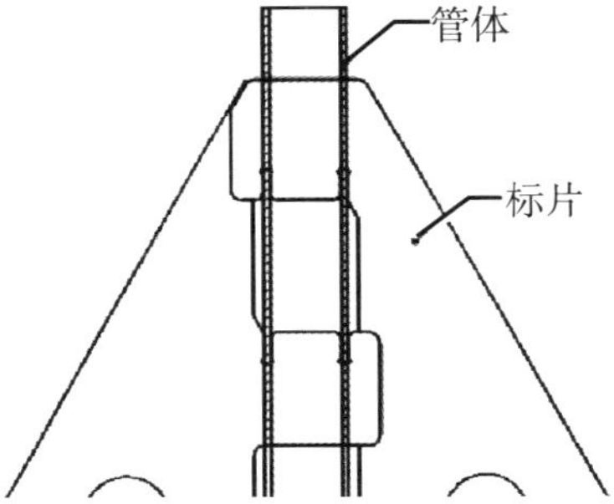

图19–5　管体与标片的插接

安装方式：其中标片的一字扣与加工后的管材边缘口圆圈处进行插接，如图19–6所示。同一槽口中的标片分别向上或向下活动，靠自身结构进行定位和锁紧，同时配合使用锁紧销片，如图19–7所示，再次确保标片不会上下移动并发生脱落。

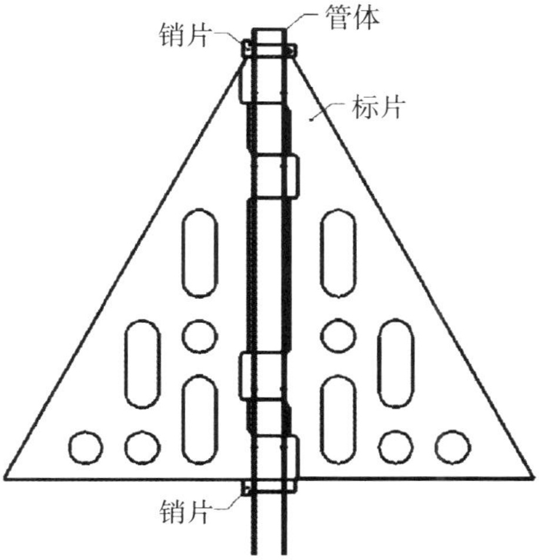

图 19-6　标片与管材插接

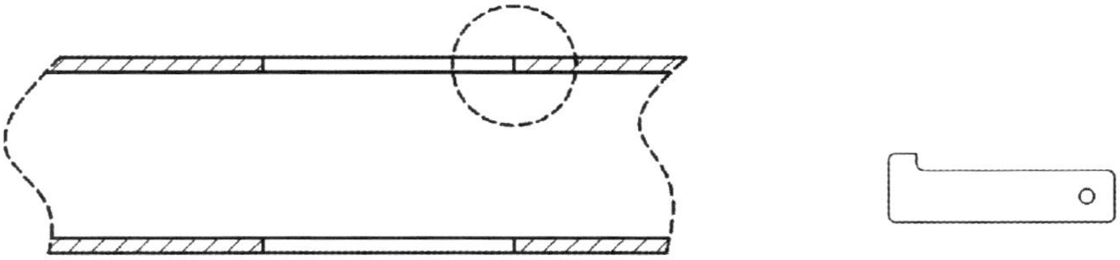

图 19-7　锁紧销片

20. 一种气流床气化炉炉内间接测温装置

专利名称：一种气流床气化炉炉内间接测温装置
专利号：ZL201110137544.9
所属行业：煤化工能源
推荐单位：中国华能集团有限公司

·发明人——许世森团队·

本专利团队在国家“863”计划的支持下，开发了气流床气化炉炉内间接测温装置，通过位于炉体的水冷罩的水流量和水冷罩出入口冷却水的吸热量与气化炉炉膛的辐射热量一一对应的关系，可准确、实时地测定气化炉反应区的温度。该技术实现了基于炉温实时反馈的氧煤比自动控制，颠覆了长久以来国内外加压气化炉基于煤气成分和灰渣形态来推断炉温的操控理念，攻

煤气化及多联产技术部

克了加压气流床气化炉超高温准确测量和实时监控的世界性难题。

许世森是国内首套IGCC煤气化联合循环发电技术的奠基人，也是本项专利研究的领导者和最主要贡献人，提出了颠覆性的测温理念，并主持了本专利项目的总体方案实施和科技成果转化的主要工作，带领团队开发了气流床气化炉炉内间接测温技术。

·中国华能集团清洁能源技术研究院有限公司·

中国华能集团清洁能源技术研究院有限公司（以下简称“华能清能院”）是中国华能直属的清洁能源技术研发中心、海上风电技术研发中心、知识产权中心和高层次人才聚集地，是专业从事超（超）临界发电、整体煤气化联合循环发电、循环流化床发电、碳捕集与利用、燃料电池、低质煤利用等煤基清洁能源技术和太阳能、风能、水电、生物质能等清洁能源技术研发和产业化的科研机构。公司拥有“煤基清洁能源国家重点实验室”“国家能源煤清

洁低碳发电技术研发中心”“国家能源水能高效利用与大坝安全技术研发中心”三个国家级研发平台以及“二氧化碳捕集与处理北京市重点实验室”“北京市低质燃料高效清洁利用工程技术研究中心”两个省级研发平台。

华能清能院致力于助力国家碳达峰、碳中和目标实现，助力中国华能高质量发展，布局“3+X”碳中和技术体系。其中3是指大力发展以风电、光伏、储能为主体的新一代清洁能源技术，X是指培育以二氧化碳捕集利用与封存、氢能、多能互补与新型能源系统、大数据与人工智能为代表的新兴技术。重点研究领域主要包括风电、光伏、储能、氢能、并网与运行技术、综合能源、智慧供热、碳捕集、烟气污染物一体化脱除和绿色煤电技术等领域。

一、专利提出背景

我国是以使用煤炭为主要一次能源的国家，煤炭存在着利用率低、污染重等问题。煤气化是煤清洁转化的龙头核心技术。气流床加压气化技术作为洁净煤技术，代表着煤炭清洁和高效利用的重要发展方向。

对加压气流床气化过程中炉内的温度进行实时测量和精准控制是保障气化炉安全、稳定、高效运行的关键。然而加压气流床气化炉内的高温（1400～2000℃）一直无法得到及时准确的监控，气化炉内的工况对于常规的测温元件太过于苛刻。在高温高压气固混合的环境下，测温组件使用寿命较短，灰渣对测温探头的黏附甚至腐蚀都会导致测量数据与炉膛真实温度产生严重的偏离和滞后，且国外的气化工艺也没有有效的解决方案，这一世界性难题严重制约了气化过程的安全性和经济性。

本专利团队负责完成国家“十五”“863”计划重点项目“干煤粉加压气化技术研发与示范”。通过煤气化反应机理研究、小型热态试验研究、中试研究、工业放大研究和特殊煤种气化工业放大研究，攻克了加压气流床气化炉超高温测量与实时监控的世界性难题，成功开发出了我国首座具有自主知识产权的投煤量2000吨/天级干煤粉加压气化装置，打破了国外的技术垄断，填补了国内在此领域的空白，并为我国大型煤制清洁燃料、煤化工、IGCC发电等煤炭清洁高效转化奠定了基础。

二、专利内容介绍

本专利一种气流床气化炉炉内间接测温装置（ZL201110137544.9）涉及锅炉测控领域较为重要的技术之一：气流床气化炉炉内间接测温技术。此项技术颠覆了长久以来国内外加压气化炉基于煤气成分和灰渣形态来推断炉温的操控理念，首创基于气化炉反应区温度的煤气化工程精确控制方法，突破了加压气化炉超高温度不能实时监测的世界性难题，实现了对煤种与炉温、炉温与氧煤比的瞬时精确控制，大幅提高了煤种的适应性，降低比氧耗。

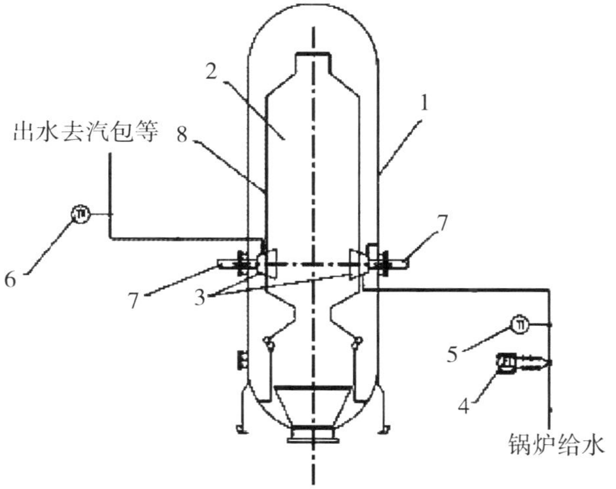

图20-1　气流床气化炉炉内间接测温装置结构

1—气化炉；2—气化炉内部反应空间；3—水冷罩；4—流量计；5、6—温度计；7—煤粉喷嘴；8—气化炉炉墙如图20–1所示，干煤粉气化炉炉体设置两个水冷罩，每个水冷罩内设置一个煤粉喷嘴，水冷罩对煤粉喷嘴进行水冷降温。水冷罩为喇叭状，喇叭口一端朝向炉体中心，水冷罩吸收炉膛的辐射热量。通过水冷罩内冷却水的吸热量与炉膛辐射热量的一一对应关系，计算出炉膛中心反应区的温度。本专利可实现气化炉反应区温度的实时监测，对煤气化工程进行精确控制，既提高了气化炉运行的安全稳定性，又能保证测温的准确性。

三、技术优势

本专利研制出的气流床气化炉炉内间接测温装置，已在我国第一座250MW级整体煤气化联合循环（IGCC）发电示范装置2000吨/天两段式干煤粉加压气化炉上实施。现以实施情况为例介绍本专利实施效果。

（一）提高煤种适应性

当煤种发生变化时，若不及时调整进入炉中的氧量，易使炉内温度过高或过低，偏离煤的黏温特性，影响气化炉的运行效率。由于一般气流床气化技术尽可能地避免改变煤种，故运行的灵活性、经济性受到了极大限制。本专利实现了实时监控炉温波动的技术，根据炉温的变化调整氧或煤的供应量，使炉温始终处于气化煤种的操作温度窗口，故大幅度扩大了煤种的适应性。在实际操作中，本专利技术实现了神华烟煤、山西交城“三高煤”（高灰分、高灰熔点、高硫）、大同高灰熔点煤等的高效率气化。

（二）杜绝气化炉堵渣

本专利技术可以实时监测炉内温度，进而基于炉温变化迅速调节氧煤比，避免炉内温度过低，保证灰渣熔融和顺利排渣。煤气化装置炉温实时监测曲线能实时精确反映炉膛真实温度，进而对操作工况做出调整。在目前煤源复杂的情况下，气化炉已连续运行超过300天，连续9年没有出现堵渣现象，IGCC电站整体机组创世界最长连续运行纪录。

（三）提高内件运行安全性

本专利实现了实时监控炉温波动的技术，根据炉温的变化调整氧或煤的供应量，使炉温始终处于气化煤种的操作温度窗口，进而使液态渣处于稳定的挂渣状态，确保了内件的安全运行。避免当炉温升高时，炉渣流动性变强，无法形成渣层，使液态渣直接冲刷气化炉内件的情况。目前气化炉已连续安全运行超过300天。

（四）提高气化效率

国内外粉煤气化技术无法使灰熔点较低的煤种的渣膜厚度保持稳定，通常需要掺混高灰熔点的煤；对高灰熔点的煤，通常又需要通过掺混石灰石以降低灰熔点，对高灰分、高灰熔点的煤难以完全气化。本专利可以根据煤的灰熔点和实时监测到的温度调整氧煤比，既可以气化低灰熔点（FT<1300℃）煤，也可以完全气化高灰熔点（FT>1500℃）煤，无须添加石灰石或配煤，均可实现安全稳定运行。与其他常规技术相比，氧耗降低进而降低了空分装置的投资及电耗。

四、社会效益和经济效益

专利技术对气流床气化行业的发展起到了颠覆性的推动作用，并且对测温技术以及控制技术的进步有极大的贡献。专利权人采取多种积极措施实现专利保护和专利运用，产生的社会效益和经济效益十分可观。

（一）促进高温复杂氛围测温技术进步

专利技术首创基于气化炉反应区辐射热负荷测温的方法，采用光管换热面吸收测温中心区辐射热负荷，通过换热面内冷却液吸收热量反算测温区温度。由于换热面不受覆盖物的影响，其测量值排除了干扰因素的影响，实现了气流床气化炉反应区测温的实时性和准确性。

（二）增强能源利用效率，保护能源资源可持续发展

大型气流床气化炉均采用液态排渣，依据气化煤种的灰渣熔融特性，气化炉的炉温必须在给定的温度窗口运行。一方面能确保气化炉内件稳定挂渣，实现“以渣抗渣”，提高内件的安全性和寿命，另一方面能确保液态渣顺利排出。基于气化炉炉温实时、准确检测，可以实现对进入气化炉氧煤比的精准控制，提高了气流床气化运行可靠性，解决了炉温调控滞后且误差大、超温、堵渣等难题，大幅度提高了能源利用效率。

（三）实现了煤炭清洁高效转化，保护生态环境

专利技术实现了煤炭气化的精确控制，在灰熔点操作窗口下进行精准调控，不需要过氧高炉温运行也能保证排渣顺畅。相比于其他气化技术，合成气中的CO_2含量较低，灰渣残炭量也较低。因此同等规模的气化装置，可以较少的原料煤消耗产生较多的有效气，同时排放较少的CO_2，消除了煤炭利用过程中有机废弃物造成的污染问题，使灰渣实现了资源化利用，减少了气化过程中温室气体CO_2的生成，助力实现碳达峰。

（四）拓展了劣质煤等燃料的清洁高效利用途径，保障国家能源安全

专利技术可完全气化高灰分、高灰熔点的煤，不需要添加石灰石或其他低灰熔点煤，大幅提高了煤种的适应性，解决了我国广泛分布的高灰分、高灰熔点煤气化难题，对保障国家能源安全、调整能源结构、污染物防治都具有重要的战略意义。

专利技术配套应用于华能干煤粉加压气化炉，公司已与11家公司签订专利许可合同，实现5套工业转化，销售收入15060万元。其中已经建成投运的项目包括：内蒙古乌审旗世林化工有限公司煤气化制甲醇项目新增销售额11100万元，江苏伟天化工有限公司煤气化制甲醇项目新增销售额1400万元，江苏淮河化工有限公司煤气化制甲醇项目新增销售额1160万元，河北辛集化工有限公司煤气化制合成氨项目新增销售额1400万元。建

设中项目6套新增销售额18450万元。共计实现销售收入33510万元，直接经济效益13404万元。另外，该技术在应用单位产生了显著的间接经济效益。以2000吨/天带显热回收的粉煤加压气化装置为例，该技术比同类技术约低煤耗45kg/（1000Nm^3（$CO+H_2$）），年节省标煤3.18万吨；副产中压（5.2MPa）蒸汽135吨/小时，年副产中压蒸汽约81万吨，按入炉煤发热量约6000kCal/kg、年运行小时6000小时、气化装置产气量为137600Nm^3（$CO+H_2$）/h计算，年经济效益为1.26亿元。为了进一步推进本专利技术的推广实施，2020年12月，专利项目获得华能集团1714.5万元经费支持，用于项目团队进行“IGCC电站优化完善及关键技术”课题研究，在本专利技术的基础上继续开展技术创新和工艺改进，进一步提升产品的核心竞争力。此外，专利权人以该专利为核心，持续申请了多件专利并获得授权，构建了全方位专利布局，为整套技术的顺利实施提供保障，提高了在国内外的竞争力。

专利及专利应用项目获2016年度国家科学技术进步奖二等奖、2015年度中国电力科技奖一等奖、2015年度中国石油与化学工业联合会科技进步奖一等奖。该专利应用于我国首套IGCC电站2000吨/天级干煤粉加压气化装置后，成果被中国电机工程学会、中国石油和化学工业联合会认定为国际领先水平。2018年，该发电机组创造了世界IGCC发电最长单周期运行纪录，并被央视《新闻联播》报道。

综上所述，本专利作为气流床气化炉温测控领域的基础性专利，提供了一套完整清晰的气流床气化炉炉内间接测温算法与装置，在气化炉复杂苛刻的环境下，整体上实现了炉膛温度的实时精准监控，间接测温技术处于国际领先水平。本专利通过巧妙的设计理念，准确的算法和合理的烧嘴罩结构设计等关键技术研发有效解决了气流床加压气化炉无法实时监控的世界性难题，为气流床气化行业贡献了重要力量。

21. 一种用于钢铁厂含铁尘泥处理的推式多层炉装置

专利名称：一种用于钢铁厂含铁尘泥处理的推式多层炉装置
专利号：ZL201822099961.9
所属行业：冶金行业
推荐单位：大峘集团有限公司

·发明人——顾军·

顾军，男，1965年1月生，中共党员，工程硕士，研究员级高级工程师。他1986年毕业于华东冶金学院冶金机械专业，先后担任大峘集团技术开发部（国际工程部）副主任、主任，现任公司总工程师。

自1986年参加工作以来，他热爱党和祖国，拥护党和国家各项方针政策，政治上严格要求、积极进取，工作中敬业爱岗、以身作则，多次被评为先进工作者。他作为总工程师，负责公司新技术、新工艺、新装备的开发、应用、研究及工程实践工作。他参与公司的多项产品开发和工程技术的应用，如电弧炉、LF钢包精炼炉、AOD氩氧精炼炉、VD/VOD真空精炼炉、工具钢离心浇铸成型及厚壁坯热挤压成形、高炉喷煤、链篦机–回转窑氧化球团和矿渣钢渣制备超细粉等产品和技术的开发和应用工作。

·大峘集团有限公司·

大峘集团有限公司（原中国冶金设备南京公司）成立于1978年，是集工

程设计、技术研发、设备制造、设备成套及工程总承包为一体的大型工程技术公司。

集团拥有工程设计、工程总承包及施工总承包资质，先后总承包了400余套高炉喷煤、高炉水渣超细粉、活性石灰（拥有回转窑、套筒窑、双膛窑等三项工艺技术）、KR法铁水脱硫、烧结及球团烟气脱硫脱硝、高炉煤气脱除氯离子、特殊钢电炉冶炼（拥有电炉－炉外精炼－连铸等短流程工艺技术）、链篦机－回转窑氧化球团以及烟气除尘等工程。

高炉喷煤系统、高炉水渣超细粉、活性石灰、KR法铁水脱硫、高炉煤气脱除氯离子等是集团公司的拳头工艺及装备，已广泛应用于宝钢湛江钢铁等重点骨干企业的工程项目中，为我国冶金行业的结构调整、节能减排和发展循环经济发挥了重要作用。

一、项目简介

钢铁厂中的固废循环再利用，尤其是烧结除尘灰、高炉瓦斯灰泥、转炉一二次粉尘、电炉粉尘、氧化铁皮等含铁尘泥脱除对冶炼有害的碱金属以及脱锌循环再利用，已成为重要环节。使用转底炉、多层炉等各种方法应运而生，其中使用多层炉的方法有待进一步完善。多层炉采用中心旋转悬臂式耙子，旋转耙料靠预先设定的固定齿距和中心旋转转速调整处理料量，耙齿直接暴露在火焰中焙烧易损坏，难以提升多层炉中各个炉膛的焙烧温度。

推式多层炉装置技术方案中，炉膛采用同轴布置的内圈炉墙和外圈炉墙，内圈炉墙与外圈炉墙之间形成环形空腔，在环形空腔内沿竖直方向交替布置多个内圈炉床和外圈炉床，通过推料装置实现物料在多层炉床上逐层下料，推料装置以外置式的液压推杆与内探式耐高温推头构成，除推头前部探入炉膛内，其他结构置于炉膛之外，炉膛可以达到更高的燃烧温度，可以实现各层炉床不同温度的调控。

技术方案还具有以下优势：内探式耐高温推头前部由耐高温材料构成，后部基座为水冷夹层的容腔，连接水冷进出的水管，可防止推头过热；可以简化入炉的配料工艺要求，含铁尘泥只需混合造粒，不需要造球，对含铁尘泥的成分中最高含碳量没有限制，适应钢铁厂内各种固废含铁尘泥的处理需求；可以适应各种燃料所需条件，无论是气体燃料还是固体燃料；含铁尘泥在炉窑内出现高温熔融的情况下，不堵料、不结块、不结圈；含铁废固资源化利用率高，对其中Zn、Pb、S、Na、K、Cl元素达到更好的回收、脱除的效果。

二、技术方案

具体实施例中，进料装置采用旋转式布料器，旋转式布料器的进料口与受料斗连接，受料斗通过单斗提升上料机给料。旋转式布料器采用点对点下料方式，旋转式布料器的底部出料口数量与最上方内圈推料装置的内圈推头的数量相等并且位置一一对应，每个出料口连接一根下料管，旋转式布料器内部物料通过多根下料管呈星形发散状分流至最上方的内圈炉床上。内圈推头在内圈液压推杆的带动下沿内圈炉床表面反复移动，将物料由内侧推向外侧，物料在外侧处均匀散布落入下方的外圈炉床上。外圈推头在外圈液压推杆的带动下沿外圈炉床反复移动，将物料由外侧推向内侧，物料在内侧处均匀散布落入下方的内圈炉床上，如此反复，使物料在多层炉床上逐层下料。在此过程中，通过第一烧嘴和第二烧嘴分别煅烧内圈炉床和外圈炉床上的物料。根据内圈推头和外圈推头动作的节奏不同，物料在各个内圈炉床、外圈炉床的停留时间可以灵活调整，物料充分铺展利于含铁尘泥加热和在还原气氛下还原、脱锌处理。煅烧后的物料通过立式炉体底部排料口汇集至漏斗集中排料。

内圈推头密封盒和外圈推头密封盒分别承受来自内圈推头和外圈推头与内圈炉墙和外圈炉墙的缝隙散出的热量和漏出的少量物料，并二次密封通向外侧的内圈推杆和外圈推杆。漏出的少量物料分别通过内圈推头密封盒和外圈推头密封盒底部下落至内圈落料收集装置和外圈落料收集装置，最终密闭排出。

所述炉膛的顶部设有排烟口，排烟口通过排烟管道与二次燃烧室连接，二次燃烧室通过排烟管道依次连接收尘器和烟囱。炉膛产生的高温烟气通过排烟管进入二次燃烧室进行二次燃烧，使多层炉膛内没有充分燃尽的CO、H_2等可燃物再次燃烧。二次燃烧产生的高温烟气通过喷淋水冷却或换热器换热冷却，由收尘器过滤粉尘并收集烟气中的Zn、Pb、S、Na、K、Cl等元素加以回收利用，过滤后的洁净气体通过烟囱外排。

本实例中，所述二次燃烧室上部设有烧嘴和烟气入口，烟气入口用于引入炉膛排出的高温烟气，借助烧嘴使高温烟气中的可燃物进行二次燃烧，二次燃烧室下部设有喷淋冷却装置和烟气出口，二次燃烧产生的高温烟气经喷淋冷却装置冷却后再经烟气出口排出。另外，所述收尘器与烟囱之间的排烟管道上设有兑冷风阀。通过兑冷风阀向排烟管道引入冷风，防止烟囱排出的烟气温度过高。

三、实施方案及效果

目前公司正在和九江线材钢铁有限公司（以下称“九江线材”）、南京钢铁有限公司就采用推式多层炉装置技术方案处理含铁尘泥的项目进行洽谈。

下面以“九江线材年处理20万吨含铁固废多层炉脱锌项目”为例介绍应用本专利的实施方案及效果。

九江线材现有尘泥85万吨/年，拟建一套处理能力为20万吨/年的多层炉脱锌系统。根据九江线材现有尘泥情况，处理尘泥类别为优先处理铁品位和Zn元素含量均较高的炼铁重力除尘灰、炼铁高锌布袋灰及炼钢粗灰。

本系统处理100%炼铁重力除尘灰、炼铁高锌布袋灰及部分炼钢粗灰（约占实际灰量的36%）。

技术指标如下：

尘泥处理能力：20万吨/年

脱锌率：≥80%

氧化锌品位：50%

金属化率：≥70%

如表21-1所示，加权平均后年产DRI（直接还原铁）13.98万吨，氧化锌粉尘4170吨，DRI的预计成分TFe为57%，TFe含量与原料相关，TFe随原料含铁量同步变化。

表21-1　产品情况

DRI（直接还原铁）				含氧化锌粉尘	
产量（Wt/a）	TFe（%）	Mfe（%）	Zn（%）	产量（Wt/a）	ZnO（%）
13.98	57	40	0.836	0.417	50

多层炉生产的工艺流程从接受原料开始至成品输出，包括污泥接受、粉尘接受、配料、混合造粒、上料、多层炉还原、成品冷却输出和烟气收粉系统。

进入多层炉内的混合物料利用炉内1250～1300℃高温及混合物料中的碳产生还原反应。在20～30min内，将氧化铁大部分还原成为金属铁。同时将氧化锌还原为锌，锌挥发进入烟气中，并被再氧化成氧化锌粉末沉降，最终被回收。

原料加权平均单价为74.31元/吨。年处理含铁尘泥20万吨多层炉脱锌系统，运行成本约367.87元/吨。

项目每年产直接还原铁13.98万吨，氧化锌粉尘4170吨。其中直接还原铁按700元/吨，氧化锌粉尘按7500元/吨计算，年收益为12913.5万元。

年利润为12913.5−383.56×20=5242.3（万元）。

项目年处理含铁尘泥20万吨，投资总价10804.25万元。静态回收期为2.06年，项目建设周期为12个月。

四、社会效益及前景

目前，我国钢铁工业进入了转变发展方式的关键时期，一方面能源、资源供应紧张，钢铁原材料价格居高不下；另一方面受环境容量制约，面临着前所未有的挑战。我国钢铁企业是资源消耗、废弃物产生大户，能耗总体水平与国际先进水平相比还存在差距。要求钢铁企业发展循环经济，就要对生产过程中产生的废弃物进行综合利用，并提高资源利用率。

因此，开展钢铁企业含铁尘泥资源化利用研究，对有效提高资源利用率、降低污染排放、实现我国钢铁工业可持续健康发展具有十分重要的意义。

钢铁企业的含铁尘泥主要来自烧结、球团、高炉、转炉和轧制等各工序的除尘和废水治理过程，一般全铁含量为30%～70%，同时含有一定量的碳和有害元素。钢铁厂内有害元素循环富集最重要的环节就是粉尘和尘泥返回烧结使用，最终的富集点在高炉。如果不进行有害元素脱除处理，直接把除尘灰配加到烧结混合料中，有害元素经富集之后含量会越来越高。

此项目既是固废资源化利用，又能减少钢铁厂环境中的有害碱金属以提高产品质量，在回收固废的同时提高产品质量且减少固废排放。因此，此项目属于既符合环保政策，又有经济效益，且有助于提高产品质量，是钢铁厂有投资需求的项目。

2020年，我国粗钢产量达10亿多吨，含铁尘泥产生量则超过1亿吨，数量巨大。因此，含铁尘泥资源化回收利用具有重大意义，具有广阔前景。

22. 一种混凝土约束收缩圆环抗裂试验装置及试验方法

专利名称：一种混凝土约束收缩圆环抗裂试验装置及试验方法
专利号：ZL201210331275.4
所属行业：土木工程建筑业
推荐单位：中国水利水电第三工程局有限公司

·发明人——焦凯·

焦凯，男，38岁，博士研究生，高级工程师，现任中国水利水电第三工程局有限公司勘测设计院副院长，兼任水电施工标准化技术委员会试验分技术委员会委员，西安理工大学、西安科技大学硕士生企业导师，陕西省岩石力学与工程学会理事，国家级检验检测机构资质认定评审专家。主要研究方向为高性能混凝土材料，先后主持和主要参与中国电力建设集团科研项目5项，发表SCI/EI检索论文5篇、核心期刊论文4篇，申报发明专利4项、实用新型专利19项，参编规范4部。

·中国水利水电第三工程局有限公司·

中国水利水电第三工程局有限公司（以下简称“水电三局”）目前主要业务涵盖水利水电、高速铁路、高速公路、机场、房屋建筑、城市基础设施等领域，为跨国、跨行业、跨区域经营的大型综合性企业，是集科研、勘测设

计、工程承包为一体的国家大型骨干企业。

水电三局通过了国家级高新技术企业认定，持有国家专利143项（发明专利25项），编写国家级施工工法7项，制、修订国家和行业标准49部。公司设立有陕西省省级企业技术中心、西安博士后创新基地等创新平台，有博士研究生1人，硕士研究生20余人，正高级职称人员48人，科技活动人员1215人，协同攻关开展新材料、新工艺、新技术专项技术研究。水电三局中心实验室占地面积1500m²，实验条件良好，拥有一批先进的仪器设备，技术实力雄厚。

混凝土开裂是影响混凝土耐久性的关键因素，决定了混凝土结构的使用寿命。传统试验评价方法只能通过抗压、抗拉强度、弹性模量、极限拉伸值、干缩、徐变、绝热温升等单因素试验评价混凝土的抗裂性能。由于有多种计算抗裂性能的公式，很难准确评定混凝土的抗裂性能。由此，研究混凝土抗裂性评价方法具有现实意义。

1942年，美国麻省理工学院 Roy Carlson 提出圆环法，用于水泥净浆和砂浆的抗裂性能研究；1999年，美国道路工程师协会制定了一个圆环法临时标准，建议通过粘贴于内钢环内侧的应变计监测应变，当应变测值出现突变下降时，即为开裂时间，另外监测裂缝的开裂模式和宽度，绘制出无约束试件的自由收缩曲线，记录开裂时间的自由收缩值；2002年，美国材料与试验学会制定了有关圆环开裂试验的标准。

另外，我国《混凝土结构耐久性设计与施工指南》和《建筑工程裂缝机理与防治指南》推荐了圆环开裂试验方法。

早期圆环抗裂试验多用于水泥净浆，并取得良好效果。当应用于混凝土后出现了两个问题，一是混凝土开裂的发散性问题，混凝土裂缝在多个地方出现，特别是胶凝材料用量低的水工混凝土。二是开裂时间的捕捉问题，有时虽然混凝土开裂了，但在自动监测仪器上反映不出来。另外，圆环抗裂试验只能在干燥环境下使混凝土产生体积收缩，由刚性约束圆环产生的约束应力使混凝土圆环开裂，荷载特点与水工混凝土有所区别。针对上述现有技术的不足，本专利提供了一种结构简单、设计合理、实现方便、智能化程度高、使用操作便捷的混凝土约束收缩圆环抗裂试验装置及试验方法。

本专利采用的技术方案为一种混凝土约束收缩圆环抗裂试验装置，其特征包括用于混凝土试件成型的约束收缩圆环组件、用于对混凝土试件进行自动养护的设备以及用于对混凝土试件的抗裂性能进行检测并用于对自动养护设备进行监控的智能测控系统。约束收缩圆环组件包括底板、放置在底板上的约束收缩圆环以及套装在约束收缩圆环外围的圆环状外模。外模的内侧面上对称设置有两段反弧模，每段反弧模的两端均与外模的内壁固定连接。自动养护设备包括养护箱和用于对养护箱内的温湿度进行自动调节的温湿度自动调节系统。养护箱由公共壁设置且用于放置混凝土试件的第一箱体和用于放置温湿度自动调节系统的第二箱体构成。第一箱体顶端连接有箱盖，内部设置有用于将第一箱体内部空间分隔成两层的隔板。

第二箱体前端连接有箱门，位于第一箱体和第二箱体之间的公共壁上设置有与温湿度自动调节系统连接的进风口和出风口。智能测控系统包括设置在约束收缩圆环内侧且用于对混凝土试件热胀冷缩时使约束收缩圆环产生的应力应变进行检测的微应变传感器，与微应变传感器相接并用于对微应变传感器检测到的信号进行调理的信号调理电路模块，与信号调理电路模块相接并用于对信号调理电路模块输出的信号进行分析处理的微处理器模块，以及与微处理器模块和温湿度自动调节系统均相接且用于对微处理器模块处理得到的数据进行综合分析处理并对温湿度自动调节系统进行监控的计算机。信号调理电路模块由依次相接的放大电路模块、滤波电路模块、信号分时复用电路模块和A/D转换电路模块构成。本专利除第二箱体外的结构如图22–1所示，本专利养护箱的结构如图22–2所示。

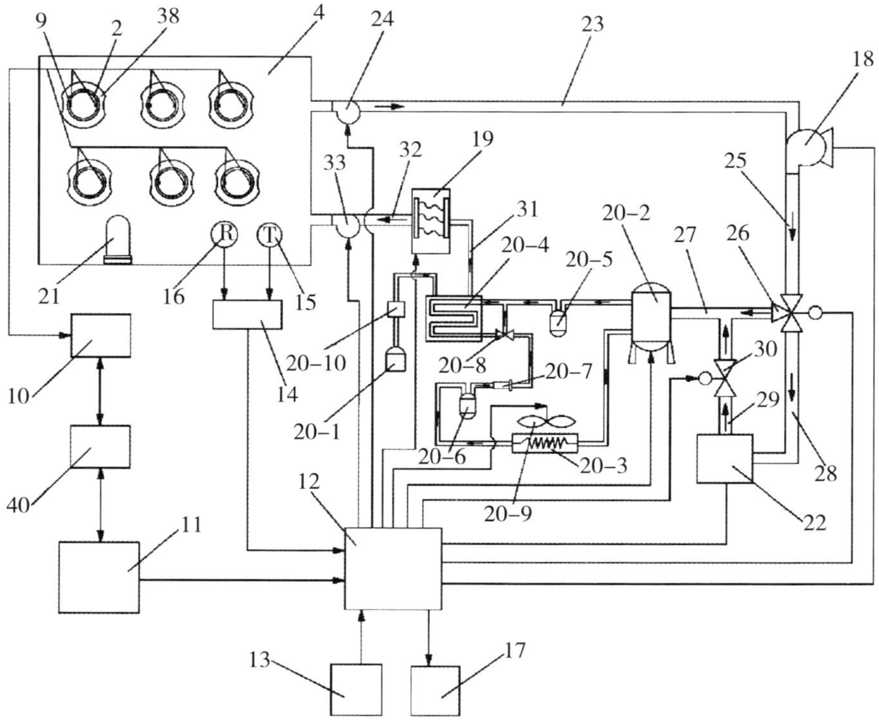

图22–1　本专利除第二箱体外结构

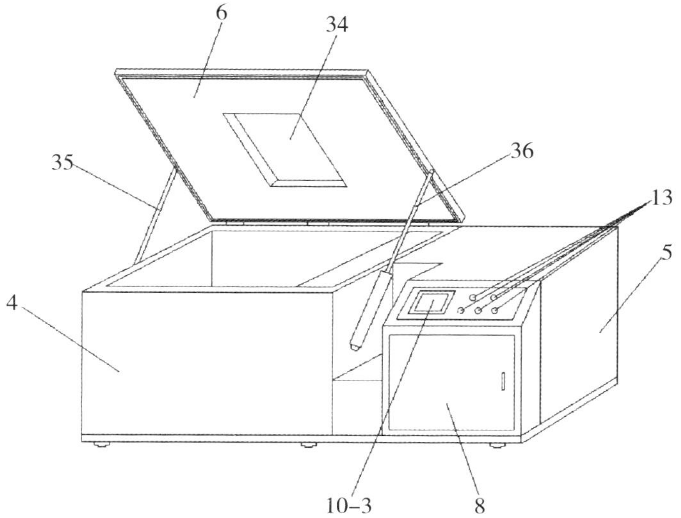

图 22-2　本专利养护箱结构

2—约束收缩圆环；4—第一箱体；5—第二箱体；6—箱盖；8—箱门；9—微应变传感器；10—信号调理电路模块；10-3—信号分时复用电路模块；11—计算机；12—主控制器模块；13—参数输入电路模块；14—信号采集电路模块；15—温度传感器；16—湿度传感器；17—显示模块；18—空气循环泵；19—电加热器；20-1—冷却液储箱；20-2—第一空气压缩机；20-3—风冷式盘管冷凝器；20-4—鳍片式蒸发器；20-5—第一储液罐；20-6—第二储液罐；20-7—干燥过滤器；20-8—膨胀阀；20-9—冷却风扇；20-10—抽液泵；21—电加湿器；22—除湿设备；23—第一管道；24—第一风机；25—第二管道；26—三通阀门；27—第三管道；28—第四管道；29—第五管道；30—电磁阀；31—第六管道；32—第七管道；33—第二风机；34—中空钢化玻璃观察窗；35—第一气缸；36—第二气缸；38—混凝土试件；40—微处理器模块；41—USB通信电路模块。

本专利与现有技术相比具有以下12个优点。

（1）本专利设计合理，实现方便。

（2）本专利约束收缩圆环采用温度膨胀系数不大于 1.0×10^{-6} 且弹性模块不小于 100GPa 的钢材制备约束收缩圆环，能够更好地对混凝土在降温阶段进行约束。

（3）本专利模拟了大体积混凝土实际温升过程，对影响混凝土开裂的温度和湿度进行了综合考虑，采用有代表性的温湿度变化过程，更加符合混凝土实际受力情况，有助于提高试验的精确度和可靠性。

（4）本专利考虑到混凝土试件开裂和不开裂两种情况。如果混凝土试件未开裂，就用约束收缩圆环产生的应力应变数据随时间变化的曲线评定混凝土抗裂性能；如果混凝土试件开裂，就用混凝土试件发生开裂的时间来评定混凝土抗裂性能，这比现有技术中仅依靠开裂时间和裂缝大小来评定混凝土抗裂性能更加准确和客观，减少了人为因素的影响。

（5）本专利中外模的内侧面上对称设置有两段反弧模，反弧模可以解决由于混凝土试件开裂不均匀、不同位置测试差异大的问题，能引导裂缝位置，使试验结果更准确。

（6）本专利通过设置智能测控系统和温湿度自动调节系统，能够自动完成混凝土试件的抗裂性能试验，智能化程度高，使用操作便捷。

（7）本专利中的自动养护设备由养护箱和用于对养护箱内的温湿度进行自动调节的温湿度自动调节系统构成。养护箱由公共壁设置且用于放置混凝土试件的第一箱体和用于放置温湿度自动调节系统的第二箱体构成，通过第一箱体和第二箱体，将混凝土试件与温湿度自动调节系统分隔开来设置，能够更好地模拟混凝土试件实际使用时的温湿度变化情况，有助于提高测试的可靠性。

（8）本专利箱盖上设置有观察窗口，所述观察窗口处安装有中空钢化玻璃观察窗，能够在试验过程中，通过中空钢化玻璃观察窗观察第一箱体内混凝土试件的开裂情况，使得试验更加人性化。

（9）本专利制冷设备采用了风冷式盘管冷凝器和鳍片式蒸发器，实现了蒸发制冷和风冷散热两种制冷模式，便于更好地根据环境温度实现能量调节和温度控制，起到了节能高效的作用。

（10）本专利智能测控系统中通过多个微应变传感器对混凝土试件热胀冷缩时使约束收缩圆环产生的应力应变进行周期性检测，且通过放大电路模块、滤波电路模块、信号分时复用电路模块和A/D转换电路模块对各个微应变传感器所检测到的信号进行放大、滤波和A/D转换处理，再通过微处理器模块对信号进行数字滤波和多传感器数据融合处理，能够更加精确地检测到所述约束收缩圆环产生的应力应变数据随温湿度的变化情况，进而更加科学地评价混凝土的抗裂性，从而能更好地对混凝土的耐久性做出符合客观实际的评价，对混凝土工程结构的使用寿命评估有较大作用。

（11）本专利分湿度恒定、温度变化以及温度和湿度变化两种不同的温湿度变化情况进行混凝土试件抗裂试验，能够更贴近实际地模拟出混凝土使用过程中的抗裂性能，提高了试验精度和可靠性。

（12）本专利的实现成本低，使用效果好，推广应用价值高。

23. 一种基于USN日志方式进行海量文件备份的方法

专利名称：一种基于 USN 日志方式进行海量文件备份的方法
专利号：ZL201410647661.3
所属行业：软件和信息技术服务业
推荐单位：南京市职工技术协会

·发明人——刘金亚·

刘金亚，男，南京壹进制信息科技有限公司产品研发经理，中级工程师。刘金亚工作认真，勇于创新，自2013年6月于南京审计学院毕业后加入壹进制公司，长期从事信息安全产品技术研究工作。他先后多次参与国家重大项目，攻克数十项核心关键技术，产生多项重要创新成果，主持参与研发的数据保护产品达到国内领先、国际先进水平，推动行业及产业发展，产生数亿元经济效益。

刘金亚现拥有作为第一发明人的有效发明专利3件，获得“南京市职工十大发明专利”“南京市五一劳动奖章”“南京市技术能手”“南京市青年岗位能手”“中国航天科工集团有限公司青年岗位能手”等荣誉和称号。

·南京壹进制信息科技有限公司·

南京壹进制信息科技有限公司是中国航天科工集团旗下上市公司航天发展的全资子公司，是央企三级单位。公司专注于数据安全领域，主营自主研发的数据保护与业务连续性管理产品、解决方案及服务。

公司是国家高新技术企业、苏南国家自主创新示范区瞪羚企业、江苏省软件企业技术中心、江苏省云平台业务连续性工程研究中心、江苏省大数据安全保障系统工程技术研究中心等，技术创新能力在同类企业中处于领先水平。

公司坚持自主创新，不断提升自身技术水平，拥有授权发明专利26项、软件著作权55项，获得工信部国防科学技术进步奖、工信部大数据安全优秀案例奖、江苏省科学技术奖、江苏省优秀软件产品奖（金慧奖）等多项荣誉。

一、项目概况

专利名称为一种基于USN日志方式进行海量文件备份的方法（ZL201410647661.3）。本专利已获得“2019年南京市职工十大发明专利”

称号。

二、项目实施背景

随着信息技术的飞速发展，数据安全已经成为这个时代创新与发展的重要主题，具有其独特的价值和地位。目前，由于互联网的大规模普及，数据备份作为数据安全问题的应对方案，已经成为当前保障数据安全的核心。

然而，当大数据技术使得生产率提高并改变生产方式时，随之而来的安全问题挑战已无法被忽视。近些年飓风、地震、海啸、火灾等自然灾害频发，人工误损、勒索病毒等信息危机日益严重，已经让无数企业遭受到由于数据丢失所带来的沉重打击。美国明尼苏达大学研究报告显示，发生数据丢失的公司如果无法快速恢复数据，近3/4的公司业务将停顿，近2/5的公司将倒闭。由此可见，数据是企业最宝贵的资产，是企业生存的基础，也是企业核心竞争力的重要组成部分。数据一旦丢失，其产生的后果将是灾难性、毁灭性的，进而会引发社会性问题。

在数字经济时代，大量企业正在加快数字化转型，数据已成为最重要的生产要素。IDC（互联网数据中心）预测，到2025年，全球捕获的数据量将达到175ZB。数据量的爆炸性增长对传统备份技术提出了一系列新的挑战。

传统数据中心的灾备保护大多由备份产品堆叠实现，随着应用需求和数据体量的快速增长，不断叠加的数据导致割裂式管理、重资产管理等，这种管理方式既增加了成本又容易造成数据保护的漏洞。同时，随着业务的发展、信息技术环境的变化、数据的剧增，数据中心的保护诉求也会随之变化，传统的管理方式已经无法按需灵活扩展灾备服务能力，存在诸多不便。

数据时代，一切皆为服务，灾备也必然要走向服务化。现代数据中心运维集中、服务多样，具有大量的现代工作负载，需要重新定义其业务连续性与灾备保护体系。

现有的文件备份方法，主要是用户根据需要设定备份目标，对备份目标进行实时或定时监控，当发现文件有修改时，则进行备份，以达到备份文件的目的。但在实际备份过程中，现有文件备份方法存在以下不足之处：扫描次数过多、扫描时间过长、加剧硬盘的损坏、备份速度慢。因此针对海量文件的备份，需要一种高效快速的备份方法，节约数据备份和恢复的时间。本项目通过合成备份生成备份集，减少恢复数据所需要的恢复链，降低恢复数据的时间窗口，最终实现提高备份和恢复速度的目的。

三、项目实施目的和意义

（一）符合国家网络安全和信息化发展战略

在大数据时代，数据已经成为重要的生产要素。特别是在“棱镜门”“永恒之蓝”“汶川大地震”等造成大规模数据丢失和泄露的人为事故或自然灾害事件发生后，无论是用户还是国家，均通过一系列的措施强化对数据的安全保护。

国家相继出台了一系列的法律法规，规定各组织机构的数据安全保护条件，包括于2021年6月10日在第十三届全国人民代表大会常务委员会第二十九次会议通过的《中华人民共和国数据安全法》，2016年颁布的《中华人民共和国网络安全法》，2019年颁布的《信息安全技术网络安全等级保护基本要求》，2019年起草的《数据安全管理办法（征求意见稿）》以及2020年在“两会”提及拟起草的《数据安全法》等。在大力推动以技术创新为驱动、信息网络为基础、数据为核心的新基建的当下，数据安全成为实现数字转型、智能升级、融合创新等服务的关键因素。在最新发布的《“十四五”规划和2035年远景目标纲要》中，共提及“网络安全”14次，多次提到营造良好数字生态，加强网络安全保护。因此，信息安全的自主创新和贯彻国家意志已经成为事关国家安全的重大战略问题，是国家经济发展、科技进步、社会稳定的先决条件。

（二）推动制定网络空间安全政策和大数据政策

我国正在积极推动安全可信的网络空间战略，推进大数据在党政军等领域的应用。2020年，我国大数据总体发展水平受各行业大数据发展水平以及基础环境、数据汇集、行业应用等因素影响，各行业大数据发展水平整体呈现差异化态势。在国外上述行业大数据发展水平较高的领域，数据保护产品约占大半市场份额，而在金融系统、运营商系统等国家大型的信息基础领域中比例更高达80%，这与我们国家的自主可信战略是不匹配的。

本项目基于国产化存储的硬件平台和“统信”等国产操作系统的软件平台，结合可信计算技术、隐私保护技术等信息安全关键技术的研发，面向政府部门、电信运营商、金融、能源、军工等行业实际业务需求开展系统应用示范，推动数据安全技术产品开发及产业化，符合国家和行业的重大需求，促进了产业结构优化升级和研发成果推广，形成核心产品和自主知识产权，提高网络安全行业产业创新能力提升。

（三）实现重大技术突破，提升信息安全产业整体竞争力和水平

本项目针对大数据安全的技术瓶颈，面向政府部门、能源、金融、电信运营商、制造业、医卫、军工等行业领域的数据安全应用，突破安全服务化、可信计算在数据安全领域的应用、智能化数据保护等关键技术，解决自主可信、高并发、数据量大、TRO/RPO要求高等难题，提升公司在数据保护与业务连续性保障领域的整体业务水平。

本项目实现多项技术突破和创新，打破国外技术垄断，在信息安全领域成为江苏省的拳头产品，达到国内领先、国际先进水平。在实现规模效应、品牌效应的基础上更好地带动整体产业的发展，提升产业整体竞争力和水平，连接信息安全上下游整个产业链，推动信息安全相关领域积极、快速、良性发展。

四、主要用户

本项目面向政府部门、能源、金融、电信运营商、制造业、医卫、军工等行业领域的数据安全应用，突破安全服务化、可信计算在备份容灾的应用、大数据备份容灾、智能备份策略等关键技术，解决大数据环境下的数据安全问题，形成一系列自主知识产权，以满足信息系统数据保护的实时性、安全性和长效性需求，使我国在数据安全领域突破并掌握一批自主核心技术，实现核心软硬件国产化自主可控，保障国家数据安全。同时带动上下游相关产业发展，进一步优化信息安全行业结构，缩小我国与发达国家在信息安全技术领域的差距，繁荣我国信息安全市场，加快建设数据强国。

五、竞争优势

（一）本项目技术优势

本项目核心技术均为自主研发，基础产品已通过国家保密局涉密产品认证、公安部信息系统安全专用产品认证、国家信息安全产品认证、商用密码产品认证、国家强制性产品认证和节能产品认证。

本项目基于 USN 日志，可以节约扫描时间。开启 USN 日志并进行解析后生成文件变化记录，备份程序直接读取变化记录进行增量备份，不需要扫描源目录的文件。

本项目通过读写线程和额外内存节约拷贝时间。当文件进行备份时，数据是从一个磁盘备份到另一个磁盘上，跨磁盘备份是通过两个线程进行工作（一个读线程，另一个写线程），一个文件读写线程完成后再进行下一个文件的读写线程。

本项目通过读写线程和额外内存实现备份，读线程是将文件的内容存入内存，写线程是根据偏移量和文件大小，将文件内容从内存写入存储目录磁盘。读写线程的分工优化了跨分区的备份速度，读线程时无须等待写线程完成才能读取下一个文件，两个线程并发进行，极大地提高了读写速度，从备份文件过程上节约了备份时间。

本项目通过合成备份减少备份集，节约数据恢复时间。随着海量文件进行增量备份的次数越来越多，产生的备份集也相应增多，恢复数据时需要依次恢复，经过的阶段数较多，同时备份集的管理也更加烦琐。现提出一种合成备份，其对象是增量备份集，是对现有的增量备份集的一种管理汇总。

（二）本项目市场优势

国际权威调研机构IDC报告显示：2020年，在数据备份与恢复市场，“壹进制”高速发展，跃居市场销量增幅第一，全年同比销售额增长93.5%，远超行业市场销售18.6%的整体增速。其中，在中国备份一体化平台市场，“壹进制”作为数据安全领域的独立软件厂商，持续保持强劲势头，全年同比增长90.2%，再次问鼎国内市场销售额增长率第一宝座，且连续3年在备份一体化平台市场销售额增幅排名第一。2020年，公司在中国数据备份与恢复市场占有率为5.9%，备份一体化平台市场占有率为8%，展现出绝对的综合实力和市场竞争力，也说明公司目前已成为中国灾备市场最具成长性的安全厂商。

六、本项目重点解决的问题

本项目针对目前严峻的数据安全形势，面向政府部门、能源、金融、电信运营商、制造业、医卫、军工等行业领域的信息系统应用，提供一种基于USN日志进行海量文件备份的方法，用户只需将NTPS格式分区的USN日志开启，通过相应的程序便可以简单快速地备份海量文件中发生变化的文件。

重点解决的问题包括以下3个方面。

（1）提高了备份速度。本项目通过利用系统自身的USN日志直接读取，解析获取需要备份的文件，相比扫描的方式，减少了获取备份文件的时间。

（2）减少了对客户生产系统的影响。传统的扫描方式需要进行遍历，大量占用系统资源，导致机器性能下降，从而出现系统卡顿的现象。驱动方式是需要额外开发驱动来捕获文件变化记录，额外开发的驱动稳定性不强，对系统威胁性大。

（3）提高了恢复速度。传统的恢复方案是先恢复完全备份集，再恢复差异备份集，最后依次恢复增量备份集，恢复链比较长，并且在恢复中会出现后面的备份集覆盖旧的同名文件的情况，浪费大量时间。本专利提出了合成备份技术，对已有的多个备份集进行合成，去除同名的旧文件，生成一个新的备份集。通过将完全备份集、差异备份集和多个增量备份集合成一个新的备份集，去除同名文件，保留最新的文件。恢复这个合成备份集效果等同于依次恢复多个备份集，降低了恢复时间。

七、项目技术先进性

本项目核心技术均为自主研发，并已授权发明专利：获得2020年江苏省科学技术奖二等奖、2019年工信部大数据安全优秀案例奖、2017年工信部国防科学技术进步奖二等奖、2017年江苏省优秀软件产品奖（金慧奖）、2015年南京市科学技术进步奖三等奖、2014年信息安全国家标准应用案例奖三等奖。通过国防科学技术成果鉴定，鉴定结论为具有国内领先、国际先进水平。基础产品已通过国家保密局涉密产品认证、公安部信息系统安全专用产品认证、国家信息安全产品认证、商用密码产品认证、国家强制性产品认证和节能产品认证。

主要技术先进性包括以下4个方面。

（1）针对海量小数据备份，极大提高了效率和性能，并保证了稳定性。

（2）提高效率。一方面，与传统扫描方式相比，通过读取USN日志，极大缩短了获取需要备份的文件的时间，同时使用读写分离的多线程方式，提高了备份文件的速度。上述两个阶段都极大程度地提高了效率，因此最终缩短整体的备份时间。另一方面，基于合成备份技术恢复海量数据，大大缩短恢复的时间。

（3）提高性能。与扫描方式相比，通过直接读取USN日志文件，占用的系统资源极少，对系统性能影响极小。同时使用读写分离的技术，极大地提高了备份的性能。

（4）保证稳定性。USN日志是系统自身的日志，是原系统厂商自己提供的技术，相对稳定。与自己开发驱动相比，稳定性和兼容性都得到保证。

24. 基于注入功率灵敏度的电网局部降损方法

专利名称：基于注入功率灵敏度的电网局部降损方法
专利号：ZL201110393178.3
所属行业：电力行业
推荐单位：甘肃省电力工会

·发明人——郑伟·

郑伟，男，现任国网甘肃电科院三级职员，正高级工程师，硕士研究生企业导师，全国劳动模范，甘肃省劳动模范，享受“甘肃省高层次人才津贴”。他现任三级职员兼电力工程质量监督站项目站站长、管理一支部书记、全国量度继电器和保护设备标准化技术委员会委员。作为负责人或主要参与者，他牵头或参与省部级及以上课题研究5项，其中国家科技支撑计划课题1项，参与《超高压分级式可控并联电抗器控制保护系统技术规范》等国家、国网6项技术标准编制，发表学术论文40余篇，其中担任第一作者20余篇，获得甘肃省科技进步奖二等奖2项、三等奖3项，专利二等奖1项，国网公司科技进步奖三等奖1项，并多次获得甘肃省电力公司科技进步奖，获得专利授权10项。

·国网甘肃省电力公司电力科学研究院·

国网甘肃省电力公司电力科学研究院（以下简称“国网甘肃电科院”）

是国网甘肃省电力公司分公司性质的二级机构。以国家电网公司战略目标和省公司“37814”工作思路为指导，传承“人文兴院、科技强院”，坚持“四个中心”（技术监督中心，技术服务中心，科技创新中心，战略智库中心）定位，实施“1211”发展路径（以坚持“党建引领”为根本，以提高“技术支撑能力”和“科技创新水平”为抓手，打造“一支专业化人才队伍”，铸就“一支核心竞争力突出的产业力量”），专业门类齐全、技术人才密集、试验手段先进、科技实力雄厚，为甘肃电网安全、稳定、经济运行提供技术支持和保障。

国网甘肃电科院设立“5管理部门、7研究所、1产业单位”的组织架构，包含电力系统生产各个专业门类，其中电网涵盖输、变、配等技术领域，电源涵盖热动、机、炉、自控、清洁能源等技术领域，以院属专业研究所为依托开展技术监督、技术服务和科学研究等业务。

一、摘要

随着我国新能源产业的快速发展，大规模的新能源基地都面临电网消纳水平有限、外送通道狭窄、外送能力受阻等一系列技术困境。同时，新能源的大规模外送还对电网造成了一系列附加影响，主要表现在以下3个方面。

（1）新能源的大规模远距离输送以及其随机性和波动性特点，造成途经电网的线损显著增加。

（2）新能源与常规电源的逆向分布特点，使得源–源互补的运行调度模式除受电网网架结构约束外还会造成大量的电网附加损耗。

（3）随着新能源基地装机容量的飞速发展，常规水、火电的调峰能力和电网传统的调度控制方式已经不能满足大规模新能源的送出需求。

本专利主要依托位于甘肃西部酒泉基地接入的河西电网，公开了电网管理控制技术领域中的一种基于注入功率灵敏度的电网局部降损方法，利用无功分层分区平衡特性，将整体电网线损高低进行分区，对各局部以线损最小为目标，利用注入功率灵敏度法求出无功补偿装置的最优投切状态和投切容量，确定无功补偿装置投入时间和地点，选择无功补偿装置投入容量等，从而减少各局部网耗，实现整体电网的降损节能。

该方法选择整体电网与局部电网分界处枢纽节点电压和联络线无功等特征量作为整体电网与局部电网无功控制的协调变量，通过整体电网的无功优化，实时计算出整体电网与局部电网协调变量的最优设定值，该设定值通过广域通信下发到局部电网，局部电网在降损控制中，实时跟踪整体电网给出的最优设定值。

本专利采用一种基于克隆–粒子群混杂算法对基于注入功率灵敏度的电网局部降损模型进行求解，形成一种基于注入功率灵敏度的电网局部降损方法。

由于网架结构、电源和负荷分布的不均衡，电网运行中多发生局部线路损耗过高的状况，严重影响电网的经济运行，因此采用全局优化的方法往往达不到理想的效果。为此，本项目通过建立降低线损率、线路功率及节点注入功率三者之间的关系，将降低线损率转化为调整节点注入功率的问题。采用灵敏度计算及反向等量配对原则，有针对性地调整发电机节点和无功补偿节点的注入功率，实现电网局部线损的降低；通过引入对数障碍函数法对线路功率越限、节点电压越限和全网线损率越限进行处理，满足电网运行的安全性和经济性要求。算例表明，该方法调整范围小、计算速度快、局部降损效果明显，为电网经济运行提供了必要的决策手段。该项目投入运营后，显著提高甘肃电网经济运行水平和风电吸纳能力，取得了巨大的经济效益和社会效益。

二、研究内容与目标

（一）主要任务

在电力系统中，输电、变电、配电各环节都会产生电能损失。有效降低电线损耗，是电力企业成本管理的一项重要内容，是衡量电网运行经济性的一项重要技术指标。电线损率的降低对于提高电能传输效率、贯彻国家节能减排政策具有重要意义。

常用电力系统中传统的降损方法主要包括两类：一是根据理论计算的数学模型，通过改变线路、变压器的相关运行参数来实现降低损耗的目的，该方法主要应用于电网的设计领域；二是采用最优潮流法，以全网线损最小为目标函数，对电网的潮流分布进行优化。但上述两种方法都具有受初值影响大、收敛速度慢且不易得到最优解的缺陷，不能满足电网实时经济调度中快速、有效降低线损率的要求，故不适宜在线制定降损策略。

本项目的目的在于提出一种基于注入功率灵敏度的电网局部降损方法，用以解决现有的电力系统降损方法存在的问题。为实现上述目的，本专利提供的技术方案是一种基于注入功率灵敏度的电网局部降损方法，包括以下5个步骤。

（1）计算不同电压等级下各个线路的线损及线损率，并按照线损率排序，为整体电网实时降损提供技术参考。

（2）确定待降损的线路，设定降损后期望得到的线损率。

（3）计算待降损线路的输送功率的变化量。

（4）计算待降损线路的输送功率对各个第一类节点有功出力的灵敏度和各个第二类节点注入无功出力的灵敏度。所述第一类节点为连接发电机组的节点，所述第二类节点为连接无功补偿设备的节点。

（5）利用反向等量配对原则调整发电机有功出力和节点的无功补偿量。

本方法克服了传统方法中需要改造电网设备来实现降损的缺陷，仅利用电网中发电机的可调出力和节点的无功补偿裕量就实现了对线损过高支路的降损。另外，由于该方法采用了稀疏矢量法等，大大提高了计算速度，因此更适合于在线应用，进而辅助调度人员快速制定降损策略。

（二）实现目标

本专利能够破解大规模风电并网调度运行在节能降损方面面临的技术难题，提高电网的新能源利用效率，提高电网消纳大规模新能源发电的能力，促进调度控制的智能化建设，为我国风电建设起到引领示范作用。

（1）就地消纳风电降低网损。高载能负荷就地消纳风电，能够避免风电功率的远距离传输，减少了新能源输电通道的潮流，降低了网损。

（2）缓解常规电源对新能源调峰和调频的压力。新能源大规模并网给常规电源的调峰和调频带来很大的负担。通过调节高载能负荷，可以在新能源出力增加时多投入高载能负荷，在新能源出力降低时退出一定量的高载能负荷，使高载能负荷参与到电网的调频和调峰中来，缓解常规电源对新能源调峰和调频的压力。

（3）提高电网对新能源发电的消纳能力。高载能负荷就地消纳新能源发电，就地消纳的部分新能源电力无须通过电网远距离传输，提高了电网对新能源发电的消纳能力。

三、创新点

本专利所提供的方法是为在线降损提供辅助策略的一种有效手段。该方法以线损率最小为目标函数，通过调整电网运行方式，实现对某一线损过高的支路进行降损。与传统的通过电网改造来实现降损的方法相比，该方法基于电网实时数据，根据交流灵敏度法和反向等量配对原则调整发电机出力或节点无功补偿量，改变电网潮流分布，从而有效地降低设备线损。基于注入功率灵敏度的电网局部降损方法具有以下4个特点。

（1）局部性，针对电网中某一线损过高的支路进行局部降损，而非对全网进行优化。

（2）实用性，通过改变潮流分布，即改变发电机出力和节点无功补偿量来降低线损，而非对设备进行改造。

（3）快速性，采用稀疏矢量法及多种提高计算速度的方法，能够快速计算分析并给出最终的调整方案。

（4）准确性，采用交流灵敏度法及反向等量配对原则，能够反映系统的实际情况，所得结果准确可信。

四、成果应用

本专利针对河西地区大规模风光电远距离输送现状，以国网甘肃省电力公司的线损管理为背景，研究风光电的功率送出特性和大规模风光电送出对电线损耗的影响。通过研究，建立了以降低线损为目标的基于注入功率灵敏度的电网局部降损模型，研发了基于河西地区风光电大规模送出的降损软件，并给出了降低甘肃电线损耗的河西地区风光电优化送出方案。实现了在图形环境下完成线损计算分析、结果展示和风光电优化送出方案生成等功能，并将研发的系统软件应用于国网甘肃省电力公司的线损管理工作中。在电力系统自动化领域，专利所涉及的理论研究和实际应用两方面具有重要的意义。

专利成果初步应用于国网甘肃省电力公司电力调度控制中心，为制定调度策略提供了有效的借鉴。同时研究成果将通过国网甘肃省电力公司电力科学研究院设立的国家电网公司电网降损节能技术实验室以及节能服务公司为链条的“产、学、研、用”一体化运作模式向国家电网公司所属单位进行推广，对我国新能源的建设和发展起到重要的指导和促进作用。

25. 发光线路板及背光键盘

专利名称：发光线路板及背光键盘

专利号：ZL201610133362.7

所属行业：通信设备、计算机及其他电子设备制造业

推荐单位：高邮市总工会

·发明人——邹伟民·

邹伟民，男，1969年生，中共党员，江苏传艺科技股份有限公司董事长兼总经理。他获得第三批国家“万人计划”科技创业领军人才，科技部“创新人才推进计划”创新创业人才，中国发明协会发明创业奖·人物奖，2019年度企业知识产权工作先进个人，中国产学研合作促进会理事，江苏省产业教授，江苏省“科技企业家”，江苏省“六大人才高峰”高层次人才，2018—2019年度苏商高质量发展领军人才等荣誉和称号。

·江苏传艺科技股份有限公司·

江苏传艺科技股份有限公司创建于2007年11月，2017年4月在深交所A股发行上市（代码：002866）。公司集各种键盘、5G用电路板及关键组件、智能穿戴设备柔性电路板的研发、设计、制造、销售为一体，现有专利307项，其中授权专利228项（国际发明50项，国家发明33项，实用新型140项，外观专利5项），所有专利中，国际发明和国家发明占41%，软著15件，商标37

件，其中国际商标2件。

公司自创立以来，始终坚持“在传承中创新，在创新中发展”的理念快速发展，先后被认定或获得国家级专精特新“小巨人”企业、国家知识产权优势企业、国际发明金奖、省服务型制造示范企业、省知识产权管理贯标企业、省级质量管理标杆工厂、“三站四中心”、省首台（套）重大装备、省工业设计金奖等。

一、技术先进性

（一）本专利属于基础性专利，解决了行业内的共性技术难题

（1）发光均匀：通过在发光板上间隔分布多根发光二极管，多条光线自线路板的各个方向发散出来，使得整个线路板均能发光，且光线均匀，产品可以在夜间野外无照明环境下正常工作。

（2）结构优化：将上述发光线路板用于背光键盘，可以有效降低传统背光键盘的厚度。同时，通过在背光键盘的每个按键下方设置发光二极管，与

按键一一对应，可实现每个按键的发光。

（3）降本增效：用发光线路板取代原有的导光板和发光二极管条带，简化了发光线路板的生产流程，节约了人力和物力成本，有效地提升了劳动生产率。

（二）本专利在技术上具有原创性和革新性

（1）结构革新：首创背光键盘一体化，减少了背光键盘的组件，节省有效空间，直接将发光二极体（LED）焊接在主体线路上，使线路板本身代替传统的FPC灯板，降低背光键盘的整体厚度，具有结构优势、成本优势及节电优势，符合产品超薄超轻、便于携带、续航能力强的市场发展趋势。

（2）工艺革新：一面为蚀刻铜线，另一面为银浆印刷线路，中间导通层以钻孔填充碳墨，实现介质连通的双面线路导通工艺，将原有的多次印刷革新为一次印刷完成，可以节省25%的工时，且在产品布线上节省更多有效空间。

（3）材料革新：专门研制出特种环氧热熔胶应用于PET材料（基材与连接片之间均匀涂覆15～20 μm环氧热熔胶），替代原产品使用的水溶胶，使其可在“三高”（高湿、高温、高盐）环境下保持较强的抗氧化、抗老化性能。

本专利技术的应用成功解决了传统产品体积大、硬度弱、成本高等缺陷，促进了发光键盘普及应用在更广阔的范围，这是进一步实现笔记本电脑超薄、超轻、超强的重要技术之一，还可以更好地满足军用、渔业、气象、海上石油平台以及地质勘探、矿井掘进、登山科考等特种行业的需求。

本专利是本公司专利组合中的重要专利，围绕本发光线路板及背光键盘，公司还有发光线路板具体结构专利，如（CN201521088970.8）发光线路板、（CN201510982182.1）电路板及其应用、（CN201521088898.9）背光键盘结构、（CN201511023635.4）背光键盘等，均为围绕发光线路板和背光键盘结构及工艺开展的专利组合构建。

二、文本质量

（1）本专利说明书中对发光线路的结构、各层使用的材料以及发光的方式等均进行了详细说明，相关领域技术人员能够清晰地理解和实施。

（2）本专利共有9项权利要求，包括2项独立权利要求以及7项从属权利要求，对发光线路板的结构和含有发光线路板的键盘进行了保护，并将其材料以及发光二极管与按键关系进行了进一步限定。每项权利要求的类型和保护范围清楚，主题名称与技术内容相匹配，引用关系准确，内容简明扼要。

（3）专利的权利要求保护范围为发光线路板及其结构、材料和键盘中的连接方式，均以说明书为依据，得到说明书中内容的支持。权利要求未超出说明书的范围，保护范围合理。

三、技术优势

公司将本专利应用于“带背光的柔性线路板集成化模组”产品，主要运用于笔记本（平板）电脑键盘及键盘周边产品，可以实现背光键盘的键盘本体和背光模组的一体化。

2018年9月22日，江苏省经济和信息化委员会组织专家对该专利产品进行专门鉴定并出具证书：江苏传艺科技股份有限公司研发的带背光的柔性线路板集成化模组综合性能达到国际先进水平。

本专利将传统产品中线路板与背光模组分层结构创新为一层两面，纯铜的主体线路在实现键盘线路导通功能的同时，直接将LED灯焊接在主体线路板的背面。同时研发了背板无破孔技术，既保证键盘内部的发光功能，又使产品结构紧凑、降低厚度、提高强度，彻底克服传统产品层次多、厚度高、结构松、强度弱的缺陷，且取消了FPC灯板这一部件，节约了模组的成本。

公司研发光学感光铜板曝光化学蚀刻工艺替代使用银浆印刷的制程，实现单面线路导通替代传统双面线路导通，减少生产过程中空气对在产品的污染，并减少8道工序，可以节省25%的工时，大幅缩小线宽，增加了单位面积内走线数量，使线路布局更加严谨、灵活。

四、运用及保护措施

（一）专利运用

本专利是江苏传艺科技股份有限公司自主研发的成果，创造性地提出一种新型背光键盘，可以有效节约成本、降低键盘厚度，使得键盘更轻、更薄，满足用户需求。

该产品在抗“三高两化”（高湿、高温、高盐，氧化、老化）、噪声更小化、背光均匀化、结构超薄化、价格合理化等方面性能明显，可以满足军民两用的需求；适应了联想、惠普、戴尔、华硕四大品牌的机型差异，获得了全球四大品牌笔记本电脑制造商独享配套。

同时，公司围绕本专利申请了一系列高价值专利组合，并在目标市场美国和日本进行了专利布局，具有良好的海外市场前景。

（二）制度建设、条件保障以及执行情况

（1）建立知识产权工作机构

构成三级知识产权管理体系，以发明人为知识产权管理第一责任人和组长，实施知识产权管理决策。各部门负责人为知识产权工作领导小组副组长，领导、审查、批准、监督、协调和汇报知识产权管理机构的各项工作。公司下属所有生产员工负责企业知识产权的获取、使用、维护和日常管理工作。

（2）制定和完善知识产权管理制度和相关政策

根据知识产权法规的要求和企业实际需要，公司制定了完善的关于知识产权的各项管理制度。同时，依照政府相关文件政策出台了《公司知识产权

保护条例》《员工知识产权激励机制》《公司知识产权继续教育培训规定》等相关文件，进一步制定和完善知识产权管理体制。

（3）全面实行知识产权激励制度

提高员工积极申报专利等知识产权的积极性，保证知识产权计划的有效实施。

（4）强化知识产权人才队伍建设

培养员工的知识产权保护意识，结合部门知识产权管理工作，合理设置培训内容，支持引进或聘用知识产权高层次人才。

（5）加强知识产权的区域交流合作

加强与高校、科研院所产学研合作，建立和完善知识产权对外信息沟通交流机制。

五、社会效益及发展前景

（一）社会效益状况

实际应用方面，本专利研究成果解决了键盘设备在海南等“高湿、高温、高盐”环境中的运行问题，更好地满足了当地军民的需求。

运营模式方面，本专利产品的开发，使公司内部的运营管理模式由原有的劳动密集型作业模式转向技术密集型工艺模式，提升了自动化程度，缓解了对于劳动力资源的依赖。对于目标市场，势必会引导产品结构的重组，提升产品更多的市场份额。

地方经济方面，本产品在产业化过程中涉及从业人员200人。于2020年新增加两条自动流水线，增加用工120人，帮助缓解了地方人员就业压力，履行了企业责任。同时，本产品生产中的部分原料为当地供应，促进了本地区产业链的良性发展。

（二）行业影响力状况

通过本项目的成功研发及产业化，结合对应的键盘结构，颠覆了原有背光键盘业界的重要技术垄断，使键盘的结构设计有了多元化的选择。背光键盘二合一的结构突破了原有产品结构堆叠的缺陷，实现了产品厚度、强度等多项性能参数的提升。突破了传统产品设计瓶颈，突破了台湾淳安公司的技术壁垒，对国内相同行业企业起到了示范带动作用，推动行业内其他厂家积极开展科技创新，提升产品性能。

该项目产品性能优异，获得“第九届国际发明展览会金奖”“江苏省科学技术奖”“高新技术产品”“江苏省名牌产品”等荣誉和称号。发明人邹伟民就此项目获得“第九届国际发明展览会科林优秀发明专项奖”。

26. 轨道车辆辅助变流器系统及轨道车辆

专利名称：轨道车辆辅助变流器系统及轨道车辆
专利号：ZL201510583167.X
所属行业：轨道交通
推荐单位：中国铁路工会中车永济电机有限公司委员会

·发明人——唐子辉·

唐子辉，男，1969年4月生，群众，1992年6月毕业于太原工业大学工业电气自动化专业，现就职于中车永济电机有限公司，正高级技术职称，现任中车首席技术专家，从事电力电子产品设计开发工作。

唐子辉进入中车永济电机有限公司后，首先对单板机以及STD工控机的数控系统进行学习和总结，掌握步进电机、交流伺服电机的主电路以及控制电路。他参加技术引进工作，参与CRH5型动车组牵引辅助变流器设计、制造以及装车运行，通过消化、吸收再创新，先后主持完成HXD2C型电力机车牵引辅助变流器、高海拔抗风沙动车组CRH5A、CRH5G型动车组牵引辅助变流器、复兴号CR400BF动车组牵引和辅助变流器、复兴号CR300AF/BF动车组牵引辅助变流器、CR200J动力集中型动车组牵引辅助变流器、可变编组动车组牵引集成单元、印度电力机车辅助变流器等重大项目的研制。

在工作期间，唐子辉参与制定行业标准1项，获得授权专利20余件，发表论文4篇，先后获得中国北车科技成果奖、中国铁道学会科技奖、中国中车科学技术奖、专利优秀奖和山西省专利奖二等奖。

·中车永济电机有限公司·

中车永济电机有限公司（以下简称“中车永济”）隶属于中国中车股份有限公司，是我国交通、新能源领域牵引电传动系统专业化研制企业，是为全球用户提供电气系统建设的国家级创新型企业。

公司坚持轨道交通电传动核心技术的纵深研究和技术应用的横向拓展，形成以西安、永济、大连为基地，国际、国内多点布局的发展格局。公司恪守“关注客户、成就员工、做优企业”的宗旨，聚焦交通、新能源两大领域，不断拓展轨道交通、风力发电、工业电传动、新产业、国际市场等业务领域，让领先的电传动核心技术更多地惠及社会，做交通强国的先行者、行业发展的引领者、一流企业的担当者、造福人类的贡献者。公司铁路轨道交通产品覆盖了中国铁路15种型号高速动车组和11种型号大功率电力机车，城市轨道交通产品分别配套北京、上海、太原、西安等城市的20余条线路，风电产品分布全球一千四百多个风电场，产品出口五十多个国家和地区，2020年产值超百亿元。

公司目前拥有国内专利437项，海外专利3项，软件著作权11项，主持和起草国家和行业标准115项，是国家认定企业技术中心、国家技术创新示范企业、高新技术企业，先后被授予“全国文明单位”、“出口免验企业”、“全国企事业专利工作先进单位”、山西省企业技术标准“领跑者”等荣誉和称号。

一、专利项目说明

近年来，随着电力电子技术和微电子控制技术的飞速发展，高速动车交流传动技术也在飞速发展。目前，国内用静止变流器给电力机车辅助负载供电的技术已经成熟，在各种电力机车上已经有了成功运用。随着技术的引进、消化、吸收以及再创新，电力机车辅助变流器国产化已成为必然。中车永济作为机车变流器的定点生产厂家，进行动车组辅助变流器的设计、组装以及试验，为动车组辅助变流器这一广阔市场提供产品。

在总公司提出的满足–40℃高寒应用环境下的中国标准动车组需求的引领下，中车永济针对–40℃高寒应用环境下的时速350公里中国标准动车组辅助变流器进行技术研发，解决的相关技术问题主要包括：强迫风冷技术、串联式风道结构、低温–40℃启动与运行技术、流量与压力控制技术、降低设计成本技术、延长检修维护周期技术、中压并网供电技术、动车组辅助无火回送供电技术、保护技术、驱动电路复合屏蔽技术、高兼容性IGBT驱动技术等。通过对这些技术申报专利，形成辅助变流器系统的相关专利和组合专利。以下为其中5项技术。

（一）强迫风冷技术

（1）强迫风冷原理

当自然风冷无法解决问题时，需要强迫使空气冷却，即强迫风冷技术。

强迫风冷是利用风机进行鼓风或抽风，通过提高设备的空气流动速度，达到散热目的。由于受安装尺寸小、运行环境复杂等因素影响，对动车组辅助变流器中大功率的电力电子设备进行散热，必须充分运用强迫风冷的传导和对流特性。同时为了解决使水冷却时存在的设计成本高、维护工作量大、重量大等问题，本项目采用强迫风冷的方式进行设计，采用冷风空气作为冷却介质。

（2）强迫风冷的鼓风冷却和抽风冷却

鼓风冷却的特点是风压大，风量集中，适用于单元内热量分布不均匀，风阻较大且元器件较多的情况。当单元内风阻较大，需要单独冷却的元件和热敏元件较多，且各单元间热损相差较大时，采用风道冷却技术，以便根据需要控制各单元风量。当在机柜底层具有风阻较大元件，中上层无热敏元件的情况下，建议用无风道形式来降低成本。

抽风冷却的特点是风量大、风压小、风量分布比较均匀，在强迫风冷中也有广泛应用。

本方案采用鼓风冷却方式。

（二）串联式风道结构

辅助变流器顶部框架中间部分和顶部盖板组成一个专用风道，要求机柜四周密封，侧壁不应开孔，只允许有进出风口。考虑热空气上升及结构要求，风机常安装在箱体的风机专用框架上，位于系统要求的进风口侧，出风口位于箱体底部。

在进风口右侧设计有密封式的（达到IP54）空气与热量交换器，用以完成大功率电阻散热以及符合密封性的要求，通过空气对流完成与电阻产生的热量交换。空气通过风机压缩，压力和流速进一步加强，进入辅助功率模块的散热器通过传导和对流实现与IGBT产生的热量进行交换。经过模块散热器的风，再经过变压器电抗器组件，与该部件完成能量交换。热空气从箱体下部出风口排出。

考虑到高速动车组在380km/h运行时对辅助变流器出风口的反向压强为250Pa，采用串联式风道设计，可以充分利用风机的性能，逐级给相关高损耗部件进行散热，所需风机数量少，散热效率高。

（三）流量与压力控制技术

从流体力学原理可知：风机、泵类设备均属平方转矩负载，其转速n与流量Q、压力H以及轴功率P具有如下关系：$Q \propto n$，$H \propto n^2$，$P \propto n^3$，即流量与转速成正比，压力与转速的平方成正比，轴功率与转速的立方成正比。因此，风机采用调速方式实现较大幅度的节能（可达20%～50%）。风机的风量、水泵的流量与电机转速以及电机功率的关系为：当风机转速下降时，电机的功率迅速降低。例如，当风量下降到80%，转速亦下降到80%时，则轴功率下降到额定的51%；若风量下降到50%，轴功率将下降到额定的13%。

根据实际需要，风机在运行中通过改变风量和风压，结合挡风板的调节，采用两种相结合的方式可以优化空气流通路径，可将风机功率从5kW降低到4kW，风机重量降低5kg，其他散热部件重量以及箱体重量可降低约100kg，属于经济的调节方式。

由于本辅助变流器可提供高品质正弦电源，因此可使用工业通用风机，不需要使用专用的逆变器供电风机。

（四）延长检修维护周期技术

原有技术方案采用单层滤网结构，在动车组高速运行过程中，当空气中存在灰尘或絮状物时，极易出现堵塞现象，导致辅助变流器进风口风量减小，部件温度升高，辅助变流器无法正常工作。

本专利采用新型的进风口过滤技术，进风口采用三层过滤设计，如图26-1所示。第一层采用4.0/1.0不锈钢钢丝网，用以防止5mm以上颗粒进入；第二层采用曲面FB型防水结构，用以滤除水和粉尘颗粒；第三层采用2.4/0.5不锈钢钢丝网设计，用以滤除剩余的小颗粒和灰尘 。通过该种方式，辅助变流器进风口检修周期可以延长到30天。

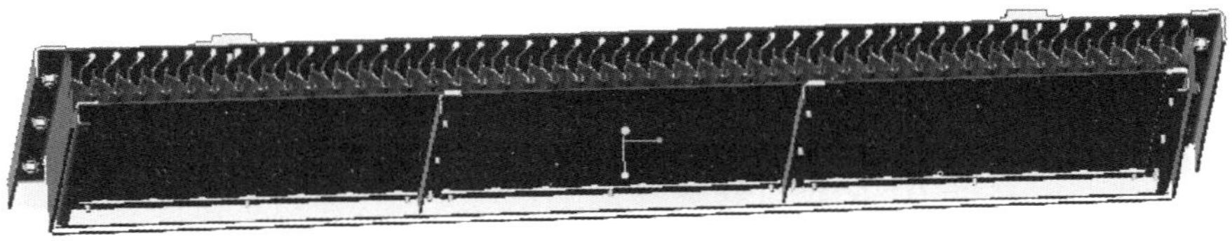

图26-1　辅助变流器风机进风口结构

（五）低温-40℃启动与运行技术

为了使辅助变流器达到在高寒地区冬季运行的要求，需要解决辅助变流器在低温环境下的启动和运行问题，主要包括冷却介质低温特性、器件的低温存储和运行特性、材料的低温性能。针对上述问题，采用空气作为冷却介质，可以达到水冷却特殊低温介质的要求，降低设计成本。选用低温-40℃器件，满足低温存储和运行的要求。选用满足低温的材料，主要包括Q345E、镀锌钢板等，同时进行箱体结构优化，提供-40℃下最优的风道结构。

二、专利的新颖性和创造性

（一）技术背景

在轨道车辆中，一般设置的辅助变流器系统用于将车辆主变压器辅助绕组输出的单相交流340V进行整流，再逆变为三相交流380V，从而给车辆上的各种辅助设备进行供电。现有技术中的轨道车辆辅助变流器系统包括壳体和固定在壳体内的辅助变流器。该辅助变流器又包括功率单元、变压器、交流电抗器和直流电抗器等若干电子元件，这些电子元件在工作时会产生大量的热量。因此，为了保证这些电子元件正常工作，一般会对辅助变流器系统进行冷却降温。

现有技术对轨道车辆辅助变流器系统的冷却方式为强制水循环风冷方式，

是通过设置在辅助变流器之间对各电子元件进行热交换的冷却管路来实现的。水冷却装置的工作过程包括水泵将冷却水泵入冷却管路中，冷却水流经辅助变流器系统的各电子元件位置时吸收辅助变流器系统各电子元件所散发的热量，吸收了大量辅助变流器系统热量的冷却水再流经水热交换器进行热交换以降低水的温度，经水热交换器换热后的冷却水再次通过水泵进入冷却管路中为辅助变流器系统降温。

但是，为了使辅助变流器系统充分冷却，使用强制水冷的冷却方式需要对冷却管路进行复杂的设计以及防漏水处理，使得整个冷却结构非常复杂，安装不便且成本很高。

（二）新颖性及创造性

（1）新颖性

采用强迫风冷技术、串联式风道结构、新材料（Q345E、低温器件等）实现辅助变流器–40℃启动和运行。

（2）创造性

冷却回路取消了水泵、温度传感器、压力传感器、冷却管路、冷却液、阀体等部件，降低了系统成本，提高了系统可靠性。

采用串联式通风散热，有利于充分利用风机，减少风机数量，从而减小辅助变流器的重量和体积。

进风口采用三层过滤设计（防止5mm以上颗粒层、防水和防尘层、防止3mm以上颗粒层进入），可以延长检修周期。

采用风作为冷却介质，可以取消补充冷却液维护工作。

三、运用情况

（一）自主转化实施，实现专利市场价值最大化

本专利已经实现在“复兴号”时速350公里和时速250公里中国标准动车

组的装车运用，且经过试验验证、运用考核和长期在线运行的验证。应用本专利的辅助变流器结构稳定，性能明显优于使用水冷系统的辅助变流器。该专利技术的应用，为我国高速列车辅助变流器在低温环境、高可靠性、流量与压力技术方面实现突破，为更高速度等级下的安全运营奠定了坚实的基础。

公司坚持对轨道交通电传动核心技术的纵深研究和技术应用的横向拓展，探索并成就了市场多元化经营格局，产品和市场覆盖机车、动车、轻轨等领域。

（二）专利组合运用

公司强化专利布局，对重点产品采用地毯式专利布局，对所有技术方案进行检索分析、专利挖掘、关键技术申请专利，针对竞争对手研发方向，布局专利，阻断竞争对手专利布局。作为我国高速列车电传动系统设计制造的核心企业，在标准动车组辅助变流器研制过程中积累了大量关键核心专利，其中以辅助变流器强迫风冷技术为核心，通过专利的组合运用，进一步稳固了技术核心地位，市场份额持续获得提升，在印度等海外市场的拓展也取得了进步，加快了中国高铁“走出去”发展战略目标的实现。

（三）专利标准化，实现从“跟随者”到“领跑者”的转变

以本专利技术为基础，中车永济作为主要起草单位编制了国家标准GB/T 25122.1–2018《轨道交通机车车辆用电力变流器 第1部分：特性和试验方法》、GB/T 25122.3–2018《轨道交通机车车辆用电力变流器 第3部分：机车牵引变流器》、GB/T 25122.4–2018《轨道交通机车车辆用电力变流器 第4部分：电动车组牵引变流器》和GB/T 25117–2020《轨道交通机车车辆 牵引系统组合试验方法》，对冷却系统涉及的参数和维护等提出了相关要求。

27. 一种采用自行式整体膺架法进行现浇梁施工的装置

专利名称：一种采用自行式整体膺架法进行现浇梁施工的装置

专利号：ZL201710250577.1

所属行业：建筑施工

推荐单位：中铁七局集团有限公司

·发明人——席陆胜·

席陆胜，男，1981年生，毕业于兰州交通大学工程造价专业。他2005年入职中铁七局三公司，先后担任项目技术员、工程部长、副总工、总工及项目经理，负责公司多个重难点项目工作，积累了丰富的项目管理经验。他主持的《自行式整体膺架法在现浇梁施工中的研究与应用》课题获得中国中铁科技进步奖二等奖，《一种采用自行式整体膺架法进行现浇梁的施工装置》发明专利获得中国建筑业企业协会二等奖，2013—2022年完成两项科研项目，一项专利发明，五项科研创新实用新型专利。他独立完成多项特大桥方案的设计与编制，在结构设计及受力检算方面有独特优势。科研成果分别获得中国公路建设行业协会科技进步奖三等奖、河南省工程建设协会一等奖及集团公司多项奖项。

·中铁七局集团第三工程有限公司·

中铁七局集团第三工程有限公司创建于1964年12月，现注册地在陕西

省西安市。公司是中铁七局集团旗下的重要成员企业，隶属于世界500强企业——中国中铁股份有限公司。

公司先后参与的项目有世界上海拔最高、线路最长的高原铁路——青藏铁路工程，转体重量和转体角度居世界同类桥梁之最的石环公路转体斜拉桥工程，世界上跨度最大的公铁两用桥——武汉天兴洲长江大桥，世界上最长的公铁两用桥——郑州黄河公铁两用桥等。海外项目有莫桑比克、赞比亚和刚果（金）等多个国家铁路、公路和市政建设项目，取得了良好的经济效益和社会效益，受到了多方赞誉。先后获得国家质量金奖、鲁班奖、詹天佑奖、古斯塔夫斯·林德恩斯奖等各级优质工程奖136项。公司在铁路、公路、市政、地下轨道交通、水利水电等施工领域均具备成熟的施工工艺、先进的技术装备、科学的管理团队，获得国家级和省部级工法及优秀QC成果奖60余项。

一、技术领域

本专利属于建筑施工技术领域，具体涉及一种采用自行式整体膺架法进行现浇梁的施工装置。

二、背景技术

（一）概述

目前我国在现浇梁施工过程中，一般采用满堂支架法、膺架法、挂蓝法、移动模架法等。膺架法施工中采用的贝雷架是一种可周转重复利用、拼装工具式的材料，在施工过程中刚性好、不易变形，目前多用于现浇梁施工。以前在我国贝雷梁主要用于战备公路桥梁搭设，原名叫“321”公路钢桥。改革开放后，随着我国铁路、公路桥梁建设的迅速发展，贝雷梁开始用于桥梁修建，运用最广泛的就是膺架法施工中的桁架及支墩。随着城市轨道交通、高速铁路事业不断发展，桥梁作为跨越江河、湖海、山间沟壑、城市建筑物及地面附着物设施的一种大型结构物，被广泛应用于公路、铁路及市政设施。现浇梁作为桥梁施工中的一种施工工艺，被大量用于桥梁设计及现场施工中。根据倡导的“安全、文明、节能、环保”的施工理念，温州市域铁路在灵昆特大桥现浇梁施工过程中，结合施工现场全部为软基，承载力最小为45 KPa的特性，结合实际研究一种现浇梁施工装置。

（二）研究理念

（1）膺架梁支撑系统工具化

整个膺架梁的支撑受力结构设计为Φ609钢管支撑，采用法拉连接，设计为不同节段模数，采用法兰连接，包箍和墩柱等稳定结构横纵向连接，增加其稳定性。整个支撑体系施工改变为工具化操作，不同高度按照不同的阶段模数进行连接。施工操作简单方便，省工省时，便于质量安全控制。

（2）贝雷梁桁架施工模块化

根据桥梁结构物，对用于膺架法施工的贝雷梁进行整体化、模块化组装，并形成现场施工标准件。在施工过程中，对贝雷梁不进行拆装，直接将贝雷梁桁架整体横、纵向移动升降过孔，达到现浇梁混凝土浇筑需求。

（3）膺架梁整体横、纵移机械化

使用膺架法现浇梁每孔梁片施工完成后贝雷梁桁架需要频繁拆除、组装，起重吊装安全风险高，机械使用频繁，重复劳动。通过研究设计膺架梁行走装置，使膺架梁在施工范围内能够横、纵向行走，减少支架拼装拆除重复工序，达到能够整体移动的需求，满足施工现浇梁的需求，提高了贝雷梁支架循环使用时间及周转的效率，减少机械台班、人工费用支出，达到节能高效的目的。

（4）设备控制智能化

本设备采用8台交流电动机对称驱动，由1台变频器控制8台交流电机。当行走系统减速、制动时，变频器将惯性能量通过制动单元和电阻吸收，以达到平稳减速和制动。通过电气化设计控制，增加施工设备控制的智能化。

三、工作原理

（一）走形系统

本膺架梁移动设备的各侧支腿上都安装有6台结构完全相同的四轮驱动台车，组成起重机行走结构。驱动台车主要由车架、变频电机、车轮、夹轨器、传动轴以及缓冲器等部件构成，台车轴距0.8m，轮距1.0m，重载走行速度为0～5.0m/min。球铰结构分别与支腿横梁及台车车架连接，能够很好地适应纵横坡度变化，均衡车轮的轮压，使台车的4个车轮无论在起动、制动或正常运行状态时所发挥的能力趋于一致。4轮驱动台车由两个主动轮和两个被动轮组成，车轮直径400mm，最大轮压为18吨，主动轮由一个4.0kW的电动机提供动力。减速机和电动机采用江苏泰隆减速有限公司的QSC12-128三合一减速机和上海福田电机有限公司的4kW变频电机（带制动），减速机与驱动轮车轮之间通过开式齿轮传动，变频电机走形传动装置为变频控制、无级变速。台车内侧设有夹轨器，在起重机无法工作时，可将其与轨道刚性连接并卡固，以防止设备在轨道上自由移动。台车外侧装有两组缓冲器，与大车行走轨道端头的止轮挡块形成安全防撞装置，走形系统如图27-1所示。

图27-1 走形系统示意

（二）顶升转向系统

整体膺架梁的各侧支腿上都设置一根支撑油缸、两根转向油缸和一台液压泵站。支撑油缸安装在支腿横梁中间底部，大车走行均衡梁通过铰座与支腿横梁端部连接，铰座与支腿横梁之间设置平面铰机构，在转向油缸作用下能够完成大车走行均衡梁和走行轮箱的整体转向。支撑油缸规格为Φ320/Φ220-300，在系统压力25MPa时能够提供200吨支撑力，油缸行程为300mm。转向油缸规格为Φ100/Φ70-1200，在系统压力25MPa时能够提供最小10吨推拉力，油缸行程1200mm。纵、横向铺设钢轨，利用液压系统在需要转向部位用千斤顶进行顶升，启动转向系统，进行90°转向。转向完成后将膺架梁移动至下一跨，顶升转向系统如图27-2所示。

（三）膺架梁顶升系统

升降机构包括分配梁、第一支撑立柱、第二支撑立柱、安全插销以及用于带动第一支撑立柱和第二支撑立柱升降的升降单元。第一支撑立柱和第二支撑立柱的外部套设有第一外套管和第二外套管，第一支撑立柱和第二支撑立柱的底端均与横向连接横梁固定连接，第一外套管和第二外套管的顶端均与分配梁固定连接。第一支撑立柱和第二支撑立柱上均布设有多个与所述安

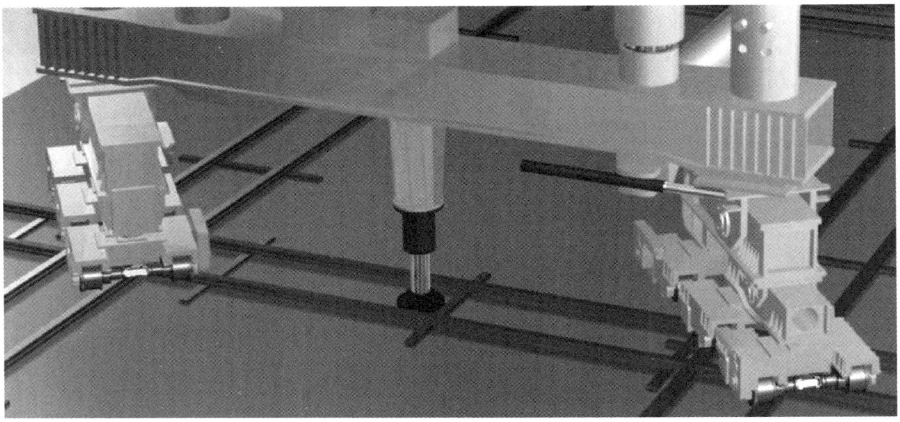

图27-2 顶升转向系统模拟

全插销相适应的立柱安全插孔，第一外套管和第二外套管上均布设有多个与立柱安全插孔相配合的外套管安全插孔。

支撑立柱采取在行走系统横梁之上焊接Φ630钢管立柱（壁厚16mm），钢管上打Φ81mm孔，承插Φ80钢棒作为安全插销。采取4个面间隔打孔的方式，同一个面间距为20cm。立柱之内安装Φ596钢管（壁厚16mm），钢管一端与大分配梁连接，一端承插在立柱外套管之内。顶升立柱采用立柱钢管，外套管与大分配梁焊接连接，内插管顶端焊接一个承载顶铁，顶铁周围按15cm间距焊接加劲板，500吨千斤顶与行走系统横梁连接，立柱顶升系统加工安装如图27-3所示，模拟如图27-4所示。

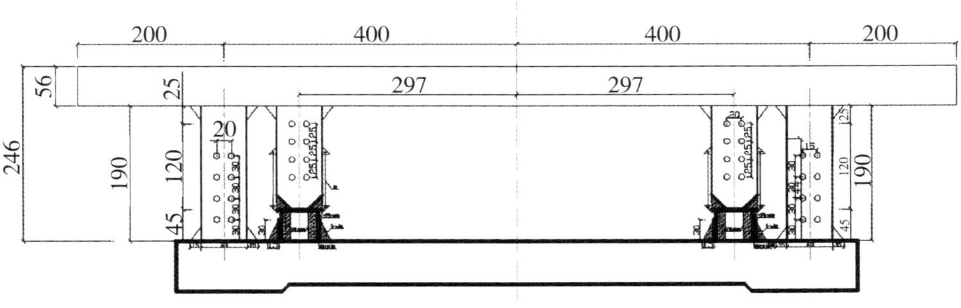

图27-3 立柱顶升系统加工安装

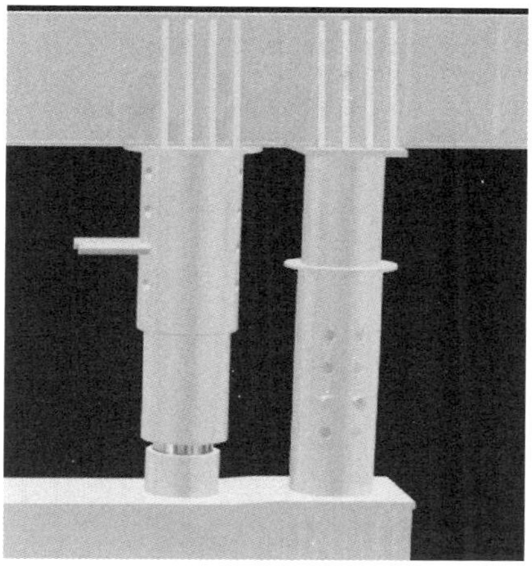

图27–4　立柱顶升系统模拟

（四）电动控制与油压系统

本项目自主研发移动模架，根据现场需求进行顶升、下落、横移、纵移、转向等基本动作。在保证安全的前提下，移动模架的顶升和下落需同时控制4台200吨千斤顶，行程30cm，转向需同时控制4台100吨千斤顶，行程1m。膺架梁的顶升由4台500吨千斤顶组合而成，行程30cm，行走、横移时使用8台2.5KW三相异步电机。完成以上动作需液压控制系统和电力行走控制系统共同完成。

（1）液压控制系统

为满足施工需要，液压控制系统包括4台油泵，每台油泵可同时控制两台千斤顶的伸、缩操作。

液压控制系统的控制电箱如图27–5所示，控制按钮如图27–6所示。

接通电源，按下油泵启动按钮，油泵电机开始工作，根据需求手动控制千斤顶的伸出与回位。例如，按下油缸1进油按钮，控制该功能的电磁阀得电，油缸1进油，油缸伸出；按下油缸1回油按钮，控制该功能的电磁阀得电，油缸1回油，油缸收回。以此类推，油缸2也是同样工作原理，也可根据现场需求同时按下油缸1和油缸2控制按钮，两个油缸同时工作。

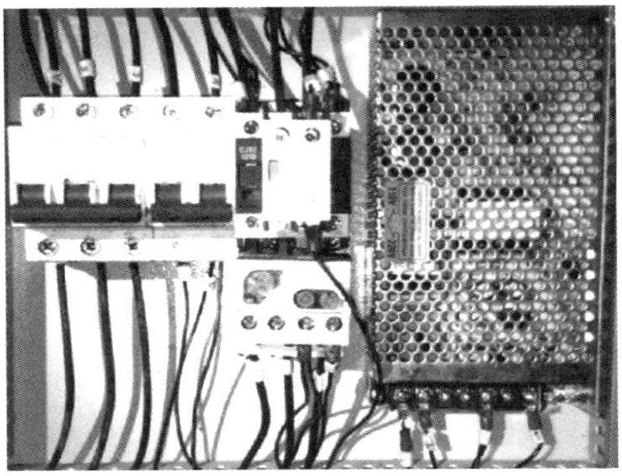

图27-5　控制电箱

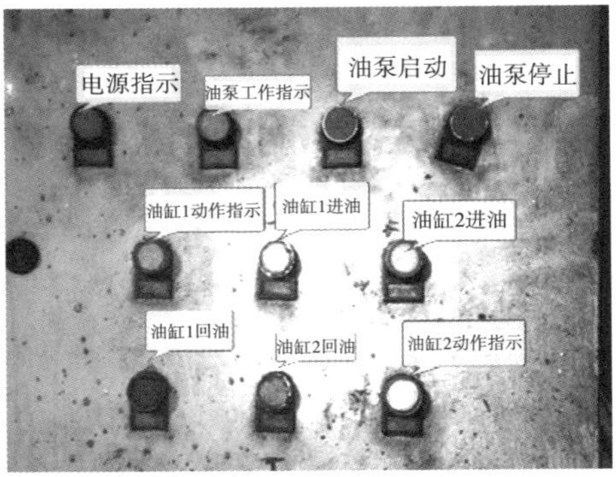

图27-6　控制按钮

（2）电力行走控制系统

现场需要移动的每片贝雷梁重量都达到200吨以上，载重量很大，因此项目设计在移动模架的行走装置上采用8台2.5KW三相异步电机并采用变速箱减速以保证行走安全。保证移动模架中每半边的电机必须同时动作，电力行走控制系统实物及电路如图27-7所示。

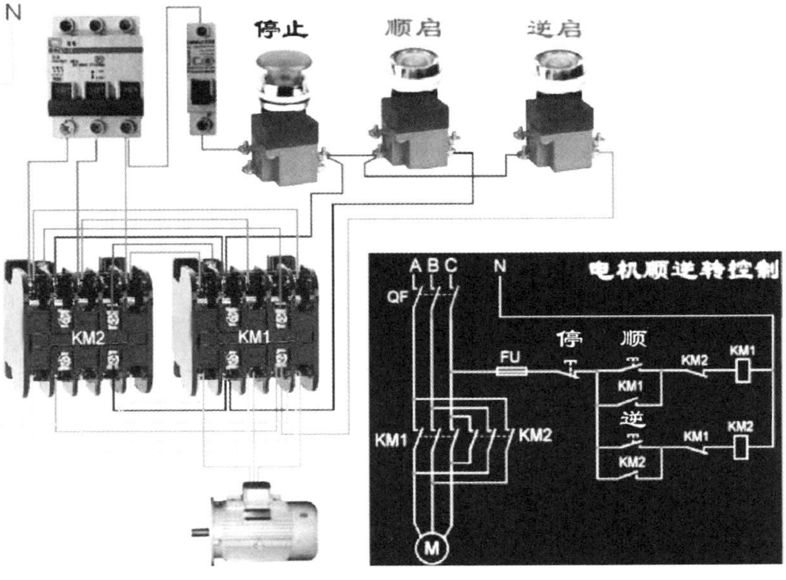

图27-7　电力行走控制系统实物图及电路图

为保证操作人员的安全，本项目参考龙门吊电动葫芦的遥控技术，为移动模架安装遥控装置。由于本移动模架动作只有横移行走，动作比较单一，特选用COB-61DRYK遥控装置。如图27-8所示，将遥控接收器安装在控制电箱接线端子处，操作人员站在安全距离以外操作，以保证人员安全，并在架体上安装行走限位，保证行走安全。

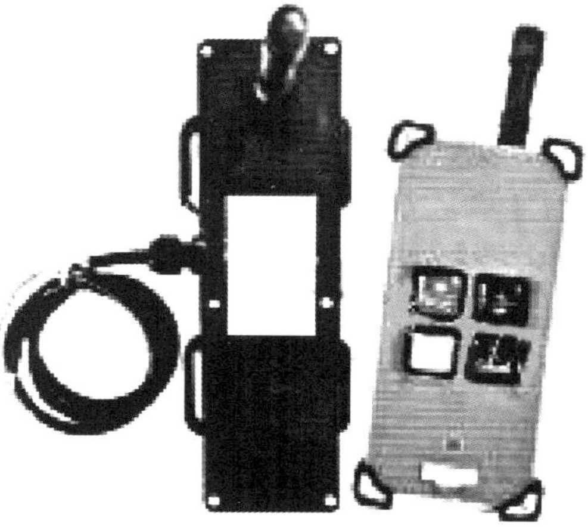

图27-8　行走遥控装置

自行式整体膺架梁装备适用于陆地现浇梁施工，现场全部为在滩涂、淤泥软基地段，地基承载力较小需要软基处理的桥梁，上部结构全部为现浇梁且现浇梁孔数大于15孔的项目，支架搭设高度在8～20m以内，采用膺架法施工的桥梁工程。

四、工作流程

（一）工作流程

自行式整体膺架梁施工工作流程包括设备安装调试→第一孔现浇梁浇筑完成，自行式整体膺架梁设备移动至现浇梁底部→整体横向移动→设备顶升转向，移动至下一孔现浇梁→膺架安装就位，进行混凝土浇筑。

（二）设备组装

对设备施工区域内无法满足承载力要求的淤泥进行换填，进行平整碾压，完成后在面层回填15cm级配碎石。

铺设轨道底层钢板（钢板厚度20mm），钢板铺设完成后，将钢轨与钢板用钢轨压板进行连接加固。

安装膺架梁行走装置行走轮及分配梁。

行走系统安装完成后，将已组装好的大分配梁与行走系统进行拼装，确保承插式立柱能够自由升降。

（三）自行式整体膺架装备运行

膺架梁组装完成后进行空载试验，在铺设好的轨道上进行横向及纵向移动，对整个移动过程进行全面检查。特别是对设备的机电部分要进行电力线路及设备开关灵敏度的全面核查，确保设备性能满足要求。

（1）施工完成第一孔现浇梁，张拉压降，具备落架条件。

（2）自行式膺架梁横向移动：通过自行式膺架梁行走装置将自行式膺架梁设备移动至梁体贝雷梁膺架下方。

（3）贝雷梁桁架整体落架：用多个同步液压千斤顶，通过活络头将贝雷梁桁架进行整体落架。

（4）启动自行式膺架梁顶升设备，将横梁升起与膺架梁进行固结。

（5）自行式膺架梁整体横向移动，行走至两孔梁之间，停止并启动转向系统，纵向行走至下一孔现浇梁的位置，停止并启动转向系统，横向行走至下一跨需架梁位置。

（6）启动自行式膺架梁顶升系统，调整贝雷梁桁架至设计标高，通过同步液压千斤顶顶升活络头，使钢管立柱上大分配梁与贝雷梁桁架整体受力，安装活络头铁销进行固定。

（7）通过自行式膺架梁支撑立柱顶升系统，使支撑立柱下落，自行式鹰架梁的大分配梁离开贝雷梁桁架20～30cm，使贝雷梁桁架通过坐落在承台上的钢立柱整体受力。

（8）现浇梁施工。

自行式膺架梁施工过程示意如图27-9所示。

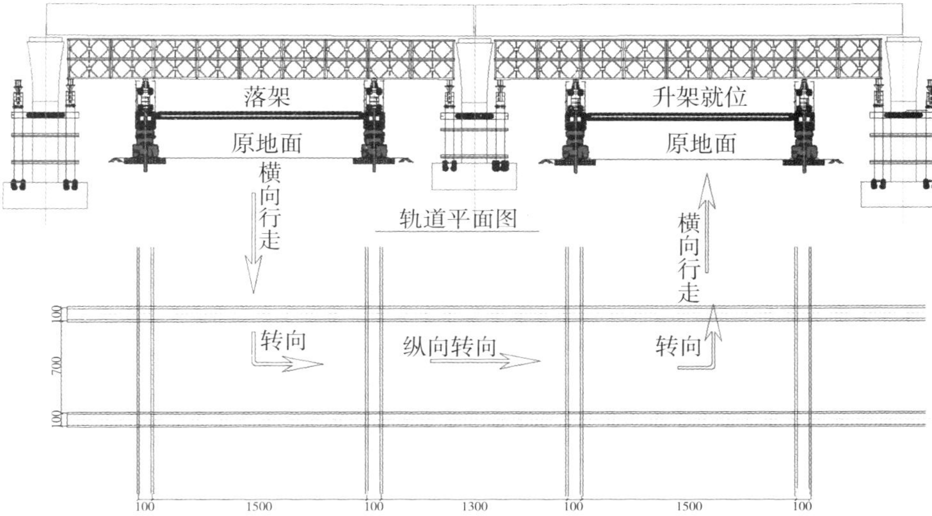

图27-9　自行式膺架梁施工过程示意

自行式整体膺架施工装置结构简单、设计合理，采用行走机构、升降机构和转向机构组合而成的装置，使整个膺架梁在施工现场能够自行行走，满足膺架梁整体升降的需求。采用整体化、模块化的施工方法，提高现浇梁机械化施工水平，降低机械设备、人员劳动强度，操作方便、实用性强、便于推广。本设备涉及节能环保等国家重点发展产业，技术新颖，系统全面，社会效益和环境效益明显。

28. 一种石英光纤传像束

专利名称：一种石英光纤传像束

专利号：ZL201120554541.0

所属行业：非通信光纤行业

推荐单位：南京玻璃纤维研究设计院工会

·发明人——殷志东·

殷志东，南京春辉科技实业有限公司总经理，教授级高级工程师，中国硅酸盐学会玻璃纤维分会第六届理事会理事，江苏省激光与光学工程学会光电专业委员会委员。

殷志东主要从事光学纤维生产工艺和光纤用聚合物材料的研究。先后负责和参加二十多个科研项目，共有11项发明和27项实用新型专利，发表论文14篇，论著4部。

项目成果：获得省部级奖项二等奖2项、三等奖1项，市级奖项二等奖2项、三等奖1项，被授予“部属科研院所为江苏省地方经济建设服务先进个人”“江苏省333跨世纪学术、技术带头人培养工程培养对象”“南京市中青年行业技术学术带头人”“江苏省教育科技工会在宁部属科研院所科技创新标兵”等荣誉和称号。

·南京春辉科技实业有限公司·

南京春辉科技实业有限公司成立于1997年，其前身是国家建材局南京

玻璃纤维研究设计院第三研究所。公司拥有“多组分玻璃光纤”“石英光纤”“聚合物光纤”“液芯光纤”等系列产品和光纤、电子内窥镜等系列产品的规模制造和应用技术，被国家科委认定为“国家工程技术研究中心——非通信光纤及制品技术开发基地”。

多年来，公司获得了“江苏省非通信光纤及制品工程技术研究中心”“江苏省专精特新小巨人企业”“高新技术企业”等荣誉资质。先后完成国家、省、市科研项目五十多项，拥有50项专利，其中发明专利17项。

公司的产品广泛应用于工业、医疗、军事、交通、照明等领域，具有为客户提供技术配套服务和系统解决方案的能力。

一、技术原理

石英光纤传像束是一种柔性无源图像传输器件，其结构是大量定长的石英光纤单丝按照六角形结构有序排列成束，并且两端的单丝严格按一一对应关系紧密排列。在图像输入端，传像束中的每根单丝捕捉一个点信号，通过全反射传至另一端，汇聚后形成传输的像，如图28-1所示。其具有传输光谱范围宽、重量轻、使用自由度大、抗电磁干扰强、耐辐射性能强、分辨率高等优点，可与CCD（电荷耦合元件）等摄像系统耦合。

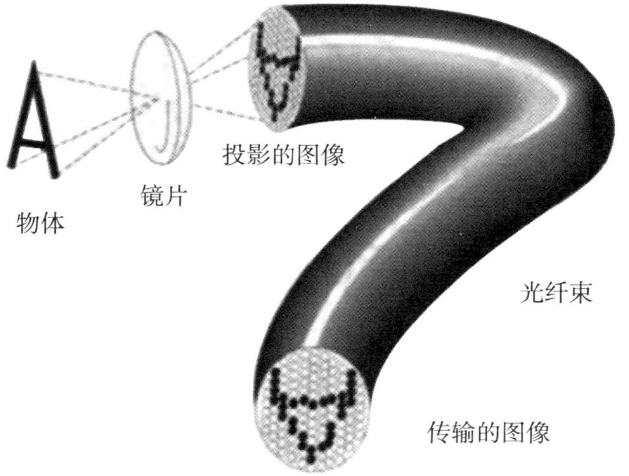

图28-1　光纤传像

二、技术创造性和先进性

目前使用光纤传像器件主要为多组分玻璃的光纤传像束，由于其原材料吸收损耗比较大，当传像距离超过2m时，透过率变低，降低了传像质量，所以要实现长距离的图像传输，多组分玻璃光纤传像束是无法满足需求的。此外，在拉制石英光纤时会在光纤外面涂覆保护层来保证光纤丝的强度，但涂覆的保护层会增加光纤丝的直径，减少有效通光面积内的像元数。用石英光纤细丝制作传像束，首先要解决光纤丝无涂覆情况下的强度问题。若光纤丝强度不够，在后续制作传像束的过程中，会增加出现暗丝、丝路的概率，这将直接影响光纤传像束的透过率和分辨率参数。

石英光纤传像束是一种采用新材料、新工艺制成的特种光纤器件，与传统的多组分玻璃材料相比，为获得良好的光学特性，使用高纯度的石英材料，并需要在芯皮中分别掺入“锗、氟”等元素，在拉制过程中需要更高的炉温来熔化拉丝（普通玻璃拉丝温度为几百度，石英玻璃拉丝需要两千度左右的温度）。通过反复试验并进行验证，最终形成合适的拉丝工艺及温度来拉制符合工艺制造要求的石英细丝。由于石英材料本身具有一定的耐辐射性能，使用这种材料制造的传像束可以被应用到恶劣的辐射环境中，在核设施中实现远程监测。

由于石英材料的光学性能与传统多组分玻璃不同，需要重新设计光纤单丝的芯皮结构。光纤结构的设计涉及长度、单丝直径、波长、数值孔径、分辨率、透过率等因素，工作量以及难度都非常大。通过借鉴国外其他光纤研究成果，公司建立自己的应用设计理论，在此基础上选取10种长度规格、2种单丝直径、3种波长，共60种结构进行设计。通过在工程中反复试验和修正，经过近百次拉丝试验，最终找到了长度、单丝直径、波长、数值孔径的平衡点，获得了新的光纤结构，更重要的是掌握了此类光纤的设计原理。

要解决光纤丝无涂覆保护时的强度问题，就需要使用玻璃纤维浸润剂。经过对大量不同种类浸润剂及配比的实验，得到了一种新型浸润剂的配方，达到了保护光纤细丝并增加其强度的目的。

在石英光纤传像束制作中的拉丝、排丝、叠片、磨抛等关键步骤中，公司使用了新工艺并研发了以下新生产设备。

（一）高精度拉丝系统研究

拉丝过程中光纤丝的圆整度、丝径的一致性、光纤包层的均匀性都将直接影响光纤传像束的透过率和分辨率参数。控制好拉丝环节，还可以降低光纤传像束中出现暗丝、丝路的概率。为了实现高精度单丝拉制，重新设计温度场适用于拉制石英细丝的发热体，同时通过对炉体的温度、冷却水和保护气体流量的精密控制，实现炉体温度波动在 ±1℃以内。通过计算机热平衡模拟并结合拉丝试验，掌握了拉制细丝的温度场分布曲线，保证光纤丝达到各项指标要求的前提下，实现可将光纤细丝拉制到30μm以下，误差控制在0.3μm以内，其机械性能满足后序加工要求，设备如图28-2所示。

图28-2　高精度拉丝系统

（二）收卷系统研究

使用原单机头收卷，需要在拉丝过程中人工更换收卷筒。由于拉丝是一个连续的过程，无法在收卷时停止工作，所以光纤损耗很大，每万米光纤损耗为3000m，而耐辐射材料单价是常规材料单价的15倍，损耗成本很高。双机头收卷设备可以自动更换收卷筒，实现连续不中断拉丝，使每万米光纤损耗从3000m减少为200m，降低了损耗成本，设备如图28-3所示。

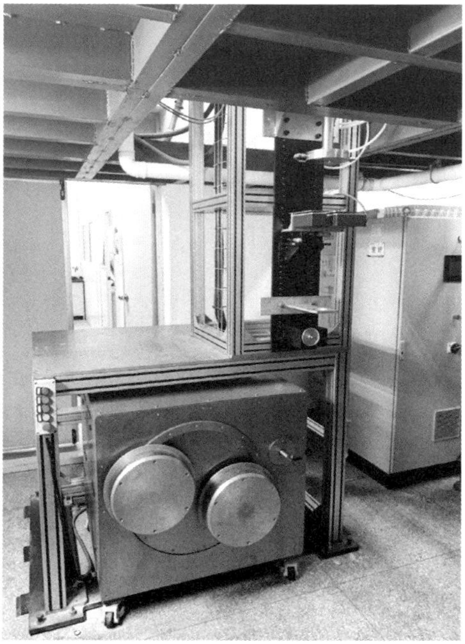

图28-3　双机头收卷系统

（三）高精度带储丝功能排丝系统

排片是把几百到几千根直径为几十微米的单丝按顺序紧密排列，通过上胶将排列的顺序固定下来，如图28-4所示。本项目采用光纤传像束溜丝叠片工艺，并根据石英光纤丝径、材料性能的差异以及长度要求进行设备改进，保证设备能够稳定运行，满足制作要求。

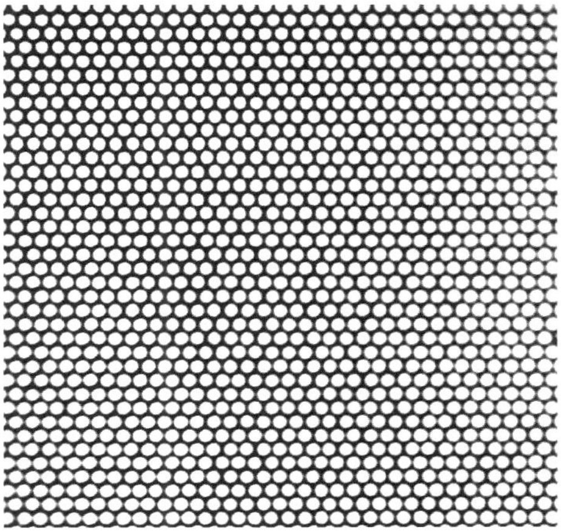

图28-4　光纤有序排列

为了使光纤传束中直径为微米级的光纤单丝无错位、无间隙地紧密而有序排列，必须要确保每片丝片都有良好的一致性，即每片丝片里的上千根单丝无松散、无重叠、数量相等。为此设计了一种精巧的排丝机构，在排片过程中将单丝张力波动幅度严格控制在10%以内。整个排片系统除了满足上述要求外，还必须根据光纤单丝直径、强度的不同，排片宽度的变化，具有张力、转速、预定片数、单丝根数、丝片间距等参数连续可调的功能。

石英光纤传像束普遍比较长，采用传统工艺，长度20m的有序排列传像束需要直径6.4m的排丝盘，占地面积大，并且控制系统复杂。采用新设计的储丝机构，直径1m的排丝盘就可以排出20m有序排列传像束，可以满足长距离传输图像的需求，设备如图28-5所示。

图28-5　高精度带储丝功能排丝系统

（四）叠片工艺

用层叠法制造传像束，是使用几百片有序排列的丝片按六角形排列规则层叠成束。

层叠法就是莫尔条纹的形成原理，在层叠过程中将两片几乎一样的有序排列好的单丝片逐渐叠加。操作者能够通过肉眼观察莫尔条纹的变化，判断单片间是否平行，面对面地完成六角形排列。

（五）磨抛工艺

磨抛是工艺流程中很重要的一环，传像束端面的质量直接影响整个系统全视场图像清晰度和整机透过率水平。

对石英光纤传像束的磨抛借鉴了传统硬质光学元件的磨抛方法，但又不完全等同。传像束的单丝虽然是由石英玻璃组成，但端面的组成材料却是复杂多样的，其端面由两种石英玻璃材料、环氧树脂胶、金属端头4种材料组成，在端面精加工时还要考虑到单丝间胶水的黏接力是有限的。针对上述特点，公司从磨抛设备、材料、工艺等方面进行调整改进。

使用常规磨抛材料，其中的某些元素会残存在石英光纤传像束端面，影响传像束的图像质量。通过试验，我们发现可以使用一些无机物磨抛材料，并严格规范后续的清洗工艺，避免端面残留物，从而提高传像束的图像质量。

三、技术的成熟度、适用范围和安全性

通过对材料和制造工艺的研究，公司掌握了从原材料配方到拉丝、排丝、叠片、磨抛等全套工艺，获得专利4项。其中发明专利两项：一种石英光纤传像束的制造方法（专利号ZL201110444224.8），导丝轮组、导丝机构、光纤收卷装置及光纤丝收卷新工艺（申请号201910236258.4）；实用新型专利两项：一种石英光纤传像束（专利号ZL201120554541.0），导丝轮组、导丝机构及光纤收卷装置（专利号ZL201920396293.8）。该器件拥有完整的知识产权体系，

为国内首创，打破国外技术壁垒，实现了国产替代。

经过基础研究、工程化技术攻关和各大院所的应用，证明该器件已经达到研究目的，性能稳定可靠，完全符合军队、核工业的使用需求，打破了原有技术瓶颈，在几项国家重大工程试验中发挥了不可替代的作用。

四、应用情况及效益

石英光纤传像束的研制成功，满足了国家和军队对远距离传输图像的需求。该产品被中国人民解放军总参防化学院、中国人民解放军63672部队、中国工程物理研究院、中核西南技术物理研究所、核动力研究所等单位采购应用，近几年累计取得经济效益1849.19万元。

2014年，公司承担了总参某部的全军首台核应急救援机器人项目，如图28-6所示。如果采用传统CCD技术，为避免核辐射需要使用83kg的铅块，70%的电池能量会消耗在铅的重量上，机器人工作时间只有20分钟，救援范围小，

图28-6　核应急救援机器人

可以说是有去无回。采用超长耐核辐射石英光纤传像束后，如图28–7、图28–8所示，整机轻量化，自重仅有2kg，机器人工作时长增加了2个小时，扩大了救援范围，可以在辐射区域来去自如，保障了我军在核应急救援中顺利完成任务。

图28–7　耐核辐射石英光纤传像束

图28–8　超长耐核辐射光纤传像束

2016年，中国工程物理研究院物理与化学研究所在某项重大试验中为了使人员和重要设备能在安全距离内工作，采用了10m耐辐射石英传像束技术方案。光纤以光速将现场实验信息传输到后方高速摄像机中，保障了人员和重要设备的安全。

2018年，战略支援部队某研究院（63672部队）承担西北某地某重大试验的数据采集分析任务，上级要求拿到不经过处理可用的原始数据。对方在论证多个方案被否定后，公司根据其使用环境中除了伽马还有中子的情况，设计了新的光纤传像方案，提供了两套样机，在该重大试验中顺利拿到了原始数据，为领导决策提供了重要依据。

2020年，在国家重大核聚变项目“环流器二号M”中，公司研发的传像束实现了进口替代，完成了在复杂恶劣环境中的图像传输，如图28–9、图28–10所示。

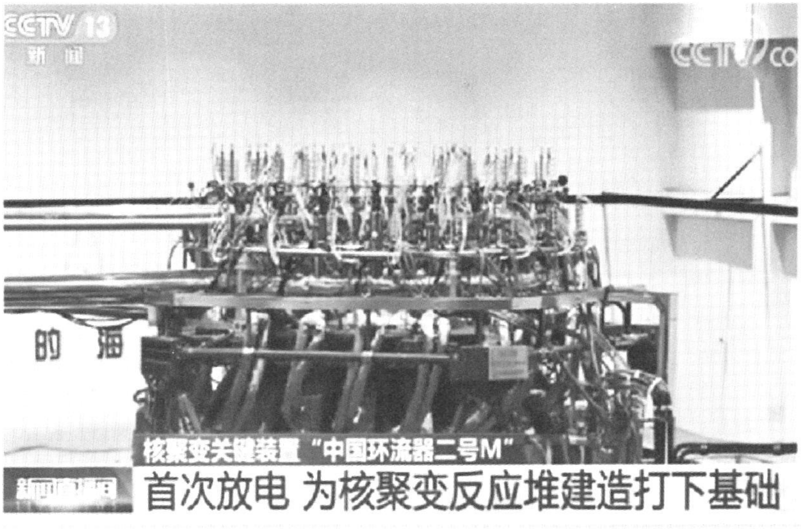

图28-9 “中国环流器二号M”装置

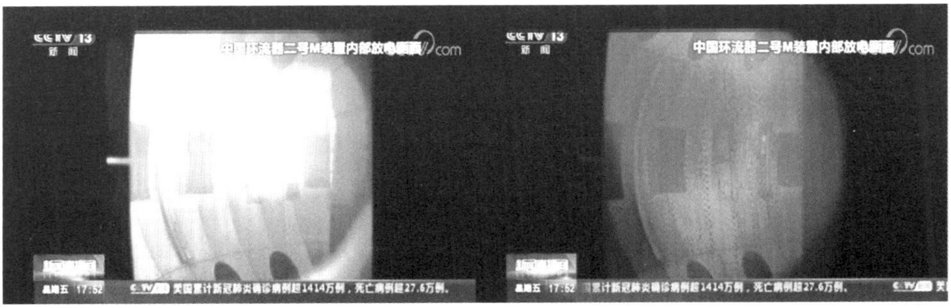

图28-10 传像束传输出的内部放电画面

29. 一种城市云轨用轨道交通电缆

专利名称：一种城市云轨用轨道交通电缆
专利号：ZL201910602090.4
所属行业：制造业——电线电缆制造
推荐单位：安徽省职工技术协会

·发明人——宫传播·

宫传播，男，37岁，安徽华能电缆集团有限公司技术部经理，高级工程师，技师，本科学历，毕业于福建师范大学。任职以来，他先后负责质检部和技术部管理工作，组织并建立了技术中心实验室，主持并参与新产品的科技研发设计和试验工作，获得5项国家发明专利，26项个人实用新型专利，13项省级科技成果。他2014年度被安徽省知识产权局评定为“专利工程师”职称；2015年度获得芜湖市第三届职工技术（专利）创新竞赛二等奖；2019年主持研制的“WDZ城轨用电缆”“ZJY型顶部驱动钻井装置用电缆”获得安徽省新产品鉴定；2020年主持研制的“轨道交通柔性抗老化电缆”获得安徽省科技进步奖三等奖；2021年主持研制的“舰船用防鼠防蚁低烟无卤阻燃控制电缆”获得安徽省新产品奖。近年来，为加强产、学、研合作，积极谋求同上海电缆研究所、东南大学、合肥工业大学专家展开合作，为公司的发展注入了新鲜活力，为企业的发展作出了积极的贡献，受到省、市有关部门的表扬和奖励。

·安徽华能电缆集团有限公司·

安徽华能电缆集团有限公司成立于1993 年11 月，注册资金40180万元，主要业务为：电力电缆、控制电缆、航空航天用电缆、舰船用电缆等，被认定为高新技术企业、国家级知识产权优势企业、全国文明单位。

目前公司年生产总值8亿元，市场销售总额7亿元，在全国重点市场设立办事服务处，中石化、中石油、神华集团等众多客户确定为战略供应商。公司产品使用的“华亨”商标，2016年被认定为“中国驰名商标”，2020年公司被列为“安徽省高端品牌培育企业”。公司自主研制的新产品“WDZ城轨用电缆”“铝合金芯钻井装置用电缆”“舰船用防鼠防蚁低烟无卤阻燃控制电缆”等，先后被认定为“安徽省工业精品”“安徽省新产品”，充分展示了市场品牌形象。

公司在技术创新方面表现突出，自2008年起连续被认定为“高新技术企业”“省知识产权示范企业”“省创新型试点示范企业”“安徽省产学研示范企业”“安徽省两化融合示范企业”。在研发平台创建方面，已组建“企业技术中心”等省级研发平台3个，目前授权专利92项，其中发明专利12项。公司坚持以一流产品质量为基础，科学谋划，规范运作，充分利用现有的技术资源、人才资源等，加大产、学、研合作力度，不断研发出适应市场的电缆产品，并广泛应用于机器人制造、新能源发电、航空航天、舰船制造等高端工业领域。

随着我国城市轨道交通的高速发展，轨道交通用电缆的需求量不断增加。据资料显示，未来几年我国将有20多个城市计划修建地铁和轻轨，总里程达850km，到2025年我国的轨道交通线路总长将达2200km左右。这对电缆行业来说既是机遇，又是挑战。同时对电缆行业的影响也是全方位的，不仅带动了电缆需求量的增长，同时对电缆制造企业的技术提出了更高的要求，以满足地铁区间隧道、地铁车站、地铁设备、消防设备、车辆等对电缆的大量需求。与传统电缆市场相比，轨道交通对电缆的阻燃、无卤、抑烟等特性要求更高。由于我国目前对电缆的研发能力尚不足，普及化程度低，部分高端产品依然依赖进口。

目前，轨道交通车辆用电缆的主要供应商是意大利比瑞利公司，他们制造的电缆已经在城市地铁、轻轨上应用运行了30年，具有相当高的知名度。在国内，轨道交通车辆用电缆大多以聚乙烯绝缘电缆为主，但该种电缆在频繁的震动、移动环境下以及部分露天使用时，容易出现磨损和震裂等问题，需要不断进行更换，增加了使用成本。此种电缆在遇火燃烧时会释放出大量烟雾以及有毒、腐蚀性气体，妨碍人员的安全撤离和灭火工作的开展，使生命财产遭到严重损失。此外，此种电缆还存在以下5个方面的问题。

（1）电缆受光线照射，表皮容易老化，护套容易开裂。

（2）电缆敷设在长期潮湿的环境下，水会通过橡胶或塑料层渗透到电缆内部，引起绝缘电气性能下降，造成安全事故。

（3）由于地铁或轻轨属于公共场所和人口密集区，一旦发生火灾，电缆产生的毒气和烟雾，严重影响人们的身体健康，增加了安全出逃难度。

（4）电缆时常遭到老鼠、白蚁以及其他各种地下昆虫的破坏。

（5）电缆敷设空间狭小，不易弯曲，安装施工难度大。

为解决上述问题，公司研制出具有国内领先水平的“一种城市云轨用轨道交通电缆”。本专利通过各物质相互配合使得电缆具有良好的阻燃性和机械性能，同时根据自主创新的原则与重点行业配套产品的国产化要求，进一步推动了电缆国产化。

一、项目技术路线

该电缆包括缆芯以及缆芯外侧由内至外依次包覆的无卤高阻燃带绕包层、内衬层、铠装层和外护套。缆芯由四根绝缘单线绞合构成，绝缘单线包括导体和包覆在导体表面的绝缘层。

上述电缆外护套采用专用电缆料，由公司自主研制，以丁苯橡胶为基料，加入各类阻燃剂、辅料等制备。其中阻燃剂的制备同样由公司自主研发，选用三聚氯氰、γ－氨丙基甲基二乙氧基硅烷发生亲核反应，在原来3个氯原子位置接枝上γ－氨丙基甲基二乙氧基硅烷，再经四甲基氢氧化铵催化，硅烷聚合得到Si–O链获得阻燃剂，在阻燃剂中引入氮元素和Si–O链，且与丁苯橡胶均匀分散，再与聚磷酸铵、次磷酸铝相互配合，构成膨胀阻燃体系协同阻燃，增加橡胶的热稳定性，从而大大增加阻燃性且无卤素。改性纳米二氧化硅、改性蒙脱土和纳米氧化镁相互配合，可以进一步增加阻燃性，阻燃剂可以降低改性纳米二氧化硅、改性蒙脱土和纳米氧化镁作为填料的用量，改性纳米二氧化硅、改性蒙脱土和纳米氧化镁与丁苯橡胶相互配合，可以增加本发明的机械性能。马来酸酐接枝相容剂和Si69、聚乙烯蜡相互配合，可以促进各物质均匀分散，进一步增加电缆的机械性能。

具体实施案例如下：

一种城市云轨用轨道交通电缆包括缆芯以及缆芯外侧由内至外依次包覆的无卤高阻燃带绕包层、内衬层、铠装层和外护套。所述缆芯由四根绝缘单线绞合构成，绝缘单线包括导体和包覆在导体表面的绝缘层。其中，外护套的原料按重量份包括：丁苯橡胶110份，填料35份，柠檬酸三丁酯2份，硫磺0.7份，促进剂D1.2份，阻燃剂25份，阻燃助剂12份，抗氧剂3份，相容剂3份，聚乙烯蜡3份。

在阻燃剂的制备过程中，将三聚氯氰与γ－氨丙基甲基二乙氧基硅烷、二氧六环混匀，降温至3℃，保温搅拌1.5h，升温至45℃，保温搅拌4h，升温至100℃，保温搅拌11h，冷却至室温，过滤取滤饼，乙醇洗涤得到物料A。将物料A加入质量分数为4wt%四甲基氢氧化铵水溶液中，升温至65℃，在氮气保护下，保温搅拌8h，减压蒸馏除去水，于65℃减压干燥9h得到阻燃剂。其中，三聚氯氰与γ－氨丙基甲基二乙氧基硅烷的摩尔比为1∶3.2，物料A与四甲基氢氧化铵水溶液的摩尔比为0.5∶25。

阻燃助剂为聚磷酸铵、次磷酸铝。其中，聚磷酸铵、次磷酸铝的摩尔比为2.5∶1。

填料为硅烷偶联剂改性纳米二氧化硅、硅烷偶联剂改性蒙脱土和纳米氧化镁。其中，硅烷偶联剂改性纳米二氧化硅、硅烷偶联剂改性蒙脱土和纳米氧化镁的摩尔比为4∶1.5∶0.5。

相容剂为马来酸酐接枝相容剂和Si69。其中，马来酸酐接枝相容剂和Si69的摩尔比为1∶2.5。

综合对比同类技术，虽然都是进一步改进电缆结构，提高电缆阻燃性能，但其他技术生产工艺流程增加，用料成本较高。而华能电缆专利技术针对轨道交通电缆，其电缆结构仍然采用已有技术，但根据应用要求，配置专用电缆护套料，从根本上改善了电缆阻燃性能、机械性能，生产工艺流程没有改变，生产效率却较同类技术优势明显。

二、项目产品的技术性能

（1）导体材料：镀锡铜、铜线。

（2）绝缘平均厚度最小1.2mm。

（3）导体直流电阻（20℃）最大3.39Ω/km。

（4）成品电缆电压试验（6KV，15min）不击穿。

（5）绝缘老化前抗张强度最小9N/mm^2；老化前断裂伸长率最小125%；空

气烘箱老化试验（200℃，240h），老化后抗张强度最小9N/mm^2。

（6）护套老化前抗张强度最小10N/mm^2，老化前断裂伸长率最小150%；空气烘箱老化试验（100℃，168h），老化后抗张强度最小10N/mm^2，老化后断裂伸长率最小150%，老化前后抗张强度变化率最大±25%。

（7）低温拉伸试验（–25℃）伸长率最小20%，低温冲击试验（–25℃）不开裂；热冲击试验（115℃，1h）不开裂。

三、项目经济效益和社会效益

发明专利“一种城市云轨用轨道交通电缆”在技术上有多项创新突破。电缆护套料由公司自主研发，符合产品用料标准的要求，满足产品的实际工艺需求，与其他同类产品相比，具有阻燃性、机械性能好，使用寿命长等特点。根据上述技术要点，本专利从电缆用料方面着手，配制轨道交通用电缆专用料，显著提升电缆阻燃性、机械性能，有效保障轨道交通安全运行，保障公共安全，促进技术水平进步。

通过项目的实施，预计可实现年产轨道交通电缆2000km，新增销售收入3000万元，新增利税500万元。

另外，“一种城市云轨用轨道交通电缆”项目的实施，不仅通过优化电缆的生产用料、生产工艺提高了轨道交通用电缆的技术水平。同时，也提高了企业研发人员占比和研发投入占比，强化了企业的技术创新能力，倡导了建立产业战略技术联盟，并实现技术联合攻关，高端特种电缆产业化，突破行业发展技术瓶颈，打造了具有特色产品、专业制造能力强、配套产品齐全、差异化发展和区域竞争优势的线缆企业，对行业发展和轨道交通电缆技术发展产生了较为深远的影响。该项目产品技术具有国内先进水平，项目的开展实施可带动相关产业的发展，增加社会劳动就业，加快地区经济崛起。新材料的研发促进了资源综合利用，节约了资源，降低了消耗。

综上所述，企业通过一种城市云轨用轨道交通电缆的研制，准确把握了市场需求，通过企业内部资源的整合，有效地提高了企业的创新能力。今后企业将不断加大对技术创新的支持力度，强化企业项目的管理，提高创新人员的积极性，明确相关人员责任，从而进一步提高研发水平和产品质量，为企业的后续发展提供支持。

30. 一种抽油机盘根快速装卸工具

专利名称：一种抽油机盘根快速装卸工具

专利号：ZL201920805082.5

所属行业：油田勘探与生产

推荐单位：中石油长庆油田分公司第一采气厂

·发明人——辛胜杰团队·

本专利由辛胜杰、杨玲、杨立强、辛事成、赵怀涛、罗剑、赵旭东、肖彦英、陈善琴9位发明人共同完成。他们是石油工匠，在各个领域发挥创新能力，先后获得省部级、国家级荣誉12项，其中8项成果在油田生产现场得到了推广应用。

辛胜杰，男，29岁，大学本科学历，毕业于广西科技大学机械工程及自动化专业，中共党员，2016年1月参加工作，现为第十采油厂乔河作业区生

产技术室技术员。参加工作以来，他始终立足岗位，结合自己所学的专业知识，自主学习TRIZ创新方法，积极投身到创新创效实践工作中，致力于解决一线生产难题。

五年来，他通过不懈努力和刻苦钻研，先后在国家级期刊上发表技术成果论文3篇，获得国家专利7项，创新成果先后获得油田公司科学技术进步奖2项，陕西省科技创新成果金奖1项，全国发明展览会银奖4项、铜奖1项，俄罗斯国际发明与新技术展览会金奖1项，2020年中国创新方法大赛总决赛一等奖1项等十多项省部级荣誉。他先后获得油田公司第六届“感动长庆·岗位明星”、长庆油田公司劳动模范、甘肃省青年岗位能手、中国石油集团公司先进工作者等荣誉和称号。

·长庆第十采油厂·

长庆第十采油厂主要从事华庆超低渗透油田开发及部分采油技术服务业务，目前主要负责华庆超低渗透油田开发管理业务。

第二采油技术服务处2009年接管华庆超低渗透油田以来，面对油田开发地质条件复杂、单井产量低、稳产上产难度大等诸多挑战，全处上下紧紧围绕华庆超低渗透油藏开发建设这一中心任务，解放思想、更新理念、转变方式促发展，精雕细刻抓管理，技术攻关求突破，油田开发、生产管理、基层建设、人力资源优化、安全环保、企业文化建设等各项工作稳步推进。特别是在产能建设、水平井开发、精细分层注水、油井混合水压裂等方面形成了一整套超低渗透油田开发新模式。

第二采油技术服务处在快速发展中先后涌现出了以刘玲玲为代表的“全国劳动模范”“全国五一劳动奖章”“全国三八红旗手”“中国青年五四奖章”“甘肃省劳动模范”“甘肃省十大杰出青年”等一大批国家、省部级英模群体，先后获得全国职工职业道德建设先进单位、企业文化建设先进单位、模范职工小家、青年文明号、甘肃省五一劳动奖状、甘肃省文明单位等集体荣誉。

抽油机是用于开采石油的一种机器设备，俗称“磕头机”，通过加压使石油出井。在抽油机运转过程中，更换盘根填料是采油工必须掌握的一项基本技能。传统更换和添加盘根填料的方法，操作人员需要用管钳、螺丝刀、手锤等工具将旧盘根敲打夹取出来，其过程工作效率低、存在安全隐患。一种抽油机盘根快速装卸器可以有效解决上述问题，可以一次性将盘根加入盘根盒内或从盘根盒内取出，不会出现盘根翻转、折断的现象。同时可以避免损伤光杆、盘根盒，缩短了操作时间，降低了劳动强度，不仅安全可靠，而且有效避免由于长时间停井而影响产油量，提高了油井生产时率。

一、绪论

盘根是加装在抽油机井口胶皮阀门盘根盒内，与光杆配合密封盘根盒及光杆的环形空间的填充材料，多为橡胶材质。其作用是在光杆往复运动的过程中阻止油、气、水外溢。光杆与盘根之间摩擦剧烈，盘根损耗大。在更换和添加盘根填料时，根据密封要求，添加物的外径要适当大于所被添加装置口径，故在添加盘根时操作难度大。抽油机盘根快速装卸器的应用解决了以上生产实际问题。

二、背景

结合目前的生产现状，安装在抽油机井口上的盘根盒中的盘根填料与光杆摩擦，随着间隙不断变大，在密封失效的情况下，需要更换盘根填料。操作人员在更换旧盘根填料时需要用管钳、螺丝刀、手锤等工具将旧盘根敲打夹取出来，在操作过程中，不仅工作效率低、不安全，而且会对机械造成损伤，造成长时间停井，直接影响油井的生产效率。针对以往更换盘根填料过程中存在的实际问题，本专利对传统更换盘根填料的工具进行了改造革新，提出了一种造价低廉、结构简单、使用方便，能将抽油机磨损的盘根从盘根盒中快速提出，将新盘根直接加入盘根盒内的新型工具，无须其他工具配合即可完成此操作，既降低了安全风险，又提高了工作效率，节省了资源，有效保证了油井的生产效率。工作场景如图30–1、图30–2所示。

图30–1　双人操作更换盘根

图30–2　使用起子更换盘根

三、抽油机快速装卸器的结构原理

（一）结构组成

一种新型抽油机盘根快速装卸器包括本体和手柄，其中本体包括从上到下依次设置的光杆固定部和螺旋槽。光杆固定部为竖向的圆弧槽，螺旋槽绕光杆固定部做轴向旋转，螺旋槽底端设置有盘根挂钩，操作手柄设置在光杆固定部的外侧壁上，采用螺纹连接，U型套盖与U型固定套通过燕尾槽滑动配合，实现光杆锁紧。

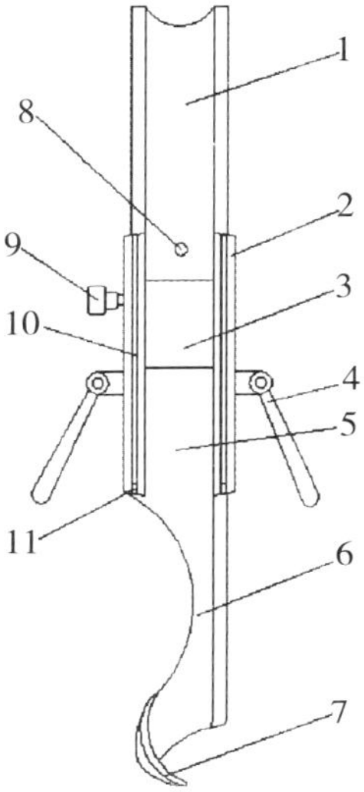

图30-3　新型抽油机盘根快速装卸器结构

（二）抽油机盘根快速装卸器

装卸器各部件结构如图30-3至图30-6所示。

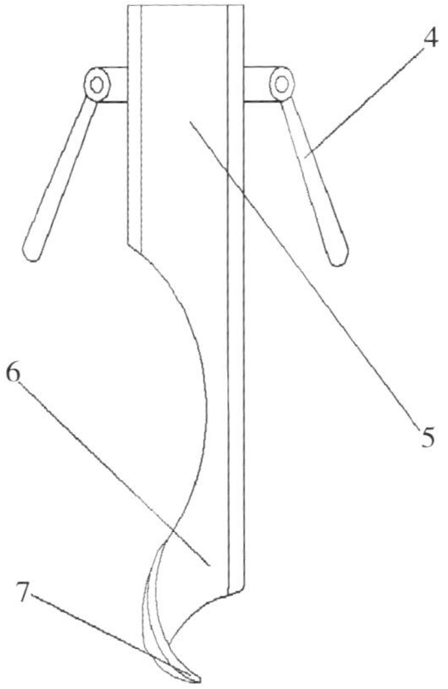

图30-4　本体结构

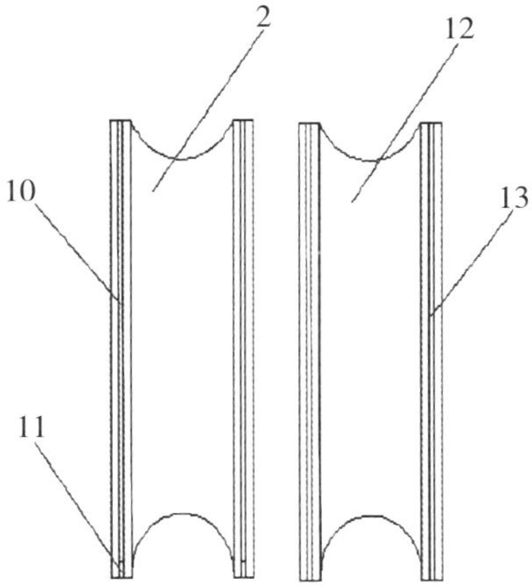

图30-5　腰形孔位置

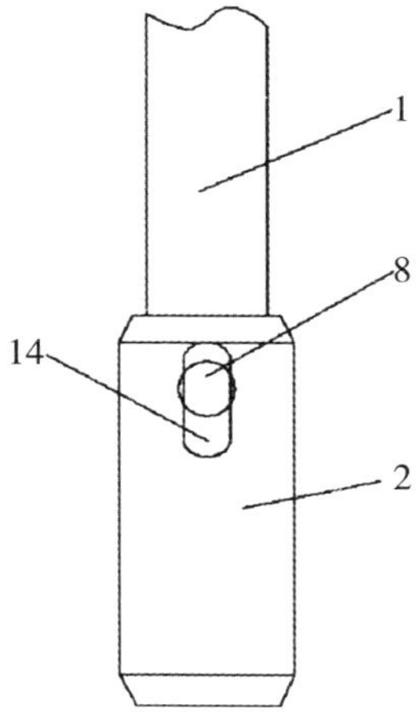

图30-6　固定套和套盖结构

1-光杆固定件；2-固定套；3-限位块；4-手柄；5-光杆固定部；6-螺旋槽；7-盘根挂钩；8-限位螺钉；9-锁紧螺钉；10-燕尾槽；11-挡块；12-套盖；13-梯形滑轨；14-腰形孔

（三）工作原理

根据实际生产需求，对更换抽油机盘根的工具进行创新发明，提出了一种造价低廉、结构简单、使用方便，能将抽油机磨损的盘根从盘根盒中快速提出，将新盘根直接加入盘根盒内的新型工具，外形结构类似红酒开瓶器。在更换抽油机盘根的过程中，将上U型固定件卡在光杆上，通过旁边的限位螺钉来调节上U型固定件的长度，通过上面锁紧螺钉将其锁紧。顺时针转动手柄，将下U型螺旋槽固定在U型套筒中，垂直用力将螺旋槽插入盘根与光杆的间隙中，下U型螺旋槽的末端带有盘根挂钩，钩在盘根螺旋截面上。抬起手柄，逆时针转动工具，在扭矩的作用下旧盘根沿着光杆从盘根盒中旋转启出。为防止旋转过程中装卸器脱离光杆，加装了一个光杆锁紧装置，即U型套盖与U型滑槽，能够保证更换盘根填料过程中装卸器固定在光杆上作轴向运动。新盘根填料装好后，无须使用手锤敲打盘根，顺时针转动装卸器，新盘根填料将沿着光杆快速旋转进入盘根盒内并上紧压帽，即可完成整个更换盘根填料的操作。

（四）具体操作方式

如图30-3至图30-6所示，本实施例提供了一种抽油机盘根快速装卸器，包括本体和手柄，其中本体包括从上到下依次设置的光杆固定部、螺旋槽；光杆固定部为竖向的圆弧槽，螺旋槽绕光杆固定部的轴向旋转，螺旋槽的底端设置有盘根挂钩；手柄设置在光杆固定部的外侧壁上。

操作者使用本抽油机盘根快速装卸器取盘根时，将光杆固定部卡在光杆上，通过给手柄施力将螺旋槽垂直插入盘根与光杆的缝隙中，将盘根挂钩勾在盘根上，手握住手柄逆时针方向转动手柄，在扭矩的作用下，旧盘根沿着光杆从盘根盒中旋转取出。装上新盘根后，将盘根挂钩勾在新盘根上，顺时针方向转动手柄，新盘根将沿着光杆旋转进入盘根盒内。采用该盘根装卸器更换盘根操作步骤简单，操作者能够快速、安全、省时、省力地取出旧盘根或者安装新盘根，从而提升了更换盘根的工作效率，提高了油井的出油效率，而且使用本抽油机盘根快速装卸器不会由于敲打而对机械（光杆）造成损伤。

本专利提供的抽油机盘根快速装卸器包括固定套和光杆固定件，光杆固定件的底端插接在固定套的上端，光杆固定部的顶端插接在固定套的下端；限位螺钉穿过固定套和光杆固定件，限位螺钉与固定套、光杆固定件螺纹连接；手柄的螺杆穿过固定套并与光杆固定部外侧壁相抵，且手柄的螺杆与固定套螺纹连接。在光杆固定部外侧壁开设与螺杆配合的凹槽，螺杆穿过固定套后与凹槽凹部相抵，使螺杆与光杆固定部固定更加稳固。其中，固定套侧壁上设置有与螺杆配合的第二螺纹孔，固定套和光杆固定部通过螺杆依次穿过第二螺纹孔、第一螺纹孔螺纹连接；光杆固定件下端设置有第三螺纹孔，固定套和光杆固定件通过限位螺钉依次穿过固定套、第三螺纹孔连接；光杆固定件的设置增大了与光杆的接触面积，这样给了光杆固定件一个周向限制作用限制盘根装卸器摆动，从而能够更好地让抽油机盘根快速装卸器沿光杆长度方向来回移动，有利于快速取出盘根，提高工作效率。

固定套的上端设置有腰形孔，限位螺钉穿过腰形孔与光杆固定件螺纹连接。操作者可以通过将限位螺钉在腰形孔内上下移动来调整光杆固定件固定在光杆上的长度，找到固定光杆合适的长度，从而便于取出盘根。

本专利提供的抽油机盘根快速装卸器还包括限位块，设置在光杆固定件底端和光杆固定部顶端之间，锁紧螺钉穿过固定套并与限位块外侧壁相抵。其中，固定套上设置有第四螺纹孔，锁紧螺钉穿过第四螺纹孔与限位块的左侧相抵，限位块的右侧与固定套的内侧壁相抵。限位块底部与光杆固定部顶部相抵，限制本体向上移动。限位块还可以起到快速组装盘根装卸器的作用，组装本盘根装卸器时先将光杆固定件与固定套固定，然后固定限位块，将光杆固定部顶部与限位块相抵，最后旋转手柄使螺杆与光杆固定部外侧壁上的凹槽相抵。通过限位块的设置，操作者能够很快让螺杆与凹槽对准，实现快速组装本盘根装卸器。

手柄的一端设置有螺杆，螺杆穿过光杆固定部的侧壁与螺纹连接。手柄的一端设置有螺杆，光杆固定部侧壁上设置有与螺杆配合的第一螺纹孔，手柄的螺杆旋入光杆固定部上的第一螺纹孔形成螺纹连接。螺纹连接容易拆装，用时装上手柄，不用时拆下手柄，有利于节省空间。

本专利提供的抽油机盘根快速装卸器还包括套盖和固定套形成筒状结构，进一步限定抽油机盘根快速装卸器只能沿光杆轴向移动而不会脱离光杆，提高取出或者安装盘根的效率。弧形固定套两个开口面上均设置有燕尾槽，两个燕尾槽的底端设置有挡块，套盖两个开口面上设置有与对应燕尾槽配合的梯形滑轨，梯形滑轨和固定套滑动配合，梯形滑轨在燕尾槽内上下往复滑动，设置结构简单、操作方便。

四、抽油机盘根快速装卸器现场应用及经济价值评估

（一）现场应用

抽油机盘根快速曾装卸器现场应用如图30–7至图30–9所示。

图30–7　使用盘根快速装卸器换取旧盘根填料

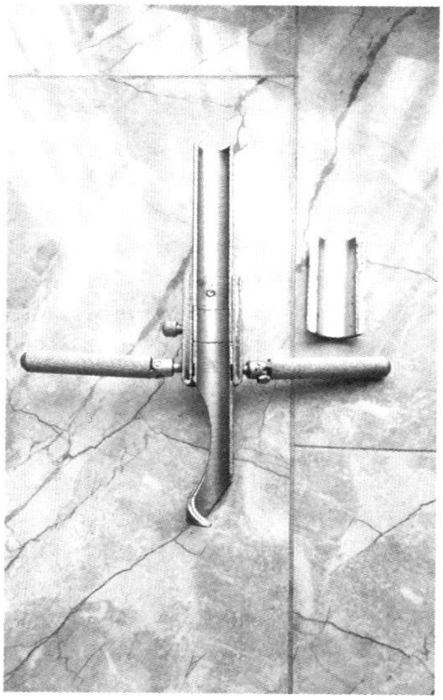

图30–8　抽油机盘根快速装卸器实物

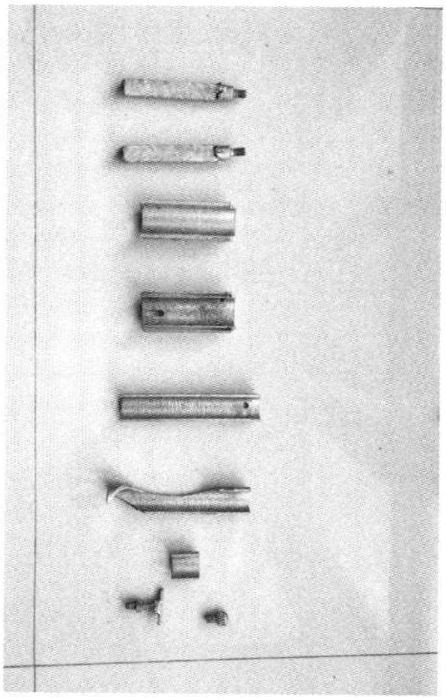

图30–9　抽油机盘根快速装卸器零件

（二）技术优势

（1）工具采用U型半圆结构，通过螺丝进行定位连接，通过旋转扭矩取出盘根，相比用螺丝刀撬盘根，可以产生更大的力矩，不仅提高了工作效率，而且防止了机械伤害。

（2）结构简单，质量轻，可以根据生产现场的实际情况在较短的时间内完成组装并投入使用。

（3）工艺简单，造价低廉，成本低，适合大批量生产。

（三）经济效益评估

该工具每套成本工料为800元。原来更换盘根用时1015min，现在使用盘根快速装卸器可节约更换盘根时间8～10min，按2吨/天产量计算（长庆油田低渗透储层），节省10min可以增加产量2/24×（10/60）=0.014吨。按目前每吨原油2600元计算，更换盘根每口井产生经济效益2600×0.014=36.4元。按每5天1口井更换盘根计算，一个季度产生经济效益（30/5）×3×36.4=655.2元，一年内产生经济效益655.2×4=2620.8元。按照一个井区50口油井来计算，使用盘根快速装卸器，一年内更换抽油机盘根所节约的金额为2620.8×50=131040元。综上所述，使用抽油机盘根快速装卸器更换盘根能够带来良好的经济效益。

五、结论与认识

（1）结合目前油田生产情况，采用橡胶件制成的盘根填料密封效果好，但装填过程时间长。要提高更换盘根填料的效率，仍然需要从工具上入手，从结构功能上进行革新。经过力学计算，更换盘根填料最省力的方式就是利用旋转产生的扭矩来启出盘根。

（2）设计抽油机盘根快速装卸器，取代起子、手锤等工具来撬盘根填料，一方面减少了使用工具的数量，另一方面降低了操作过程安全隐患（机械伤害）。

（3）通过现场实验，抽油机盘根装卸器不仅能更换正常井口盘根盒内的盘根填料，还能在光杆偏心、盘根变形严重的情况下快速更换盘根填料，有效防止由于更换盘根填料造成旧盘根折断，提高了新盘根的使用寿命，减少了更换盘根填料的频率。

（4）抽油机盘根快速装卸器应进一步与电传系统进行结合，实现机电一体化控制，为以后的工具革新提供技术依据。

31. 无人机数据传输系统、方法、装置和计算机设备

专利名称：无人机数据传输系统、方法、装置和计算机设备
专利号：ZL201810343361.4
所属行业：电力行业
推荐单位：广州市职工技术交流中心

·发明人——孙颖·

孙颖，哈尔滨工业大学博士，现任广东电网有限责任公司广州供电局经理，获得技师、高级技师考评员、南方电网高级工程师、国家一级注册计量师等技能技术职称。

孙颖工作十二年来，2011—2016年、2018—2020年共9年年度业绩等级为A，获得省部级创新竞赛奖励16项、省部级综合奖励6项，第一作者发表SCI源刊收录检索2篇，EI收录检索13篇，申请国内15项发明专利、15项实用新型专利已授权，申请2项国际发明专利已授权，作为第一、二作者在2019年、2021年发布南方电网技术标准共4项。先后从事信息通信、电能量数据深化应用、新能源应用、新型电力系统建设等专业工作。

·广州供电局·

广州供电局主要从事广州电网的投资、建设与运营，负责广州市11个区的电力供应与服务。2020年1月1日起按照广东电网公司下属分公司体制

开展运作，2020年营业收入519.44亿元。目前共设置职能部门19个，业务支撑和实施机构20个，包括11个区供电局在内的直属机构共19个，集体企业4个（南方投资集团、监理公司、竣盛公司、用电与照明公司）。

近年来，广州供电局坚持以世界一流企业为目标，不断提高供电保障能力和客户服务水平，供电可靠性连续十一年在全国地市级供电企业排名前十，供电服务满意度在广东省和广州市公共服务调查中实现十二连冠和二十连冠，广州“获得电力”指标获2019年中国营商环境评价第二名。“简快好省”的改革举措被国家发展和改革委纳入全国最佳实践案例进行推广。

一、项目简介

本专利项目属于电力行业。《广东省人民政府关于培育发展战略支柱产业集群和战略性新兴产业集群的意见》（粤府函〔2020〕82号）、《广州市人民政府关于印发广州市建设国家数字经济创新发展试验区实施方案的通知》（穗府〔2021〕10号）指出，加快数字配电网建设，推动构建新一代运维体系，实现生产管理高度数字化和安防能力提升，构建全覆盖、配网全域立体智能化监控体系。

随着我国电力高压、特高压、配电网络的建设，电力线路长久受到机械张力、线路老化、电气闪络等外界因素的侵害，极易出现绝缘子破损、断股、杆塔倾斜和腐蚀等各种问题，电力部门的常规巡检和维护工作十分繁重。

本专利在申请文件中公开了一种在输电线路铁塔上安装第一网桥设备、在变电站安装第二网桥设备、在监控中心安装控制器，搭建了一套远程实时传输、控制的无人机数据传输系统的实施例。本专利融合机器人技术及传感技术，可精细采集保护区内的信息，并通过塔上通信以及光纤混合组网技术，实现远程对机器人的遥控以及图像回传，将远在山区的实景实时展示在后台计算机上。

该成果具备自主知识产权，已授权21项专利，另有20项专利处于实审状态。本专利已在为白云机场供电的110kV空金甲乙线实际线路上成功应用，成为试点示范工程。

二、专利归属

目前，广州供电局通过全资子公司穗能通公司联合朗驰欣创公司投资成立广州朗能赫兹智能科技有限公司（注资4000万元），开展机器代人系列成果转化。

三、技术先进性

通过检索，在本专利申请之前，“旋翼无人机输电线路状态监测信息实时回传装置”（申请号：201420053972.2，公告号：CN204119375U），“一种用于无人机电力巡线的无线通信中继系统”（申请号：201120156808.0，公告号：CN202111870U）与本专利技术有相似之处。

本专利在输电线路上利用无线双频与有线混合组网技术，实现高带宽、低时延、高可靠的远程实时控制网络的组建。在同一网络上，通过分频工作、混合组网、QOS（Quality of Service，服务质量）保障等技术，实现无人机远程图传的高带宽传输要求以及实时控制的高可靠传输要求。

通过对输电线路特征分析，根据现有无人机、光通信、无线通信技术，构建输电线路在线综合测控系统。由于输电线路通常沿地理位置直线部署，该系统能够灵活组网、灵活接入，具有易于扩展的特点，具备较强的抵御灾害保障通信能力，不仅能够将输电线路状态数据回传，还能够将无人机图像远程实时回传，对线路上的无人机进行远程测控，作为线路为附近的维修、施工工作或者应急通信时需要网络接入提供通信服务。

本系统采用无线双频网桥与有线中继混合组网以及有线光纤远程通信技术相结合，建立双向宽带通信系统，将无人机搭载的高清摄像头拍摄的图像和其他监测信息通过高压铁塔上安装的混合网桥设备有效地传输到监控中心，并可构建应急通信系统备份方案。

本系统采用双频无线网桥，结合有线网混合组网技术，构造输电线路的通信网络，网络整体架构如图31-1所示。

在输电线路的铁塔上部署双频无线网桥，该网桥具备2.4G和5.8G两个免申请的Wi-Fi频段。其中一个频段用作无线网桥，用来承载数据回传；另一个频段用作AP功能，接收无人机图像传输与控制数据。在每一个铁塔上部署两个网桥设备，两个设备之间通过以太网连接。网桥设备采用全向天线，参

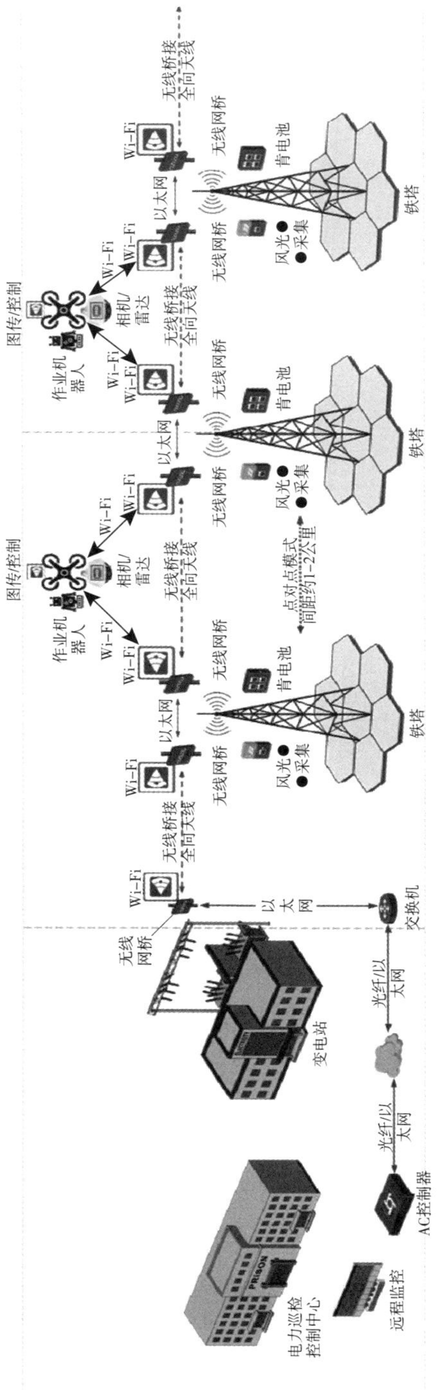
电力巡检控制中心
远程监控
AC控制器
光纤/以太网
变电站
光纤/以太网
交换机
以太网
无线网桥
Wi-Fi
无线桥接全向天线
无线网桥
铁塔
风光采集
作业机器人
图传/控制
相机/雷达
点对点模式
间距约1-2公里

图 31-1 网络整体架构

考覆盖范围1～2平方千米。

在变电站部署一个网桥设备，接收距其最近距离铁塔上的网桥回传数据。该网桥再通过千兆以太网接入变电站内的光通信网络，最后接入远端控制中心。在远端控制中心部署AC控制器，用于控制整条线路上的无线网桥的AP，用来实现当无人机在穿过两个AP的边界时无缝漫游。

根据上述网络结构设计，整个系统中，端到端的传输带宽实际上由两个网桥的无线桥接性能决定。在一个铁塔上，背靠背的两个网桥之间通过千兆以太网用有线方式连接，远端网络也是通过千兆以太网连接。因此，一对无线网桥的带宽与时延决定了整个网络的性能与吞吐量。

该无线网桥采用2.4G和5.8G的双频Wi-Fi，并且根据作业现场的无人机或者其他作业终端可以在现场或者远程进行配置。

该无线网桥近距离最高速率可达大约800Mbps，当距离在5km以内时，速率可达100Mbps；当距离在10km以内时，速率可达50Mbps。采用QOS优化技术，一对网桥的无线回传时延最小约为5ms，双向丢包大约为0。同一铁塔的背靠背网桥千兆以太网的延迟同样低于1ms，双向丢包大约为0。这样，每一个网桥产生的延迟不超过6ms，多跳网络的带宽与时延均可预知。当不采用专门的QOS优化技术时，每一对网桥的无线回传时延为20～30ms。

因此，在输变电线路上，无线网桥多跳的时延和带宽都可以有效保证。在该网络结构下，数据远传的时延是确定并且可预知的。这样，该网络上除可以保障视频传输之外，还可以承载实时控制业务，用于无人机的实时控制。

综上所述，在输电线路上建立该通信网络之后，该网络可以承载各种类型的综合业务。一方面，网络带宽可以得到保障；另一方面，网络时延在给定环境条件下，也可以配置为确定的参数。

从网络架构的角度来看，该网络可以承载高带宽和高时延、确定时延的业务，也可以承载低带宽和高时延的业务，还可以承载低带宽和低时延的业务。视频图像的传输需要使用高带宽和低时延的网络；无人机和作业机器的控制需要使用低带宽和稳定时延的网络；电网的实时状态数据采集需要使用低带宽和低时延的网络；电网的控制系统需要使用低带宽和稳定时延的网络；电网的非实时状态数据采集需要使用低带宽和高时延的网络。在点对点视距10km的回传条件下，通过QOS优化，单个网桥传输控制数据的时延小于6ms，非控制数据的时延小于30ms，可以满足不同场景下的业务数据传输要求（如果在每个输电线的铁塔上部署网桥设备，每一跳的时延将小于1ms）。

该通信网络架构环境下的QOS保障技术，可以针对不同的电网业务提供不同的QOS保障，提高网络的使用效果，为业务应用提供更有力的保障。

整个通信网络沿输电线路延伸，并且是以Wi-Fi形式进行桥接传输，整个通信系统的信号暴露于空中。因此，需要采用相应的安全防护技术以保证数据传输的安全。

在无线空口数据传输层面，需要采用高强度的加密算法，保证空口数据安全。

在设备接入层面，需要采用白名单机制，将接入该通信网络的终端全部绑定MAC地址和IP地址，并且通过AC控制器对接Radius进行接入层的身份认证，以确保接入该通信网络的都是经过授权认证的设备。

在应用层面，无人机的通信模块在接入通信网络与远端控制中心进行通信过程当中，可以建立专有VPN通道，并且对应用层的业务数据包采用高强度加密算法进行加密。

对于有更高安全等级要求的业务，可以在业务终端（无人机和作业机器）的通信模块上嵌入专门的安全加密芯片，以增强其安全性。

四、专利应用

2018年，广州供电局在清河培训基地进行了本专利技术的试点测试，成功验证无人机无线漫游接入及数据实时回传功能，通信连接可靠，大大提高了数据回传效率。

2019年3月，广州供电局在空金线进行了基于本专利技术的5km示范段试点测试，搭建了一套完整的无人机数据通信传输系统模型，实现了无人机无线漫游无缝接入、数据实时回传监控中心功能。

2019年10月，广州供电局开展智能示范线路建设，推广“输电两栖带电作业机器人”科技成果在输电线路智能运维的示范应用，在“220kV空汉甲乙线”“110kV重鱼甲乙线（重基站－鱼飞站）”“110kV科尖石迁甲乙线（科翔路电缆终端B场－尖峰站）”搭建基于本专利技术的输电线路走廊远程通信网络及数据传输系统。实现巡检作业机器人远程实时控制、计划巡检作业等功能，大大提高了输电线路智能化巡检作业水平、输电线路走廊的智能可视化管理，为智能输电探索实用化解决方法。

2020年，广州供电局对该专利进一步推广应用。广州供电局在广州南沙区5G示范区利用5G CPE终端搭建基于本专利技术及5G通信网络的数据回传通道，利用高带宽、低延时、大容量等特点，在实现巡检机器人实时精确控制及实时高清视频回传的同时，节约输电线路有限OPGW光缆资源，为未来承载更多业务数据和作业模式提供技术支撑。

32. 一种真空气雾化制粉分级装置

专利名称：一种真空气雾化制粉分级装置
专利号：ZL201710930289.0
所属行业：新材料
推荐单位：徐州矿务集团有限公司

·发明人——叶国晨·

叶国晨，男，1988年12月生，江苏徐州人，硕士毕业于中国矿业大学材料工程专业，现任江苏威拉里新材料科技有限公司副总经理。

2015年6月叶国晨进入江苏威拉里新材料科技有限公司，先后担任专业工程师、生产部长、总工程师和副总经理。统筹负责公司的技术工作，分解公司战略规划，牵头科研项目、产品开发、新技术研究等工作。负责公司二期生产厂区和新型研发机构（研究院）的规划。

叶国晨作为项目负责人完成了《多级复合式气雾化工艺研究与产业化应用》项目，获得江苏省煤炭协会煤炭科学技术进步奖二等奖。他共拥有专利51项，授权32项，其中第一作者发明专利5项，授权1项，第一作者实用新型专利5项，授权5项，已经公示并进入实审的专利约40项。

·江苏威拉里新材料科技有限公司·

江苏威拉里新材料科技有限公司是由徐州矿务集团投资组建的国家高新

技术企业。公司联合中南大学、西北工业大学、哈尔滨工业大学共同研发真空气雾化、电极感应气雾化制粉技术，用于高端3D打印金属粉末的研究与开发。同时参与多项金属粉末的国家标准起草及制定。

公司先后获得专利100余项，已通过ISO9001D、AS9100质量管理体系、知识产权管理体系认证和煤矿设备检修服务认证；是国家知识产权优势企业，拥有超万炉次的技术数据积累和完整的自主知识产权；参与金属粉末材料国家标准建设26项，其中已公布标准4项，拟发布5项，参与行业标准19项，形成企业标准11项。

公司研制的模具钢粉末以性能出众、批次稳定著称市场，覆盖了国内3D打印的龙头企业。18Ni300、12Cr9Ni、H13、Vms131等牌号主要应用于随形冷却流道模具、机械零件、批量铸模工具等。高温合金金属粉末已获得军工认证，参与了多项军品型号的预研和生产。GH4169、GH3536、GH3625等牌号粉末夹杂物可控，在航空航天、燃气机、核工业领域有丰富的应用，拥有适合不同高温性能要求的材料体系。铝合金粉末具有轻质、高强、综合性能优异的特点，该材料制备的构件已在国产大飞机C919上得到了应用。钛合金金属粉末具有高强度、低密度及良好的抗腐蚀性能优异的特点，其中TC4粉末是目前世界上应用最广泛的钛合金粉末之一，广泛应用于航空航天，生物医疗等行业。

雾化制粉采用真空气雾化技术制备，是用高纯度的惰性气体，通过特殊结构的喷嘴，将熔融的金属液喷吹成细小的液滴，液滴冷却后形成金属粉末。该方法生产的金属粉末粒度非均匀分布，一般呈正态分布，即从较细的粉末（5μm以下）到较粗的粉末（300μm以上）均有分布。通过调节喷嘴结构、气体压力等参数，可以调整粉末中位粒径的大小，从而提高目标粉所占的比例，然后利用筛分方法将目标粉筛分出来。目前，筛分方法主要分为振动筛分和气流分级设备筛分。

气流分级设备筛分是利用离心作用进行分级，由于惰性气体的成本较高，目前市面上用于工业生产的气流分级设备均使用空气作为粉末流动的载体。空气中含有的20%左右的氧气会在分级过程中与粉末发生反应，使粉末表面氧化，提高粉末整体的氧含量，而氧含量又是金属粉末最重要的指标之一。若为了控制易氧化粉体的含氧量还需要使用额外的惰性气体作为粉末流动的载体，这又会增加生产成本。使用现有技术对金属雾化粉末筛分分级前需要冷却后的金属雾化粉末转移至气流分级设备中，也会增加生产工序。因此，现阶段对于大多数金属粉末的筛分过程较为复杂，筛分效率低，难以同时控制生产成本和金属粉末的氧含量。

针对上述现有技术存在的问题，本专利提供一种真空气雾化制粉分级装置，使用该装置可以一次性完成粉末从生产到筛分的过程，无须进行生产设备与筛分设备之间的转运操作，大大提高了生产效率。制成的金属粉末含氧量低，产品质量高，雾化气体还可以二次利用，降低生产成本。

为了实现上述目的，本专利提出了一种真空气雾化制粉分级装置，该装置结构如图32-1、图32-2所示。

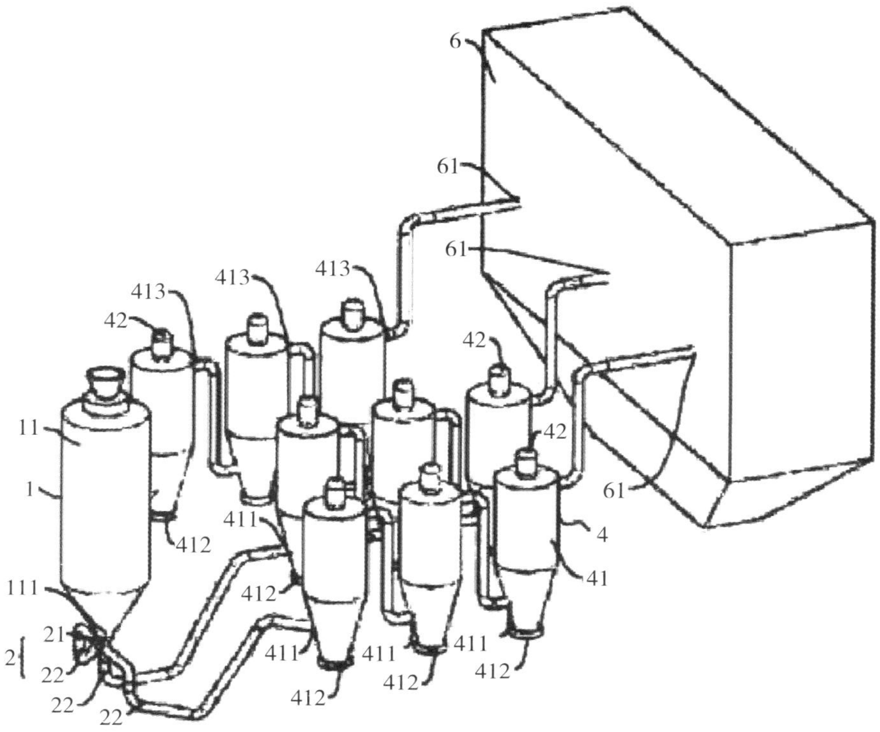

图32-1　真空气雾化制粉分级装置结构

下面结合图32-1、图32-2对本发明作进一步说明。

本专利一种真空气雾化制粉分级装置包括制粉装置，制粉装置内限定出制粉腔室，制粉腔室具有出口。制粉腔室内适于存放金属溶液和用于将金属溶液破碎成多个金属液滴的雾化气体，破碎形成的金属液滴在制粉腔室内冷却形成金属粉末。具体的，金属可以为散料，制粉腔室包括熔炼室、雾化室和连接熔炼室与雾化室的雾化器，在熔炼室内设有熔炼坩埚、保温坩埚和导流通道，金属在熔炼坩埚内熔化后，倒入保温坩埚，并通过与保温坩埚相通的导流通道进入雾化器，由雾化器内的雾化气体将金属液流破碎形成多个金属液滴，滴落至雾化室内同时冷却形成金属粉末。制粉分级装置还包括气流分级装置，气流分级装置内限定出分选腔，分选腔设有金属进口、适于供粗

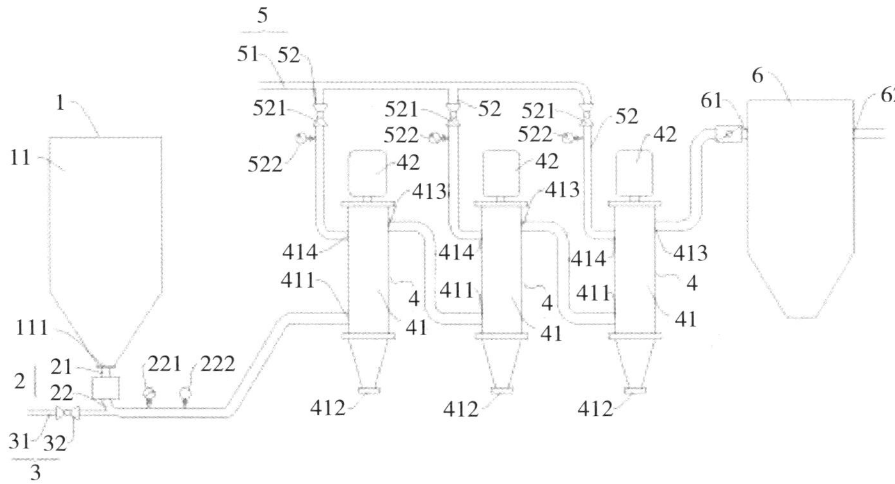

图32-2　真空气雾化制粉分级装置中分级组的结构

1-制粉装置；11-制粉腔室；111-出口；2-分流结构；21-主管；22-支管；221-第一压力表；222-温度表；3-补气装置；31-补气管；32-第一通断阀；4-气流分级装置；41-分选腔；411-金属进口；412-第一金属出口；413-第二金属出口；414-补气口；42-电机；5-进气管道；51-进气主管道；52-进气副管道；521-第二通断阀；522-第二压力表；6-布袋除尘装置；61-进气口；62-出气口。

金属粉末排出的第一金属出口以及适于供细金属粉末排出的第二金属出口，金属进口与出口连通，雾化气体可将金属粉末由制粉腔室吹向分选腔。具体的，雾化气体为高速气流，可以将金属粉末由制粉腔室出口吹向分选腔，而气流分级装置的分选腔室内部设有分级涡轮，分级涡轮会发生旋转，在高速旋转的分级涡轮产生的离心力作用下，金属粗粉末撞击分选腔内壁后迅速消失，沿着分选腔内壁下降至第一金属出口，并由位于第一金属出口下端的金属收集桶进行收集。也就是说，通过将气流分级装置与制粉设备相连通，可以实现在真空气雾化生产同时将金属粉末分级制定粒度，而且二次利用雾化气体，节约资源，减少浪费，还减少了实际生产步骤，大大提高了生产效率。值得说明的是，分级涡轮的转速对分选金属颗粒的分级粒度具有重要影响，通过调节分级涡轮的转速，可以控制金属粉末的分级粒度。

通过将气流分级装置与制粉设备相连通，可以一次性完成粉末的生产到筛分，无须进行生产设备与筛分设备之间的转运操作，大大提高了生产效率。雾化气体由制粉设备进入气流分级装置后可以二次利用，在雾化气体的保护下进行筛分过程，避免粉末发生空气氧化，提高了产品质量，节约了生产成本。

雾化气体应为惰性气体，可以为氩气。惰性气体或氮气可以保证金属粉末在生产与筛分的过程中不会发生氧化，从而可以保障金属粉末的产品质量。当然本专利并不限于此，雾化气体也可以为氮气。

金属进口与出口之间设有补气装置，以驱动金属粉末由出口流向金属进口。具体的，金属粉末在雾化气体的作用下，可以将金属由制粉腔室吹向分选腔。而在实际生产中，会出现雾化气体的气体压力和流速不足的情况，不足以将金属粉末吹向分选腔内，从而影响筛分效率和筛分效果。通过在金属机进口与出口之间设置补气装置，可以有效补充由出口流向金属进口方向的气体流量，使其达到并稳定在例如流速和压力等指定的参数要求范围内，提高了金属粉末的筛分效率，保证了筛分质量。

在本专利的一个实施例中，在金属进口与出口之间还设有温度表和第一压力表，由于雾化气体为高温、高压气体，在随着金属粉末由出口流向金属进口的过程中，温度和压力对分级装置具有重要影响。例如，当温度过高时，会严重损坏分级装置。当压力不足或过高时，会严重影响筛分效率和筛分质量。通过在金属进口与出口之间设有温度表和第一压力表，可以有效地实时监测其温度和压力值，保证筛分过程有效地进行。

气流分级装置包括多个并联的分级组，每个分级组的金属进口均与出口相连，金属粉末和雾化气体的混合物由制粉腔的出口流出后，被分成多股气流，且多股气流与多个并联的分级组一一对应。例如，在本发明的一个具体实施例中，气流分级装置包括3个并联的分级组。通过将气流分级装置设置成多个并联的分级组，可以使多个分级组同时对金属粉末进行筛分，从而提高筛分效率，而且当雾化气体的气体流速过快时，会导致金属粉末分级的精度降低，通过设置多个并联的分级组也可以有效地降低雾化气体的气体流量，使其符合气流分级设备的运转要求。

制粉装置和气流分级装置之间设有分流结构，分流结构包括主管和与主管连通的多个支管，主管与出口连通，多个支管和多个分级组的金属进口一一对应相连。金属粉末由制粉装置的出口流出，流经分流机构的主管，然后通过多个与主管相连通的支管将气流混合物进行分流，接着经过分流后的气流混合物会由金属进口进入气流分级装置，并对金属粉末进行筛分。由于雾化气体的气流混合物由出口流出后波动较大，通过设置分流机构可以有效地将气流混合物进行均匀分流，使气流稳定，同时可以提高金属粉末的筛分效率和筛分质量，而且这样也方便制粉装置与气流分级装置连接。

每个支管上均设有补气装置，补气装置包括补气管，补气管的一端与支路连通，另一端连通气源，气源为惰性气体。当气流混合物经支管分流后，支管上配有第一压力表，通过第一压力表实时监控进气的压力，当压力超出气流分级的要求，则减少分流结构中对应支管的开度；当压力低于气流分级的要求，则使用补气管补气，最终使支管内的压力满足气流分级的使用要求。通过这种实时调节进气量的方式可以保证气流分级装置筛分的有效进行。

补气管上设有可控制气源和支路之间通断的第一通断阀。控制器与第一通断阀和第一压力表均电连接，当第一压力表显示支管内的压力超出气流分级的要求压力值时，将压力值反馈给控制器，通过控制器控制第一通断阀关闭；当第一压力表显示支管内的压力低于气流分级的要求压力值时，将压力值反馈给控制器，通过控制器控制增加第一通断阀的开度，使支管内的压力满足气流分级的使用要求。

分级组包括多个依次串联的子分级装置，每个子分级装置均设有金属进口、第一金属出口以及第二金属出口，相邻两个子分级装置的金属进口和第二金属出口连通，位于两端的子分级装置的其中一个的金属进口与出口连通。

多个子分级装置由前至后顺次连接，对于中间的子分级装置，其金属进口与前一个子分级装置的第二金属出口相连接，其第二金属出口与后一个子分级装置的金属进口相连接。对于两侧的子分级装置，例如前侧的子分级装置，其金属进口与制粉腔室的出口相连接。

分选腔还设有补气口，补气口适于连通气源，与气源之间设有进气管道，进气管道可以为分选腔提供气体源，可以稳定分选腔内的气流，使气流分级装置能够有效地进行筛分。例如，在本专利的一个具体的实施例中，气流分级装置包括三个并联的分级组，每个分级组上均设有补气口，而进气管道包括进气主管道和与之相连通的三个进气副管道，进气主管道与气源相连，进气副管道分别与分级组的补气口相连通。在各个进气副管道上均设有第二通断阀，以控制进气主管道与各个进气副管道的通断，这样可以根据实际需要实现对各个分级组进行补气，以满足分级组的运行要求。在各个分级组上还设有第二压力表，通过其实时监测各个分级组的压力值，通过第二通断阀控制进气主管道与进气副管道的通断。需要指出的是，补气口的进气量对分选金属颗粒的分级粒度具有重要影响，通过调节进气管道的进气量，也可以控制金属粉末的分级粒度。

第二金属出口与布袋除尘装置相连，布袋除尘装置包括进气口和出气口，进气口与第二金属出口相连，出气口与外部空气连通。金属粉末由制粉腔室的出口流出，经金属进口端进入气流分级装置，在高速旋转的分级涡轮产生的离心力作用下，金属粗粉末撞击分选腔内壁后迅速消失，沿着分选腔内壁下降至第一金属出口，而细粉末由第二金属出口进入布袋除尘装置内，经过布袋除尘装置对部分超细金属粉末进行过滤并排出，这样可以满足环保要求。在本专利的一个具体的实施例中，分级组包括多个依次串联的子分级装置，位于两端的子分级装置的其中另一个第二金属出口与布袋除尘装置连通，而3个并联的分级组的末端均与布袋除尘装置相连通。金属粉末由制粉腔室的出口流出进入分流结构的主管中，分流进入各个支管，再由各个支管经金属进口端进入子分级装置，在高速旋转的分级涡轮产生的离心力作用下，金属粗粉末撞击分选腔内壁后迅速消失，沿着分选腔内壁下降至第一金属出口，而细粉末由第二金属出口进入另一个子分级装置中，经各个子分级装置筛分后，最后一个子分级装置的第二金属出口与布袋除尘装置相连，经过布袋除尘装置对部分超细金属粉末进行过滤并排出，这样可以有效过滤各个分级组的超细粉末，以满足环保要求。

气流分级装置为旋风分离装置，靠气流切向引入造成的旋转运动，使具有较大惯性离心力的固体颗粒或液滴甩向分选腔的内部以达到分离的目的。旋风分离装置还包括电机，通过电机带动分级涡轮的转动，从而在分选腔室内形成离心力，以达到对金属粉末的筛分。

33. 一种一体化深基坑作业智能机

专利名称：一种一体化深基坑作业智能机

专利号：ZL202021735060.5

所属行业：电力行业

推荐单位：甘肃省电力工会

·发明人——白皓伟·

白皓伟，于2017年进入甘肃送变电工程有限公司，扎根一线生产车间从事相关技术支撑、设计研发以及管理协调工作，岗位历练扎实，在自动化设备的机械、电气、液压方面均有所长，在兼顾二维制图、三维建模以及电气图纸绘制的同时，积极参与公司新产品、新项目的设计开发工作，学习能力强，喜欢钻研，注重工作方法和效率。他2017年至今先后参与、负责“轻型单摇臂落地（悬浮）两用式内拉线抱杆”“具备导线压接功能的张力机”“组合式货运索道”“牵张设备的数字化升级改造”“一体化深基坑作业智能机”“牵张设备混合集控系统”“输电线路架线施工智能感知技术研究及应用”等多个项目的研制工作，始终面向科技前沿，通过创新驱动发展，创造了一个又一个“科技兴安”的典范。

白皓伟2020年主导研制的“深基坑作业一体化智能装置”，通过科技创新、工法改进解决了输电工程基础深基坑作业安全措施难以管控落实的难题，作业平面简洁整齐，施工作业安全可靠。设备面世一年以来，累计有27家省电力公司的176家相关单位采购共计1200余台，为单位创造产值3000余万元，同时被国网公司列为基础施工推荐装备和第一批工法创新项目。

·甘肃诚信电力科技有限责任公司·

甘肃诚信电力科技有限责任公司（由甘肃送变电工程有限公司施工机具研究所改制）成立于1986年，是隶属于国网甘肃送变电工程有限公司的省管产业单位。公司位于兰州市高新技术产业开发区彭家坪园区，占地面积75亩，建筑面积60000平方米，注册资本6000万元，总资产2.2亿元，是集产品研发、生产制造、销售租赁为一体的高新技术企业，是国内电网建设、生产运维配套装备领域重要的研发基地，年产值过亿元。

一、目的与意义

电力行业建设工程中，铁塔基础深基坑作业是最基础、作业量最大且危险程度最高的重要工序。目前，针对电力行业深基坑作业专业设施的研究仍处于比较落后的水平，在应用中一直没有规范的标准化设备，以至各类安全事故频发，造成人员伤亡事件，血的教训为我们敲响了警钟。因此，怎样依靠设备能够主动、及时地发现危险并预警，同时自动采取有效措施加强保护，减少人员伤亡，是迫在眉睫需要重点研究的问题。

为了杜绝类似事件发生，甘肃送变电诚信电力科技有限责任公司自主设计研发了一体化深基坑作业智能机，该设备是针对在深基坑等有限空间内作业时遇到的一系列问题而专门设计的，旨在保障施工人员的生命安全，提高施工机具的安全可靠性，提升施工效率，是一种运输、安装、操作便捷化，功能多元化、集成化，控制智能化的设备。

二、国内研究水平综述

适用于基础深基坑作业的多功能智能化设备，在煤矿行业已经应用得比较广泛，而针对电力行业深基坑作业的多功能、智能化设备的研究起步较晚，发展相对缓慢。目前，在电力行业深基坑作业中，井口支架方面，多数使用的都是用角铁焊接而成的井口支架，相对比较笨重，搬运不便；提料方面，使用人力提土绞架或者小型卷扬机提料；气体检测方面，施工人员随身携带气体检测报警装置，检测到氧气不足或有害气体超标后随即撤离，安全可控性大打折扣。

这种依靠施工人员自身去检测、预警并采取措施的保护机制，经过实践检验已经被证明是不完善、不合理的，当施工人员发现危险时，可能已经为时已晚。所以，我们需要一种设备对基坑中的气体含量进行实时检测，当气体含量不在规定值范围时，触发声光报警，同时该设备能够向基坑内自动送风，施工人员还可利用该设备快速撤离基坑，这样就起到了防患于未然的作用。

公司自主设计开发的“一体化深基坑作业智能机”就是这样一款集诸多

功能于一身的深基坑作业设备，它集电动提料、实时气体检测、智能送风、自动声光报警、应急救援装置、差速器挂点、软梯挂点、照明电源、安全围挡等多个实用功能于一体，目前国内市场尚无此类产品。该设备结构紧凑、强度大，通过巧妙设计，使得施工人员在运输、安装、操作中使用非常方便，完美解决了施工人员在现场基础深基坑作业过程中遇到的一系列安全问题，完全符合输电线路基础深基坑作业安全技术标准要求。

三、项目研究内容和实施方案

本项目旨在增强施工安全可靠性，提高施工效率，减少施工人员的体力劳动。

（一）项目研究内容

（1）基坑井口支架的结构设计及材质选型。

（2）提料装置的设计。

（3）气体检测装置的设计选型。

（4）声光报警系统的设计。

（5）通风装置的设计选型。

（6）控制仪表箱的设计。

（7）整机功能的设计。

（8）发电机的选型。

（二）实施方案

技术人员经过前期调研，结合现场施工过程中出现的问题，设计开发了如图33-1所示的一款一体化深基坑作业智能机。

（1）基坑井口支架选用无缝圆钢管作为骨架搭建，整体尺寸为2000mm×2000mm×1600mm，整机重量125kg，支架底部可装设安全围挡，钢管之间使用插销连接，结构强度大，可以满足现场施工需求，支腿为可伸缩式，以适

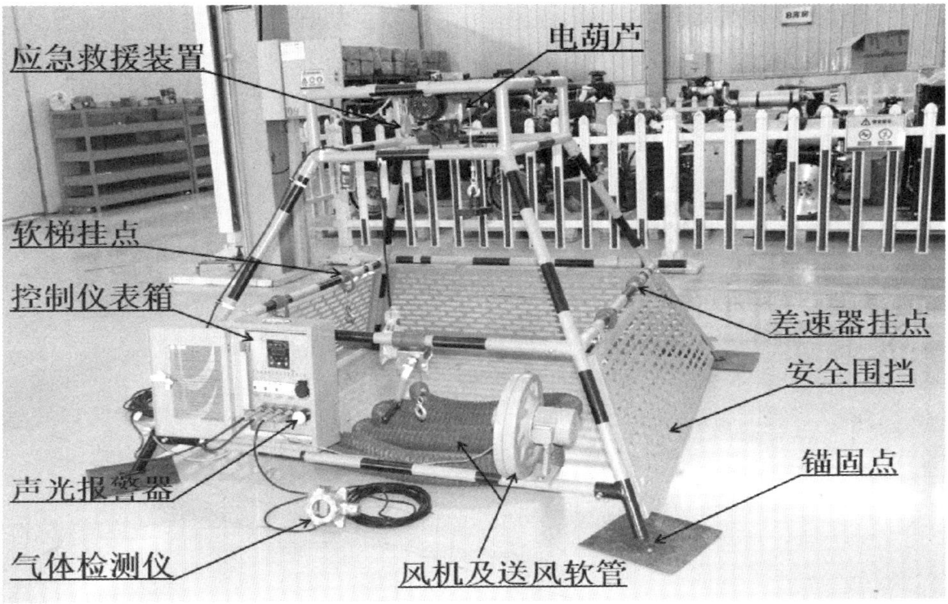

图33–1　一体化深基坑作业智能机（初代机）

应不同坑口大小、不同作业平面的基坑，安装、运输方便快捷，四脚均设有锚固点，进一步加强了安全可靠性。

（2）电动提料装置选用微型电葫芦，体积小，自重轻，操作简单，使用方便，具有断电刹车的保护功能，避免当意外停电时重物下溜造成安全事故，整体尺寸为385mm × 150mm × 260mm，起吊高度可达24m，额定吊重200/400kg，起吊速度约为1m/s。此外，如图33–2所示，电葫芦的支架上设计有挂扣，将挂扣卡入圆钢管，安装轻便巧妙，使用安全可靠。

（3）气体检测装置及声光报警自动送风系统。在标准大气压下，人类正常生存环境空气中的氧含量约为20.93%。由于海拔不同，大气中标准的氧气含量也会有所不同，当海拔每升高1000m，空气中含氧量下降约1.6%。以兰州市为例，兰州市平均海拔约为1550m，相对应空气中的标准氧含量约为18.5%。

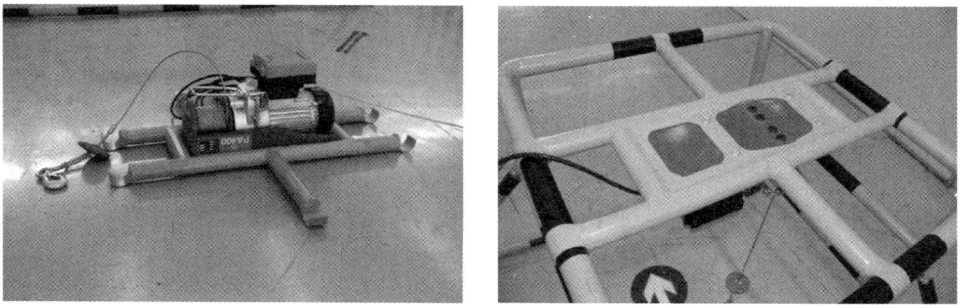

图33-2　电葫芦及安装支架

根据氧含量过低对人体机能造成的影响等相关资料显示，建议低报氧含量设置为15%为宜。若氧气含量低于15%，人体呼吸和脉搏跳动明显加速，身体协调能力、感知能力以及判断能力都会大幅降低；若氧含量低于12%，人体会出现呼吸困难，判断力微弱，嘴唇发紫等症状，造成严重的安全隐患。所以，15%氧含量可视为在不影响人体判断力、行动力的前提下，能够承受的最低氧含量的阈值。

此款气体检测装置如图33-3所示，具有标定当前大气压下氧含量的功能，以当前大气压下氧含量为标准，合理设置低报、高报氧气含量标准。施工人员在不同海拔高度进行深基坑作业时，设备对当地的氧含量进行科学的检测，合理的报警，避免频繁误报对现场施工产生影响。气体检测装置防水防爆，达到煤矿业的防护等级，符合国家、行业相关标准规范（GB12358-2006、GB16808-2008），气体检测灵敏度高，可检测有毒气体、可燃气体、氧气含量，测得的气体浓度可在基坑内以及地面工作站LED显示屏中显示。

声光报警系统的报警音量大于或等于100分贝，当检测到氧气含量低于低报值或高于高报值后自动声光报警，同时自动送风，氧气含量恢复正常后报警结束，报警灯底部设计为吸附式，可从仪表箱取出放在明显位置，起到警示的作用。

设备选用离心式中压风机，外形尺寸小，安装方便，工作稳定可靠，风压1350Pa，送风量可达158.3L/s；选用内径75mm，密封性良好的可伸缩软管，最深送风深度可达25m，适用于不同基坑深度的作业现场。

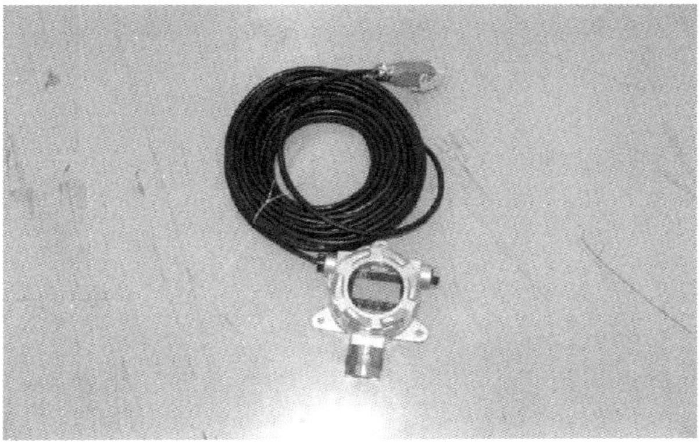

图33-3　气体探测器

现场深基坑开挖施工作业时，施工人员标定当前环境下氧气含量，合理设定低报、高报氧含量后，将气体检测仪缓慢降至基坑底部。控制器单片机通过气体探测仪上传的数据进行处理，形成数据显示，最终输出控制。施工过程中若某一时刻氧气含量低于或高于设定值，则声光报警，同时风机自动启动送风，直至氧气含量正常，报警停止，为了保障安全，需手动关闭风机。

（4）控制仪表箱如图33-4所示，具有优质的人机交互界面，功能丰富，操作简洁。面板下方分别为总电源、风机电源、卷扬机电源、探测仪电源接口，均采用五芯接插件连接，拆装方便，安全可靠，还配备了照明电源插口以及手动风机开关。上方区域可显示基坑内氧含量数值，四个指示灯中正常指示灯表示设备正常工作，与气体检测仪相连；故障指示灯表示通道数据错误，提示检查线路；高报、低报指示灯表示气体浓度超出报警设置点。仪表箱中的报警灯为可吸附式，施工人员作业过程中可取出吸附在仪表箱顶部。

图33-4　控制仪表箱

（5）柴油发电机选型主要因素包括外观尺寸、功率等。如图33-5所示，该柴油发电机可提供最大持续功率3KW，最大间断功率3.5KW，尺寸适中，搬运方便，满足施工使用需求。

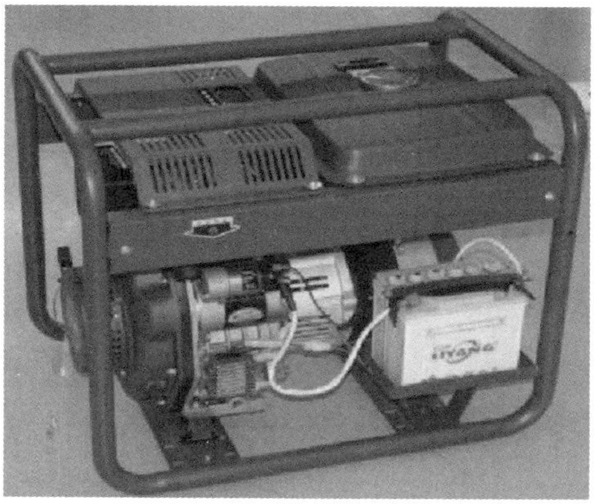

图33-5　柴油发电机

（6）整机功能设计。

基础深基坑作业装置的设计，首先要求提高安全可靠性，保障施工人员的生命安全和设备的平稳运行。一体化深基坑作业智能机能够代替施工人员对基坑中气体含量进行实时检测，当氧气含量超过规定值范围时，触发声光报警，同时该设备能够自动向基坑内送风，施工人员还可利用该设备快速离开基坑，防患于未然。其次，在保证安装、操作简便，提高施工效率的前提下功能多样化、集成化，最后结合整机功能达到控制智能化，尽可能地减少由于人为疏忽或误操作导致的事故发生。

从施工现场的切实需求出发，综合考虑安全性、功能性、便捷性、智能化等多方面需求，公司自主设计研发的一体化深基坑作业智能机集成了运输轻便、安装快捷、快速稳定提料、实时气体检测、智能送风、自动声光报警、应急救援装置、差速器挂点、软梯挂点、照明电源、安全围挡等多个实用功能，为基础深基坑作业安全施工保驾护航。

四、市场分析

（一）市场需求预测

目前市场上针对电力行业基础深基坑作业的设备，相对功能单一、安全可靠性不高、智能化程度较低，现有的设备在产品完成度、规范化等诸多方面都有待提高，加之国内尚无此类多功能集成的深基坑作业装置，而施工现场对于此类多功能设备是有切实的需求，所以，一体化深基坑作业智能机在相关深基坑作业现场的需求相当大。

（二）竞争优势

（1）在功能性方面，一体化深基坑作业智能机集成了运输轻便、安装快捷、电动提料、实时气体检测、自动声光报警、智能送风、应急救援装置、差速器挂点、软梯挂点、照明电源、安全围挡等多个实用功能。

（2）在通用性方面，一体化深基坑作业智能机适用于不同基坑深度、不同坑口大小、不同作业平面的基坑。

（3）在性价比方面，一体化深基坑作业智能机对控制器、气体探测仪、电动卷扬机、基坑井口支架等关键部件优化选型，确保在严格把控质量的前提下降低成本。

（三）发展趋势及应对策略

在后续的优化设计过程中，公司计划通过优化选型，将气体检测仪升级为“四合一”气体检测仪，可同时检测氧气、一氧化碳、硫化氢和可燃气体，同时提升检测灵敏度以及稳定性等各项指标，并且可实现检测信号远程无线传输，摆脱了线缆的束缚。总之，装备的设计从施工现场的切实需求出发，提供相关的技术支持与服务，综合考虑安全性、功能性、便捷性、智能化等多方面因素，紧随施工现场的脚步，不断优化设计，不断推陈出新，为安全施工保驾护航。

五、预期目标和成果形式

样机试验成功后批量生产，广泛推广应用于相关施工作业现场。

34. 一种艾灸装置

专利名称：一种艾灸装置
专利号：CN201921430137.5
所属行业：医疗器械
推荐单位：安徽省总工会劳动和经济工作部

·发明人——孙灿光·

孙灿光，1984年生，从小生长在一个普通的农村家庭，久而久之也造就了他勤劳、能吃苦的性格。2004年毕业于北京科技经营管理大学，刚刚参加工作的他从公司基层做起，通过自己的努力做到公司高层领导。他于2009年自主创业，后成立浙江飞马和上海载美等公司。他虽然常年在外打拼，但始终没有忘记自己的家乡，2016年在家乡政府领导的倡导和国家乡村振兴政策的感召下，同年返乡二次创业，创办了亳州市艾可舒医疗科技有限公司。

·艾可舒医疗科技有限公司·

艾可舒医疗科技有限公司成立于2016年12月，是一家集艾草种植，艾制品、艾灸器具、医疗器械研产销于一体，艾健康终端体验等艾草全产业链的高新技术企业，是“国家973科研计划”创新成果“明火微烟温灸器”指定生产单位，目前已获得60多项国家专利技术。

公司在自身发展的同时，积极响应国家“精准扶贫”战略，在利辛县5个乡镇设立半成品加工点。2019年刘寨社区加工点、齐寨社区加工点被省人社厅认定为省级就业扶贫车间；2020年4月产品被认定为“全国消费扶贫产品”；2021年获得《“千企帮千村”先进民营企业》《全国光彩行重点项目》等荣誉和称号。

公司始终高度重视新产品的研发，先后与安工程化学与环境工程学院、艺术学院，合工大智能制造院、建筑与艺术学院，安中医针灸学院、经络研究所等多所高校开展产学研合作。2021年与安中医共同研发的“熏灸治疗复杂性皮肤及软组织感染的创新性应用”获得安徽省科学技术奖二等奖，与合工大智能研究院共同研发的“智能背灸仪”获得省工业设计大赛优秀奖。

一、新颖性和创造性

一种可调温的便携式滤烟艾灸（CN201721381915.7）、一种艾灸装置（CN201921293950.2）可以使人们足不出户，就可以获得较高质量的艾灸治疗或保健。但是，现有的简易艾灸装置都是一次性使用的，浪费大量艾灸筒等资源，增加了用户的成本。

本专利是一种艾灸装置，包括圆筒状外筒体、顶部封闭的内筒体和具有底部扩口的底座。特征在于内筒体与底座活动套接，内筒体内部连接有艾绒固定器，内筒体侧面设置有内筒体透气孔；圆筒状外筒体上设置有外筒体透气孔，外筒体透气孔上设置有过滤装置。该艾灸装置设置活动套接的外筒体，并在外筒体上设置过滤装置，从而使过滤装置可以随外筒体一起更换。内筒体与底座活动套接，便于更换艾绒。底座具有底部扩口，从而使底座可以直接扩大受灸面积，提升了艾灸体验。

综上所述，本专利相对现有技术满足专利法第二十二条第二款和第三款的规定，具有新颖性和创造性。

二、实用性

艾灸作为针灸操作技术的两大主流方法之一，临床应用历史悠久，对某些病症的治疗效果甚至超过针灸或者服药，是一种简易有效的中医外治方法。艾灸器作为艾灸疗法的辅助器具，使艾灸疗法的操作更为简便，不受时间、地点的限制。

应用该专利技术，公司研发出了新型净烟艾灸器，项目组对艾灸中使用的自燃材料以及艾灸器的内部结构、过滤装置和艾具等各方面的影响开展了大量的研究工作，开发出了净烟环保、安全性能高的新型净烟艾灸器。本新型净烟艾灸器可极大减少烟雾和气味对人体的伤害和室内环境的污染，提高了灸法的有效性和安全性，使用的便捷性与舒适性。

同时，本专利研制的艾灸装置已在2019年9月实现产业化生产，本项目年销售收入约为830万元，利润约为105万元。

三、技术优势

（一）提高效率

2020年，公司投资固定资产313.6万元对原车间进行改造，拟建成年产2000万套新型净烟艾灸器生产车间。项目引进半自动组装流水线3条，购买打孔机、制管机、半自动内管切管机、内管卷边机、XCLP3精密四柱液压裁断机工作台连接体、塑封机、全自动贴标机等主要设备。该项目提高了国内艾灸制品的生产研发能力，增强了产品质量和生产效率，提高了企业的影响力。

（二）降低成本

艾绒固定器包括横向连接部件以及与横向连接部件连接的艾绒固定部件，横向连接部件在侧面与内筒体形成固定连接。艾绒固定部件包括以下的一种或者多种：含有螺纹的金属部件，多个能够对艾绒形成夹持力的金属弹片。虽然内筒体侧面可能设置有多个条形孔，但仍然可以通过侧面进行固定，例如通过热固性黏合剂进行黏结固定。含有螺纹的金属部件为螺丝钉，是最容易低价获取的含有螺纹的金属部件，用螺丝钉作为艾绒固定部件具有非常大的成本优势。

（三）改善性能

艾灸装置的圆筒状外筒体由软质材料制成，从而能够与内筒体具有较好的贴合性，较好地发挥外筒体的功能。通过旋转外筒体，可以调整外筒体透气孔与内筒体透气孔之间的叠合关系，从而调整进气和出气的大小，调节艾绒的燃烧速度。

（四）提升品质

艾灸装置的环形底垫由环保的软质材料，如聚氨酯、硅胶或其组合制成。软质材料的使用使得艾灸装置中接触身体的部分具有较软的触感，可以提高艾灸的舒适度。由聚氨酯制成的弹性体或泡沫体作为环形底垫，具有提高艾灸舒适性的作用。艾灸装置的底座下部设有环形底垫，环形底垫与底座通过热固性黏结剂固定连接，环形底垫可以克服底座的刚性，能够提高艾灸体验感。艾灸装置的环形底垫下面设置有双面胶带，可以将艾灸装置与受灸部位进行连结。双面胶带可以进行更换，因此使得艾灸装置可以重复使用。

四、技术通用性

本专利技术产品的实际使用效果完全等同于艾条温和灸。该艾灸装置更换方便，重量轻，灸温可控，填补了国内相关产品的空白。目前，省内关于新型内部结构艾灸装置的研究还未见报道，因此，本项目在省内处于领先水平。

本专利涉及医疗器械领域，通过艾灸器产生的热力渗透肌肤，可以温通经络，行气活血，祛湿逐寒，消肿散结，温经止痛，平衡阴阳，促进血液循环，调整脏腑功能，促进机体新陈代谢，增强抵抗力，起到防病健身的作用。

五、技术原创性及重要性

本专利属于改进型专利，有效解决了艾灸耗材在装置中不易、不可更换，如艾烟过滤部件不易更换、艾绒不易更换、用于连接人体的医用胶布不可更换等，以及艾灸底筒壁厚较厚，受灸面积受到内径的限制，受灸面积较小等技术问题。采用本专利的艾灸装置，通过设置活动套接的外筒体，并且在外筒体上设置过滤装置，从而使得过滤装置可以随外筒体一起更换。内筒体与底座活动套接，便于更换艾绒，底座具有底部扩口，从而使得底座直接具有扩大的受灸面积，提升了艾灸体验感。采用软质材料制成的环形底座使得艾灸装置接触身体的部分具有较软的触感，提高了艾灸的舒适度。综上所述，该专利属于改进型专利。

六、政策适应性

本项目属于《产业结构调整指导目录（2019年本）》中第一类 鼓励类“十三、医药4、中药创新药物的研发与生产”所鼓励范畴，符合国家产业政策和投资方向。该项目符合《安徽省“十四五”规划纲要》《亳州市支持新兴工业强市建设的若干政策》《利辛县人民政府关于加快推进工业强县建设的若干意见》中关于加快培育战略性新兴产业的目标。中医药现代化技术属于工业发展中的战略性新兴产业技术，属于安徽省及亳州市社会发展中亟须的关键技术。

本项目有利于企业充分发挥自身优势，采用较高技术含量的生产工艺提升产品档次，有利于促进企业技术进步和提高企业竞争力，确保企业的可持续发展，并为亳州市成为工业强市、实现工业经济发展大突破作出贡献。本项目在关键工艺和核心技术上是领先的、优越的、先进的，为公司以及产业链上下游企业带来良好的经济效益。

综上所述，本项目属于国家政策明确鼓励、支持的项目，且市场前景广阔。

35. 外置式主控柜

专利名称：外置式主控柜

专利号：ZL201620934544.X

所属行业：制造业

推荐单位：康力电梯股份有限公司

·发明人——张佶·

张佶，男，1988年1月生，中共党员，江苏省苏州市吴江区人，现就职于康力电梯股份有限公司技术中心扶梯项目技术部，任电气项目负责人。

张佶2010年大学本科电气工程及其自动化专业毕业，入职康力电梯，2016年取得工程师职称，2018年取得建造师资质。在工作中，他不断学习、钻研、总结经验和教训，从一名电扶梯行业的“门外汉”到专业技术能力和领导能力都较为成熟的部级管理人员，先后参与多个重大非标项目和数十条国内外地铁、高铁重载公交型自动扶梯的电气设计和投产验收工作，至今已成长为一名能够独立承接各类重载公交型自动扶梯或重大非标项目的电气技术工作者，并能够带领团队及上下游供应商共同实现相关系统或部件的研发和降本，在政治思想、职业道德、专业水平、团队建设等方面都取得了较大成就。

·康力电梯股份有限公司·

康力电梯股份有限公司（以下简称“康力电梯”）是一家领先中国国产电

梯发展的全球著名现代化专业电梯企业，是真正的中国民族品牌。公司总部位于江苏省苏州市吴江汾湖高新技术产业开发区，另在广东中山和四川成都设立整梯制造基地，总占地面积141万平方米，是中国目前规模最大的电梯制造商。

1997年创立以来，公司以振兴民族电梯事业为己任，始终以用户满意为最高标准，视产品质量为生命，追求卓越的产品、卓越的安装和维保，为客户提供一流服务，提供24小时全天候紧急故障和意外事故处理的保障，业务遍及全球一百多个国家和地区。

公司创造了中国电梯发展史上的多个第一：2010年公司在深交所成功上市，为中国电梯行业第一家上市公司；2011年行业民族品牌内资第一家被认定国家企业技术中心；2017—2021年连续5年跻身“全球十大电梯制造商TOP10”；2013—2021年连续9年入选“中国房地产开发企业500强首选电梯供应商TOP10”。在新华社、中国国际贸易促进委员会、中国品牌建设促进会等权威机构联合发布的“2021中国品牌价值评价榜”上，康力电梯以79.18亿元品牌价值连续5年稳居中国电梯品牌首位。公司先后获得全国建设机械与电梯行业质量金奖、苏州市市长质量奖、江苏省质量奖。

一、技术领域

本专利涉及的外置式主控柜属于电（扶）梯技术领域。

二、技术背景

一般电扶梯的控制柜摆放在桁架的上部机房内，包含电源箱、主控制箱、变频器箱、电阻箱等。受桁架深度和长度影响（实际与现场土建息息相关），箱体内与箱体间排布都须尽量紧凑，以此尽量缩减桁架深度和长度，降低成本。但随着特种设备国家标准的日益完善，对安全标准要求越来越高，势必会增加控制箱内电器件的数量和种类，这就导致其与空间紧凑矛盾，外置式控制箱则应运而生。

三、发明内容

本专利是为了解决电扶梯桁架机房内控制柜摆放空间不足的问题，提供一种设计精巧、功能齐全、美观大方、散热与防水效果好且有利于维修保养的外置式控制柜。

针对以上技术问题，本发明涉及的外置式主控柜包括电阻箱和主控制箱。电阻箱置于主控制箱正上方，之间设有用于架空电阻箱与主控制箱以实现隔热、散热目的的C型槽钢。主控制箱前方设有双开门，双开门上设有便携式检修窗，主控箱侧面设有散热通风口。

为了提高主控柜内部各电子元件工作的稳定性，便携式检修窗上分别设有急停按钮、主电源一键式切断按钮、速度转换开关、故障复位按钮和故障查询操作界面。为了便于安装时对主控柜进行吊装，所述C型槽钢上设有便于主控柜吊装的起吊孔。为了提高主控柜的防水性能，所述主控制箱底部设有防止雨水渗入主控柜的安装底座。为了能够根据现场工作环境来调整电阻箱的摆放位置，电阻箱和主控制箱采用可活动式连接。为了提高主控柜的散热效果，所述散热通风口处设置有用于排风散热的对流风扇。

与现有技术相比，本专利克服了电扶梯桁架机房内控制柜摆放空间不足的问题，可以根据现场情况来调整电阻箱的位置，功能齐全，散热良好，结构简单，安装方便。

四、具体实施方式

本专利涉及的外置式主控柜如图35-1所示。包括电阻箱和主控制箱，电阻箱置于主控制箱正上方，之间设有用于架空电阻箱与主控制箱以实现隔热散热目的的C型槽钢，主控制箱前方设有双开门，双开门上设有便携式检修窗，主控制箱侧面设有散热通风口。

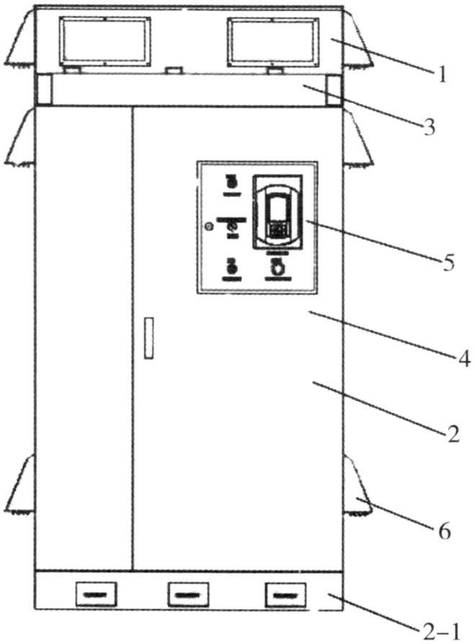

图35–1　外置式主控柜的主视结构

1–电阻箱；2–主控制箱；2–1–安装底座；3–C型槽钢；4–双开门；
5–便携式检修窗；6–散热通风口

如图35-2所示，为了提高主控柜内部各电子元件工作的稳定性，便携式检修窗上分别设有急停按钮，主电源一键式切断按钮，速度转换开关，故障复位按钮和故障查询操作界面。

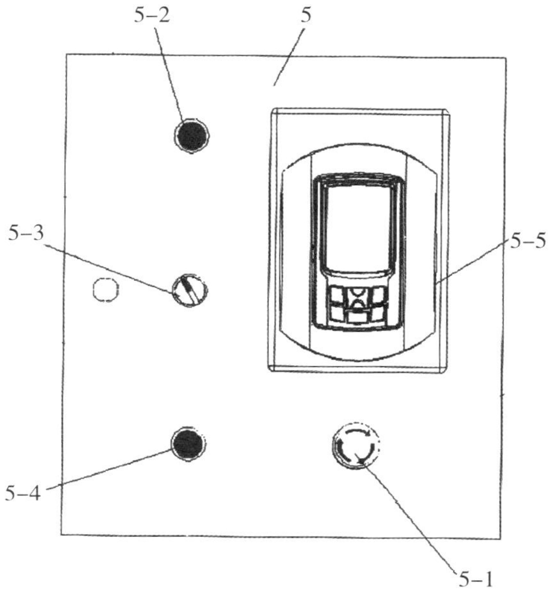

图35-2　便携式检修窗

5-便携式检修窗；5-1-急停按钮；5-2-主电源一键式切断按钮、5-3-速度转换开关；5-4-故障复位按钮；5-5-故障查询操作界面

如图35-3所示，为了便于安装时对主控柜进行吊装，C型槽钢上设有便于主控柜吊装的起吊孔。为了提高主控柜的防水性能，主控制箱底部设有防止雨水渗入主控柜的安装底座。且柜体整体满足IP55防护等级的设计要求。为了能够根据现场工作环境来调整电阻箱的摆放位置，电阻箱和主控制箱采用可活动式连接。为了提高主控柜的散热效果，所述散热通风口处设置有用于排风散热的对流风扇。

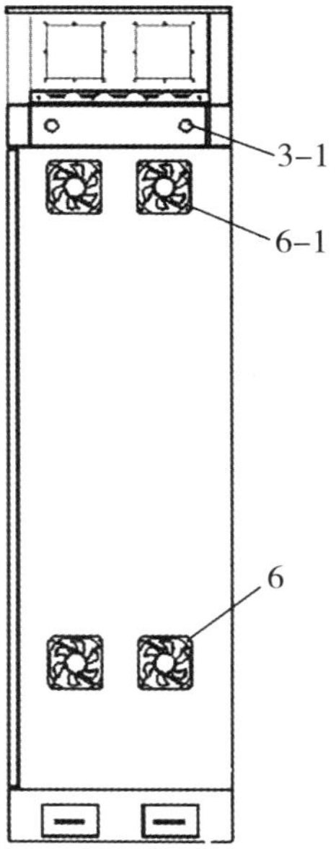

图35–3　外置式主控柜的侧视结构

3–1–起吊孔；6–散热通风口；6–1–对流风扇

五、整体结构示意

外置式主控柜整体结构如图35–4至图35–8所示。

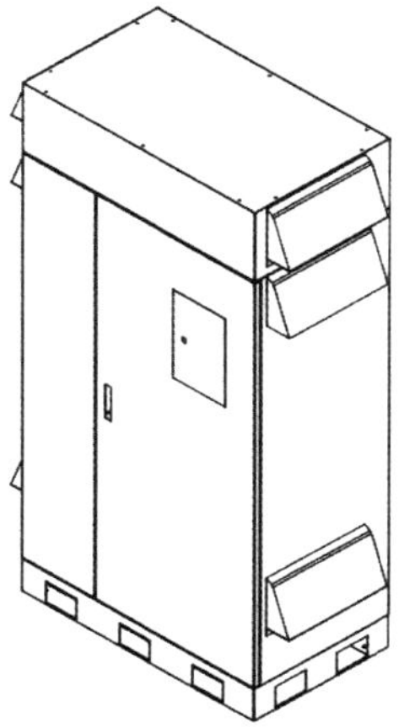

图35–4　外置式主控柜的三维视图

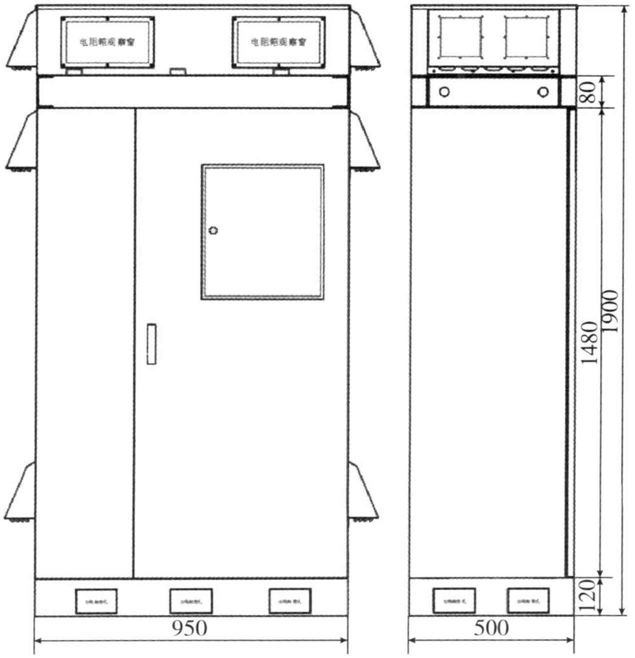

图 35-5　外置式主控柜外形

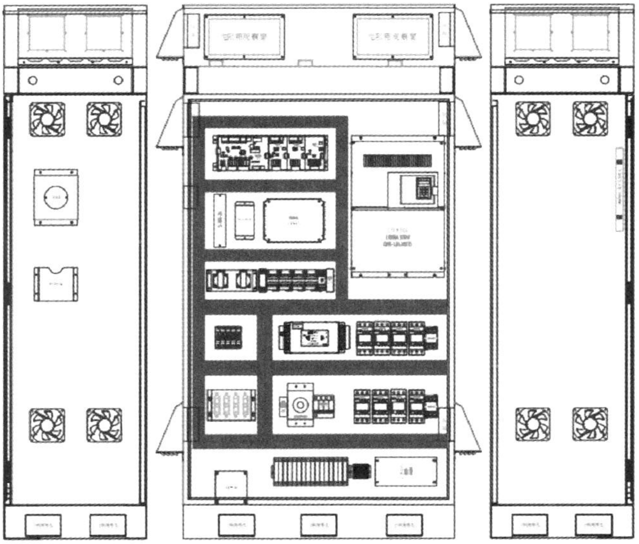

左内侧图　　正面图　　右内侧图

图 35-6　外置式主控柜内部器件布局

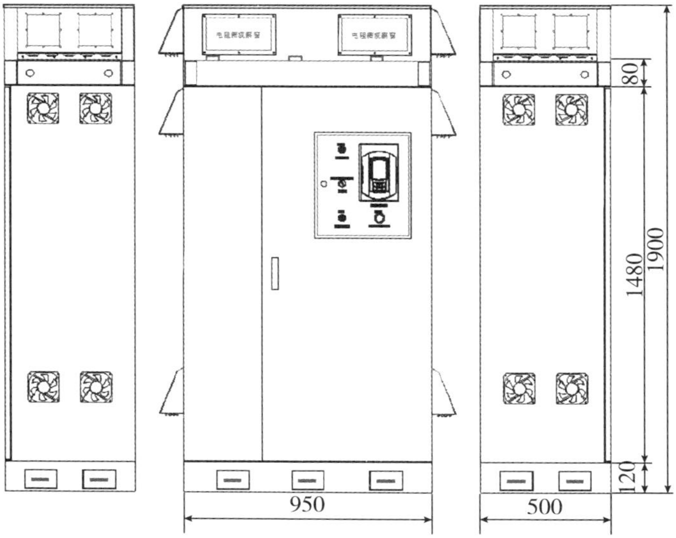

图 35–7　低功率段外置式主控柜

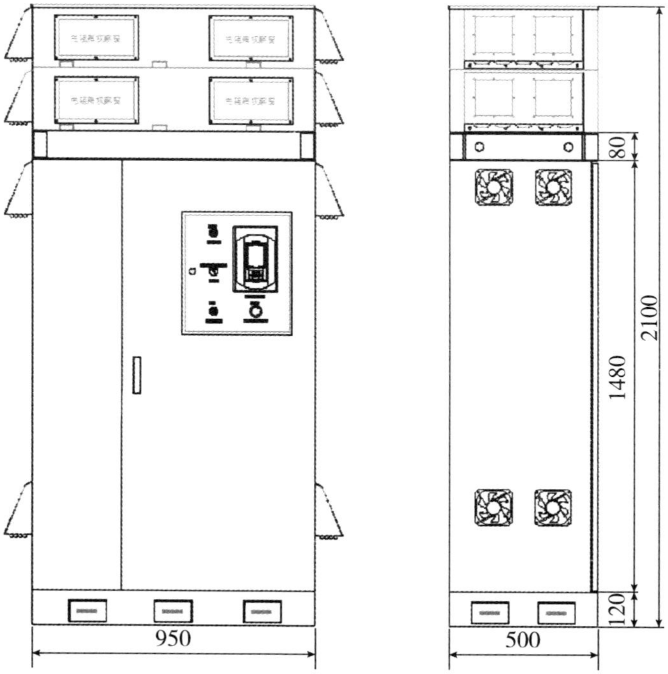

图 35–8　高功率段外置式主控柜

六、实物效果展示

外置式主控柜实物如图35-9、图35-10所示。

图35-9　外置式主控柜项目实例（外部）

图35-10　外置式主控柜项目实例（内部）

36. 一种基于数控机床的刀具补偿参数的校验方法和系统

专利名称：一种基于数控机床的刀具补偿参数的校验方法和系统
专利号：ZL201510632359.5
所属行业：制造业
推荐单位：上海市机电工会

·发明人——庄秋峰·

庄秋峰，长期从事大型火电、核电汽轮机和燃气轮机的数控加工以及电厂现场改造与抢修服务，业务精湛，技能突出，获得全国机械工业劳动模范、上海市五一劳动奖章、上海工匠等称号，享受国务院特殊津贴。庄秋峰工作室获评上海市劳模创新工作室。

庄秋峰钻研智能化数控程序开发和电厂维修设备研制，有效解决生产难题。他带队开展了智能化数控加工系统的开发及应用，NCR降低80%，成果获得全国职工优秀技术创新成果奖和上海市科技进步奖三等奖。他带队完成50余项电厂改造及抢修服务，研制现场维修设备30余套，带教并建立了一支数控加工和电厂维修服务的高技能人才队伍，目前拥有3项软件著作权授权，6项发明专利、2项实用新型专利授权。

·上海汽轮机厂·

上海汽轮机厂是一家拥有六十多年电站汽轮机研发制造经验的制造企业，

主要产品为6MW～1000MW火电汽轮机、给水泵汽轮机、核电汽轮机及燃气轮机联合循环机组。超临界汽轮机，600MW、1000MW超超临界及二次再热汽轮机和V94.3A燃气轮机等主导产品均为行业及国家优质产品。

从成功制造出中国第一台6MW汽轮机起，公司始终坚守“一丝不苟，精益求精”的信念，担当装备制造业的脊梁。公司始终自强不息、与时俱进，不仅创造了国内汽轮机18项第一的辉煌成绩，同时在全球化大格局中倾力打造属于中华民族的全球品牌。

今天的上海汽轮机厂正从引进技术向自主研发发展，从国内外产品经营向国内外产业运作发展，从设计制造型企业向生产服务型企业发展，持续打造引领当代制造业的世界级企业。

高端能源装备制造历来是体现国家竞争力的核心技术，《中国制造2025》战略、打响“上海制造”品牌部署更是将先进制造业技术水平提升列为重点。随着当前私人定制策略的推进，汽轮机产品迭代更新快速。据不完全统计，上海每年因人为因素造成的加工事故约12起，导致成本损失约600万元，传统数控加工方法已完全不能适应当前的生产模式，存在严重的交货脱期、制造成本不可控、产品质量下降等风险，影响“上海制造”的美誉度和品质影响力。

数控加工过程中，特别是在数控立车和大车加工中，为了方便数控编程，引入了刀具补偿参数的概念。但是在数控加工过程中，刀具补偿参数必须与实际刀具的使用情况相互匹配，否则会造成严重的加工事故。因此，在进行实际数控加工时，需要对刀具补偿参数进行校验，进一步保证刀具补偿参数能够匹配实际刀具的使用情况。目前，对于刀具补偿参数的校验分为人工校验和自动校验两种方式。人工校验是指通过人工手动输入刀具补偿参数，容易因人员疏忽，造成输错刀沿位置或输错参数值发生错误的情况。自动校验是指利用对机床自带功能实现刀具补偿参数的校验，对数控机床要求较高，并且仍然需要人工检查因装夹错误或刀具磨损产生的问题。因此，我们发明了一种基于数控程序实现刀具补偿参数校验的方法，以防止由于刀具补偿值不正确导致的各类加工事故。

国内外在数控机床刀具的校验方法以及校正装置的应用等方面已有一定的公开资料，其中有较多文献涉及动态补偿的数控加工技术以及对采用动态补偿程序编制方法的研究等。与此对照，本专利提出的创新点在于：内置多种运算校验模块，能对刀沿位置、刀具种类、安装方向等信息进行校验，减少因刀尖磨损、装夹松动、手动输错等易造成对刀参数出错的问题。内嵌标准刀具数据包，可自动提取并载入当前在用刀具信息进行比对，简单易用，能提高技术准备效率。现有的国内外技术仅能利用机床自动采集刀具参数信息，缺少参数的校验。

本专利的目的在于提供一种基于数控机床刀具补偿参数的校验方法和系统，用于解决现有技术中由于刀具补偿参数不正确而导致的各类加工事故的问题。针对因刀尖磨损、装夹松动、手动输错等易造成刀具参数出错，开发一种基于数控机床的刀具补偿参数的校验方法和系统，内置运算模块包括选择模块、采集模块、判断模块、校验模块、刀具判断模块、报警模块，能对刀沿位置、刀具种类、安装方向等信息进行校验判断。同时内嵌标准刀具数据包，可自动提取并载入当前在用刀具信息进行比对，实现数据偏差自动修正，避免由于人为因素造成刀具数据错误的情形，有效规避发生加工事故的风险。

本专利用于刀具补偿参数的校验。系统由刀沿位置判断模块、刀具种类判断模块、刀具安装方向判断模块和刀具补偿参数校验模块组成。通过刀沿位置判断模块、刀具种类判断模块、刀具安装方向判断模块检查刀沿位置来判断其合理性、刀具类型和切削方向，然后利用刀具补偿参数校验模块判断输入机床的刀具补偿参数是否正确，如正确则继续加工，不正确则触发报警。

本专利提供一种基于数控机床的刀具补偿参数的校验方法和系统，包括：选取刀具的第一、第二切削刃；采集所述第一、第二切削刃的位置信息；根据第一、第二切削刃的位置信息，确定刀具类型和切削位置；根据刀具类型和切削位置，依据第一切、第二切削刃的X向参数差以及Z向参数差来校验数控机床的刀具补偿参数，当校验到刀具补偿参数不正确时予以报警。

本专利可以防止由于各类刀具补偿参数问题导致发生的加工事故，检查对刀具补偿参数正确性有影响的因素，如参数本身数值正确性、刀沿位置正确性、刀片磨损情况等，杜绝由于人为因素而引起的刀具补偿参数出错的可能。在数控机床加工程序中嵌套模块能够及时发现参数错误或者刀具错误并报警，在一定程度上提高了加工的安全性和灵活性。具体执行过程包括以下4个步骤，如图36-1所示。

（1）使用本刀具补偿参数校验模块前，首先要定义刀具的第一、第二切削刃。

（2）判断刀具是否合理，即确定了刀具的第一切削刃后，判断选择的第二切削刃位置是否合理。如首选刀沿为“1”，则第二刀沿位置不可能为“1”或“3”，如为“1”或“3”则程序报警。

（3）判断刀具的切削刃方向，即根据第一、第二切削刃位置，判断刀具是直槽割刀（或双头偏刀）还是弯槽割刀，加工的是内圆位置还是外圆位置。

（4）根据判断出的刀具切削刃方向，检查输入机床的刀具补偿参数是否正确。

判断参数值是否正确、是否输入在正确的刀沿位置上、正负号是否正确或刀排装夹是否合理。如刀具为加工内圆直槽的直槽割刀，则只有第一、第二切削刃X向参数差四舍五入后为零、Z向参数差四舍五入后为正时，才能继续运行模块，否则程序模块报警。

判断刀片的磨损和刀排的可靠性。本校验模块可设置合理的安全系数，如由于刀片磨损造成X或Z向参数差超过安全系数范围，则报警。或由于刀排安装不正确导致参数差超过安全系数范围，亦会报警。

如直槽割刀，可设置安全系数为0.1，则刀片磨损造成Z向参数差>0.1时，表示刀具磨损严重，则报警。若X向参数差>0.1时，即刀具偏差，说明刀杆装夹有问题或刀排安装不正确。

本专利目前已成熟应用于几乎所有汽轮机厂数控机床，包括立式车床、大型卧式车床、镗铣床等，相继完成各类超超临界、二次再热、新型350MW等汽轮机组以及燃气轮机组的数控加工。自应用以来，极大提高机床编程效率，有效避免加工事故，提升加工效率，缩短生产周期，应用得到广泛推广。

自实施以来，该项目应用于汽轮机生产制造，间接经济效益体现在提高加工效率、缩短加工周期、减少刀具损耗等方面。以此为依据估算，根据工厂刀具价格平均1万元/把，机床运行成本1200元/小时，人工成本80元/小时，人为因素NCR（不符合项报告）降低为零，每年可以减少刀具损耗约300把，提升加工效率约15%，缩短加工周期20%，降低制造成本约600万元，挽回事故风险经济损失数千万元。此外，企业通过本专利攻克百万超超临界汽轮机制造瓶颈，扩大了能源市场占有率。本专利的深入应用，可以显著提高工厂的加工自动化水平，提升先进制造能级。

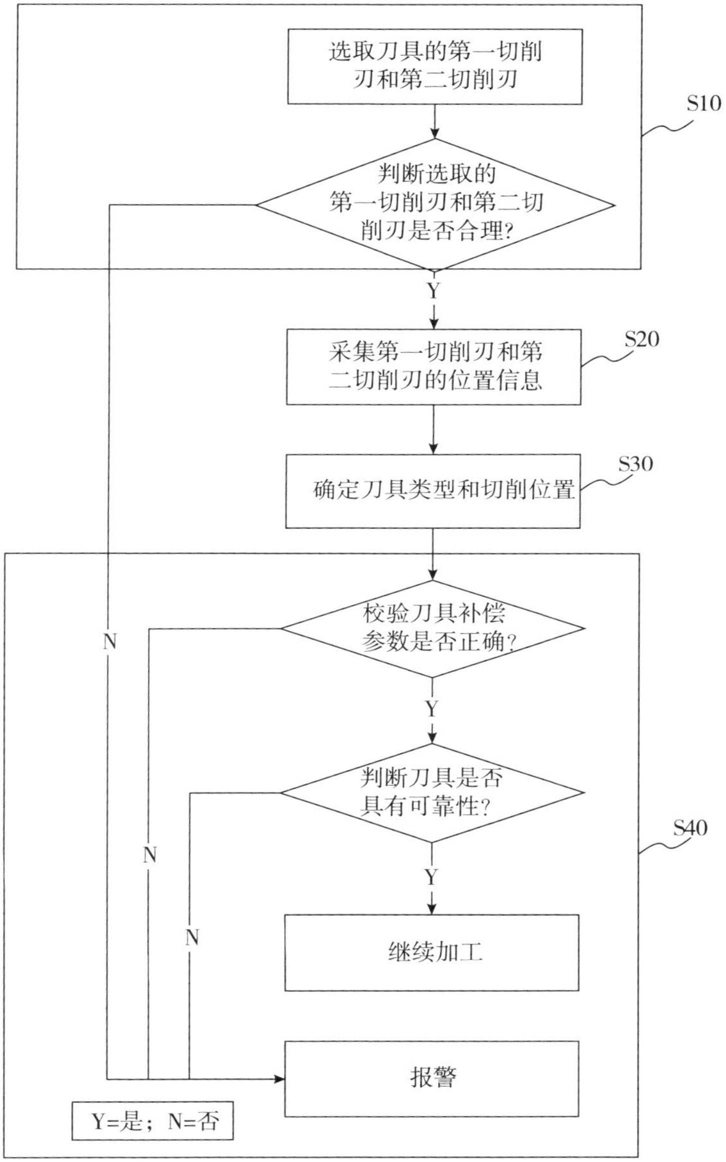

图36–1　刀具补偿参数的校验流程

本专利已规模化应用于宿迁、东营、莱州二期、分宜、长滩、朱家坪、镇海、盛鲁、裕光、印尼青山、韩城、赤峰、山钢日照、大武口等超超临界、二次再热、新型350MW等汽轮机组，并已经推广应用到所有大型火电、核电汽轮机和燃气轮机的机型中，具有广阔的应用前景和可观的经济效益。

通过应用该技术，企业实现了国际先进的高效环保汽轮机完全自主制造知识产权以及重型燃气轮机的国产化制造，尤其超超临界二次再热机组成为绿色能源标杆，减轻环境污染，符合环保发展战略。创新开发智能数控加工技术，为实现制造业“工业4.0”奠定了技术基础，有助于推动制造业向高端化、智能化方向发展，打造“上海制造”品牌美誉度和品质影响力，自主掌握国际先进制造技术，推动提升高端装备制造技术，提升我国在数控机床加工领域的国际话语权。

37. 一种消泡组合物

专利名称：一种消泡组合物
专利号：ZL201210219139.6
所属行业：精细化工材料制造
推荐单位：南京市职工技术协会

·发明人——黄伟·

黄伟作为企业技术中心的研发经理，带领科研团队通过自主研发，科研技术攻关，打破消泡剂产品国外技术垄断的局面，实现消泡剂产品的国产化。他经过多年创新工作，2011年和2012年被下关区政府评为“知识产权先进工作者”；2018年被鼓楼区科学技术协会评为“2013—2018年度鼓楼区科协系统先进个人”；2017年度获得公司“优秀管理奖”，同时被聘任为国家标准化委员会委员和CSTM中国材料与试验团体标准委员会委员；2020年被江苏省知识产权局评为“江苏省知识产权骨干人才”和南京市“中青年优秀人才”，获得“南京市技术能手”“南京市五一劳动奖章”等荣誉和称号。“一种消泡组合物”获得“2020年南京市职工十大发明”。

·江苏四新科技应用研究所股份有限公司·

江苏四新科技应用研究所股份有限公司成立于1992年，是一家专注于绿色环保消泡新材料的研发、生产和销售的国家高新技术企业，拥有北美四新、

深圳四新、扬州四新、滁州四新四家全资子公司。2020年主导产品国内市场占有率达到40%。

公司拥有省级企业技术中心和省级消泡剂工程技术中心，经过多年自主创新形成11个系列，上百种产品，远销海外19个国家和地区。截至2021年底，公司拥有国内有效专利103个，有效PCT发明专利7个，注册有效商标19个，其中著名商标1项；主导制定了1项国家标准、6项行业标准、2项团体标准。因公司知识产权工作推进优秀，获评国家知识产权示范企业，获得1项省级专利优秀奖和4项中国专利优秀奖。

一、项目背景

本专利项目技术涉及有机硅消泡剂的关键活性物质消泡组合物材料的制备。我国消泡剂行业有机硅活性物材料的制备受制备工艺、改性材料等技术瓶颈限制，长期被道康宁、瓦克等国际巨头公司垄断，制约我国消泡剂行业的发展。

本专利公开了一种消泡组合物及其制备方法和应用，通过一种基于含氢聚有机硅氧烷和 α－烯烃、乙烯基聚有机硅氧烷反应，得到具有特殊结构的烷基改性聚有机硅氧烷，并加入氨基聚有机硅氧烷以及二氧化硅、有机硅树脂混合处理，得到最终的活性物质——消泡组合物。该活性物质制备的有机硅消泡剂在阴离子和非离子体系中具有优良的消抑泡性能，并具有良好的流平性和相容性，具有缓释效果和泡沫抑制效果，目前重点用于日化洗衣粉行业，保证了洗涤前期泡沫丰富、清洗干净和洗涤后期漂洗方便，达到节水效果。

本项目技术经院士鉴定，技术水平国内领先，产品性能指标达到国际先进水平。最终形成的产品获得“江苏省高新技术产品”称号，围绕该产品形成了行业标准《有机硅洗衣粉消泡剂》（HG/T 5088–2016）。

本专利产品在中国、俄罗斯、泰国、土耳其等国家均形成可观销售，2017—2020年，转化产品产量 30278.58吨，新增销售额 25272.16万元，新增利润 11217.06万元，新增出口额 21226.97万元。

二、项目简介

（一）项目技术介绍

在微电子加工、石油加工、日化、食品发酵、水处理等行业的工业生产过程中，均使用大量表面活性剂，容易产生气泡，添加消泡剂可以快速消泡，降低不良产品率。其中有机硅消泡剂是应用最为广泛的消泡剂种类，属于工业重要战略性助剂。有机硅消泡剂的关键活性物质消泡组合物材料的制备是《“十四五”国家战略性新兴产业发展规划》的重点任务。由于受制备工艺、改性材料等技术瓶颈限制，长期被道康宁、瓦克等国际巨头公司垄断，严重影响我国的产业发展和战略安全。

消泡组合物作为有机硅消泡剂的关键核心，消抑泡性能直接影响最终产品的性能。本专利公开了一种消泡组合物及其制备方法和应用，该消泡组合物最终应用形成的固体消泡剂兼顾了消泡剂的消抑泡性和相容性，目前重点应用于日化行业。

目前常见的有机硅活性物的制备方法为引入不同种类的聚硅氧烷，通过反应提高组合物的交联程度，最终提高其性能，但是最终会导致组合物的黏度过大，难以乳化。本专利技术通过一种基于含氢聚有机硅氧烷和α-烯烃、乙烯基聚有机硅氧烷反应，得到具有特殊结构的烷基改性聚有机硅氧烷，并加入氨基聚有机硅氧烷以及二氧化硅、有机硅树脂混合处理，得到的消泡组合物由于氨基聚有机硅氧烷的存在，易于乳化，用烷基对聚有机硅氧烷改性，提高了消泡组合物与有机材料的结合性，使合成有机硅消泡剂在阴离子和非离子体系中具有优良的消抑泡性能，并具有良好的流平性和相容性，具有缓释效果和泡沫控制效果。在洗衣用品中添加，保证了洗涤前期泡沫丰富、清洗干净和洗涤后期漂洗方便，达到节水的效果。由于在其中加入了氨基聚有机硅氧烷，能改善织物柔软性，提高了消泡剂与织物的亲和力。

（二）项目技术产生的社会效益

（1）项目实施促进行业科技进步，符合行业发展最新需求，市场前景广阔。洗衣粉是全球最大量生产的洗涤用品之一，当今人们对洗衣粉的需求除去污之外，同时要求前期可以保持泡沫高效洗涤，后期漂洗时可以快速消除泡沫，达到降低用水量的目的。为了达到这个标准，公司创新开发出一种全新的消泡组合物的制备方法，利用烯烃、含氢聚有机硅氧烷、乙烯基聚有机硅氧烷反应制备烷基改性聚有机硅氧烷，提高了消泡组合物与有机材料的结合性，后期加入氨基聚有机硅氧烷，提高组合物易于乳化的性能，最终加入有机硅树脂和二氧化硅混合反应，提高组合物的交联结构，利用该消泡组合物合成的液体消泡剂在阴离子和非离子体系中具有优良的消抑泡性能，并具有良好的流平性、相容性，解决了以往消泡组合物黏度过大或是消抑泡性能差的问题。最终形成的固体消泡剂具有缓释效果和泡沫控制效果，消泡剂应用到洗衣粉中后，满足人们对洗衣粉的最新要求——既能高效洗涤，又能降低用水量，不断满足并引领消费者的消费习惯，市场前景巨大。

（2）项目技术具有提高效率、节能环保的重要意义。原先公司制备日化固体消泡剂时采用的是黏度高达100万CS的消泡组合物，混合时间为10min，混合转速为1000rpm，从投料到最终产品出料耗时在50min左右。而现在利用本专利的消泡组合物，混合时间为6min，混合转速为800rpm，整个时间缩短为30min左右，节省了40%的时间。同时消泡剂的生产能耗降低，有利于节能环保，保护生态环境。

（3）项目技术降低成本，达到了安全高效生产的目的。本专利利用含氢聚有机硅氧烷和乙烯基聚有机硅氧烷、烯烃发生加成反应后再加入有机硅树脂、二氧化硅经加工处理得到交联网质结构的聚合物，消抑泡性能得到明显提高。通过实际生产测试，对于日化固体消泡剂而言，使用原先技术活性物含量在12%时与使用新技术活性物含量在8%时的性能是一致的。如果按照全年8000吨产量计算，则活性物的使用量从960吨下降到640吨，可以节省320吨活性物，活性物的物料成本在2万元/吨，按此计算成本可节省640万元。本项目实施后可以大幅降低生产成本，提高设备和能耗利用率，达到安全高效生产的目的。

（4）本项目技术行业内领先，提高了公司产品竞争力，带动了本行业及地区经济高效发展。利用本技术得到的消泡组合物来制备固体消泡剂，消泡剂的抑泡性能得到明显提高。同时在洗涤后期抑泡性能不会产生衰减，相容性好，不会产生硅斑，洗涤后对衣物外观不会产生任何不良影响。通过在40℃、70%湿度环境下（40℃、70%湿度的环境下储存一个月相当于在室温条件下储存一年）进行长时间试验，3个月内没有发生明显的衰减现象。同时由于抑泡性能的提高，为客户降低了消费成本。本项目产品价格远低于国外知名品牌产品，性能与预期相当，性价比更高。因此，该项目的实施能够让企业在提高产品质量的同时降低该项材料成本40%，提高了经济效益和产品的竞争力。

（三）项目技术运用情况

利用本项目技术的消泡组合物制备的有机硅固体消泡剂目前主要用于日化行业。洗衣粉作为传统的洗涤产品，是全球最大量生产的洗涤用品之一，消泡剂作为内添加消泡助剂，不可或缺。

全球目前主要生产日化用消泡剂的国外知名公司有美国陶氏和迈图、德国瓦克。江苏四新科技应用研究所股份有限公司作为国内生产日化用消泡剂的龙头企业，产品性能可以与国外竞争对手的产品相抗衡。

同时，本项目技术制备的消泡组合物兼顾消抑泡性、抗衰减性和相容性。利用此活性物，后续可以制备不同系列的固体有机硅消泡剂，还可以广泛地应用于啤酒瓶清洗，各类换热设备、锅炉、换热管道的清洗，钢板清洗，机械清洗，石油加工，农药化学品等应用领域。

（四）项目获得荣誉

（1）本专利涉及的改性硅乳化剂材料的制备技术，通过院士团队科技成果鉴定，被评定为技术水平国内领先、产品性能指标国际先进，评定单位为中国高科技产业化研究会，评定成果名称为《生物基载体超支化改性硅系消泡剂功能调控技术及应用》。

（2）以本专利有机硅组合物为核心活性物质，后期制备的固消日化消泡剂实验数据为基础，江苏四新科技应用研究所股份有限公司主导制定行业标准《有机硅洗衣粉消泡剂》（HG/T 5088-2016），本标准已经于 2017年 4月 1日正式实施。

（3）利用本专利有机硅组合物为核心活性物质，后期制备的固消日化消泡剂获得 2016 年“江苏省高新技术产品”称号，颁奖单位为江苏省科学技术厅。

38. 一种下承斜拉式桁架梁桥爆破方法

专利名称：一种下承斜拉式桁架梁桥爆破方法

专利号：ZL201710523857.5

所属行业：建筑业

推荐单位：中建七局交通建设有限公司

·发明人——于亚臣、毋存粮、崔浩、叶雨山、张承实、郭永富·

于亚臣：中建七局交通公司总经理，高级工程师。

毋存粮：中建七局交通公司总工程师，教授级高级工程师。

崔浩：中建七局交通公司技术质量部副总经理，工程师。

叶雨山：中建七局交通公司副总工程师，技术质量部总经理，教授级高级工程师。

张承实：沈丘沙河大桥项目总工程师，高级工程师。

郭永富：沈丘沙河大桥项目经理，高级工程师。

·中国建筑第七工程局有限公司·

中国建筑第七工程局有限公司（以下简称“中建七局”）是位列世界500强第13位的中国建筑的骨干子企业，连续6年稳居河南省百强企业第4位、建筑行业综合实力第1位，是经营规模最大的驻豫中央企业，已具备涵盖融资、

投资、设计、建造、开发、运营、服务等全流程、一体化业务集群优势，在整合建筑业产业链上下游资源中处于“链核”的核心角色。公司获得全国文明单位、全国先进基层党组织、河南省抗击新冠肺炎疫情先进单位等多项省部级、国家级荣誉。

中建七局经历了“工改兵”和“兵改工”的发展阶段，始终坚持党的领导，铸就了“国匠军魂”的红色基因，培育了“砺进·共赢”的企业文化，是中建集团首家、河南省唯一的“三特三甲”资质企业，也是拥有“四站三新三地一中心”的国家高新技术企业（七局博士后科研工作站、中建海峡博士后科研工作站、河南省院士工作站、BIM工作站，国家高新技术企业、河南省创新型试点企业、河南省创新龙头企业，国家住宅产业化基地、国家装配式建筑产业化基地、河南省博士后研发基地，国家企业技术中心）。

近年来，中建七局在集团党组的正确领导下，坚持以习近平新时代中国特色社会主义思想为指导，坚持“规模提速、品质提升”工作主题，坚持

“稳增量、保存量、调结构、提品质、增福祉”的发展策略，立足新发展阶段，贯彻新发展理念，服务构建新发展格局，加快推进转型升级，不断强化创新驱动，以高质量党建引领保障企业高质量发展。

随着经济的发展，城市通航河道桥梁根据航道升级改造或城市发展的需要，旧桥拆除重建项目日益增多。城市通航河道桥梁一般处于城市内甚至闹市区，施工允许占用通航河道断航的时间有限（只有数天时间），桥型结构具有特殊性（如下承式预应力混凝土桁架梁桥）。城市桥梁的拆除必须做到工期短、影响通航时间短、保障周边安全，给桥梁拆除施工带来了挑战。

根据城市桥梁拆除施工的特点，中建七局组织有关专家及技术团队进行关键技术攻关，获得发明专利“一种下承斜拉式桁架梁桥爆破方法”。

下承斜拉式桁架梁桥上部结构采用大跨径下承式预应力混凝土桁架梁，外部为静定体系。下部结构桥墩为分离式独柱墩身，高承台基础。桥台为分离式双柱式桥台，钻孔桩基础，桥头用一字墙与引道连接。

结合目前经常采用的桥梁拆除方法，拆除预应力混凝土桁架梁桥包括以下3个方案。

（1）切割吊离法。桥面以及附属结构通过小型机械进行拆除，对桁架受力部分进行切割吊离拆除。拆桥时可采用逆向工序法施工。在水中可搭设临时支架，预留通航孔，两侧河岸搭设贝雷支架或钢管支架，采用绳锯切割后用汽车吊或浮吊吊离施工。该方案优点是对通航影响小，缺点是在水中搭设支架施工难度大、工期长、造价高、施工安全控制难度较高。

（2）顶推法。用千斤顶纵向顶推，使梁体通过墩顶安装的滑动支座面逆向顶推拆除施工。待桥梁顶推出桥台位置后，采用机械对桥梁进行拆除。

（3）控制爆破法。结合环境条件，根据桥梁结构的受力情况，采用控制爆破的方法爆破桥梁墩柱，使其整体落下，然后采用机械对桥梁梁体进行拆除。该方案的优点是施工难度较小、造价低、施工安全控制难度小、对后期施工影响小，缺点是对通航有一定的影响、爆破程序需要审批。

综上所述，研究一种安全系数高、对通航影响小的控制爆破法对下承斜拉式桁架梁桥进行拆除具有重要意义。

鉴于现有下承斜拉式桁架梁桥拆除方法的缺陷，本专利的目的在于提供一种施工难度小、安全性高、占用航道时间短的下承斜拉式桁架梁桥爆破方法。具体技术方案包括以下5个方面。

（1）河道填土。从桥的两岸向河中心方向进行填土，旧桥爆破拆除后，桥梁钢筋混凝土结构落在堆土平台上，便于破碎机进行破碎，将破碎后的废渣进行外运。填土高度高出正常水位1m，填土宽度约为桥梁宽度的两倍。

（2）河道范围清理。在桥下两个桥墩之间的航道位置，使用河道清淤工程船进行挖泥作业。通过研究旧桥图纸，计算出主桁爆破后破碎结构物高度，使航道向下加深的距离大于此破碎结构物高度，加深宽度约为桥梁宽度的两倍，保证桥梁爆破后落入加深后的航道，且不高出原有河床，可以满足通航要求。采用一条挖泥船和两条运泥船配合施工的方式进行河道沟槽开挖，运泥船将挖泥船挖出的淤泥运送至指定弃土场。施工时以钢桩、三缆定位装置、定位桩等为圆心进行定位，利用船体两侧横移锚开展摆动挖泥作业。工程利用环保型挖泥船，挖出的淤泥由运泥船运送至指定弃土场，达到清除旧桥爆破拆除范围内河底泥沙的目的，并根据弃土场堆泥情况作相应调整。

（3）爆破设计及钻孔、装药。通过考察整个待爆桥梁的情况，对爆破构件采取钻孔法爆破和水压爆破两种方式。适合水压爆破的构件包括主桁下弦杆和桥墩空心处，其余位置均采用钻孔爆破法。根据工程设计图纸，对各个规格构体进行布孔设计，获取包括孔距、排数、排距、孔深等有效参数，计算每次钻孔数以及总孔数量。

（4）爆破网络及顺序。本工程采用簇联法，孔内半秒5段导爆管雷管延时、孔外3段导爆管雷管延时连接，总体串联、局部并联起爆网络。每个簇联网络段为一响，限于振动控制和孔内定制导爆管长度，一般控制在单段起爆炸药量10kg。每个簇联段的导爆管尾端理齐后与网络导爆雷管（双枚）用黑胶布带绑紧成集束。绑扎时尽量保证导爆雷管位于集束中心位置。根据解体有效、控制振动和网络可靠的要求，总网络采用“先切割后解体、先梁体后节点”原则，总体串联、局部并联起爆网络。

（5）警戒、起爆。为保证爆破拆除施工的正常运转，成立爆破工程指挥部。指挥部负责工程爆破安全与工程进度控制，包括警戒位置、联络方式、爆破信号的规定，下设起爆组、警戒组、安全检查组。指挥部对爆破工程统筹指挥，各组完成本职工作后将信息汇总至指挥部，指挥部最终下令起爆，确保工程安全。

爆破工程质量和安全密不可分，必须严格控制爆破振动所带来的影响，以确保周边建筑设施、管线及河道的安全；必须将飞石控制在警戒范围以内，以确保行人及车辆、船只的安全；必须控制爆破噪声、烟尘、冲击波对周围的影响；尽量保证组织爆破一次成功，将断炮率和哑炮率降到最低。

（1）振动的控制。采用单段小药量、微差延时起爆技术，合理安排爆破顺序。

（2）飞石的控制。为了将飞石控制在警戒范围以内，确保周围设施、车辆和人员、船只的安全，必须采取有效措施。以沈丘沙河大桥旧桥爆破拆除为例，具体措施包括严格执行防护方案，爆点周围采用钢丝网、草帘进行防护，并由指定的人员检查防护质量，决不放过任何一个漏洞。

（3）冲击波控制。将单段起爆药量严格控制在10kg以内，桥梁边缘位置单段药量控制在5kg以内。

采取微差起爆技术，选择合理的微差起爆方案和微差间隔时间，消除夹制作用。

（4）爆破后清理施工。爆破后，为保证航道尽快恢复通航，对航道内高于原河床的破碎爆破物进行清除，对钢筋、钢绞线采取水下切割的方法予以清除，在潜水员对施工范围内的爆破物清理完成之后，报送政府主管部门组织验收，确保航道满足通航要求。对于落在填土平台上的混凝土以及没有破碎的杆件，采用镐头机进行破碎，清理出钢筋后，用挖掘机装车并外运出工地。

本专利的成功应用，有效地避免了传统施工方法中存在的巨大安全隐患，保证了施工作业人员的人身安全，大大提高了生产效率，缩短了计划任务时间。爆破中未造成任何人员伤亡，飞石完全控制在警戒范围以内，未对作业人员及周边市民造成任何损伤。爆破后桥梁结构物落地位置及崩碎程度完全符合预期效果。

该专利响应国家可持续发展政策，体现了绿色发展理念，实施效果良好。在加快施工进度的同时保证了施工质量，方便了当地的人民生活，促进了地方经济发展，提高了公司的企业形象，促进了我国桥梁事业的发展。

39. 脱硝三氧化铀水合活化工艺

专利名称：脱硝三氧化铀水合活化工艺

专利号：ZL201310005550.8

所属行业：电力行业

推荐单位：甘肃省职工技术协会

· 发明人——魏刚 ·

魏刚，男，汉族，中共党员，正高级工程师，1989年至1993年就读于兰州大学放射化学专业，1996年至1998年就读于清华大学核工程专业。他获得“中核四〇四有限公司先进科技工作者”“甘肃省劳动模范”“中核四〇四有限公司第一届突出贡献奖（姜圣阶奖）”等荣誉和称号，授权发明专利《脱硝三氧化铀水合活化工艺》《一种回收氟气的氟化工艺》《一种六氟化铀二元杂质体系精馏纯化装置》等。其作为第一作者的成果《新型柱状逆流氟化反应器研制及工程化应用》获得国防科学技术进步奖三等奖、中核集团公司科学技术奖三等奖等重要科技奖项。

· 中核四〇四有限公司 ·

中核四〇四有限公司隶属于中国核工业集团有限公司，是根据国家发展需要，于1958年经中央专委批准建设的我国规模最大、体系最完整、集生产科研为一体的国家新型核工业基地，是我国核工业从无到有、从小到大的缩

影和代表，为我国“两弹一艇”的研制，国防和核电事业的发展，为振国威、壮军威做出了不可磨灭的历史性贡献，为新时期我国国防建设及核能发展提供了强有力的支撑和保障。2018年，中核四〇四入选工信部《第二批国家工业遗产名录》，并荣登国资委发布的《中央企业文化遗产（核工业）名录》，被誉为“中国核城”。中核四〇四是中国核工业文化的摇篮，是“两弹一星”精神和“四个一切”核工业精神的重要发源地。

进入新时代，中核四〇四承担着国家赋予的重要使命，是建设先进核科技工业体系的重要组成部分，是续写我国核工业新的辉煌篇章中必不可少的章节。中核四〇四正在向国际一流的实验研发基地和生产基地迈进，致力于打造科研与生产一体化的核工业产业集群。全体四零四人将一如既往不辱使命，为推动中核集团“强核强国、造福人类”，实现中华民族伟大复兴的中国梦而努力奋斗。

一、技术背景

国际铀纯化转化工艺多采用前端湿法纯化法。其中，传统工艺使用三碳酸铀酰铵法（AUC）或重铀酸铵法（ADU）制备铀氧化物，其工艺流程复杂，产生废液量多，操作难度高。近年来，硝酸铀酰热解脱硝技术逐渐成熟，具有排放废液量少、操作简单、生产能力大等优点，是一种新的工艺技术。我国新建的铀纯化转化生产线项目，选择硝酸铀酰热解脱硝技术路线，并使用流化床作为脱硝反应器制备UO_3。为了满足项目后续氢还原、氢氟化、氟化工序的工艺要求，解决流化床脱硝制备的UO_3物料反应活性差的问题，需要研发流化床脱硝UO_3活化工艺路线，并研制相应主体设备，使其能够有效改善流化床脱硝UO_3的反应活性，并制备出满足后续氢氟化、氟化工艺要求的UO_3物料。

目前，提高脱硝UO_3产品活性的方法主要包括研磨–筛分、添加硫酸盐、水合活化以及氧化还原等。

研磨–筛分法是一种物理活化方法，通过UO_3颗粒的机械磨粉、筛分选出粒径在规定范围内的UO_3物料，UO_3物料的粒径减小导致其表面积增大，可在一定程度上提高UO_3的化学反应性。但该工艺比较复杂，流程烦琐，目前工业上很少采用。

向UNH料液中添加硫酸盐，可以改善脱硝UO_3产物的宏观结构（如粒径减小等），同时能为产物颗粒提供小直径的孔穴，使UO_3的活性得到一定程度的提高。这种方法无须添加任何设备，也不改变工艺参数，在工艺上易于实现，但向硝酸铀酰溶液中添加硫酸盐提高UO_3产物的活性是有限度的，并未改变UO_3晶体结构和喷雾脱硝的颗粒长大机理，不能从根本上克服脱硝UO_3反应活性差的缺点，而且加入的硫酸盐在氢还原过程中会产生H_2S，会加剧设备和管道的腐蚀。

为从根本上提高UNH脱硝产品的活性问题，必须对脱硝UO_3进行化学处理，以彻底破坏原颗粒的晶体结构，使其转化为高活性UO_3。目前研究比较充分的活化方法包括氧化–还原法和水合活化法。氧化–还原法需要将UO_3还原成UO_2，然后再氧化成U_3O_8，工艺过程较复杂，工业上尚未有应用的实例。而水合活化法仅需在UO_3物料中加入适量的水，形成二水化合物，在液相水水化过程中，固体颗粒伴随有相当大的膨胀现象发生，当UO_3完全转变为$UO_3 \cdot 2H_2O$时，其颗粒容积增长约70%。在以水促进颗粒再结晶和结晶长大的过程中，致密少孔的UO_3颗粒因体积膨胀而导致颗粒胀裂，出现裂缝，在经过干燥工艺后，UO_3水合物中的游离水和结晶水得到脱除，UO_3固体物料结构也从致密少孔变为疏松多孔，从而显著增加了脱硝UO_3的反应活性。为此，中核四〇四有限公司开展了UO_3水合活化实验室规模技术研究，通过试验确定了UO_3水合及UO_3水合物干燥–脱水的最佳工艺条件。经水合活化处理后的UO_3物料，其在后续氢氟化反应中具有较高的活性，接近AUC裂解还原制取UO_2的活性。公司结合前期开展相关试验取得的成果，在对国外UO_3水合活化技术方案调研和论证的基础上，确定了UO_3水合活化的工艺路线，掌握了水合活化工艺关键技术，最大限度地提高了脱硝UO_3反应活性。在物料水合活化过程中，脱硝UO_3物料的水合活化、干燥过程均采用卧式搅拌设备实现；固体颗粒物料的输送采用螺旋输送器和气力输送装置实现；去离子水的输送采用计量泵定量供给。

二、工艺技术路线

本专利的目的是克服现有技术缺陷，提供一种能有效改善UO_3活性，降低后续UF_4及UF_6制备过程中HF及F_2的用量的脱硝三氧化铀水合活化工艺。脱硝三氧化铀水合活化工艺系统主要由螺旋进料装置、水合反应器、干燥–脱水器、中间料仓、去离子水储槽、计量泵、雾化喷淋装置、冷凝器、除尘器等组成，具体流程如图39–1所示。

脱硝UO_3进入水合反应器，控制水合反应器温度为45～50℃，停留时间为1.5～2.5h，自去离子水储槽出来的去离子水通过计量泵计量，经雾化装置雾化后喷淋至水合反应器内，与脱硝UO_3物料反应生成$UO_3·2H_2O$。反应生成的$UO_3·2H_2O$输送至干燥–脱水器内进行干燥和脱水，脱水后形成的无定形UO_3送入中间料仓中，干燥–脱水器干燥段温度为180～200℃，脱水段温度为350～400℃，干燥–脱水时间0.5～1.5h。干燥–脱水后的尾气经除尘器除尘后，进入冷凝器，冷凝后的液态水通过管道流入去离子水储槽，从而实现去离子水的循环利用，未冷凝气通过气体管道排空。

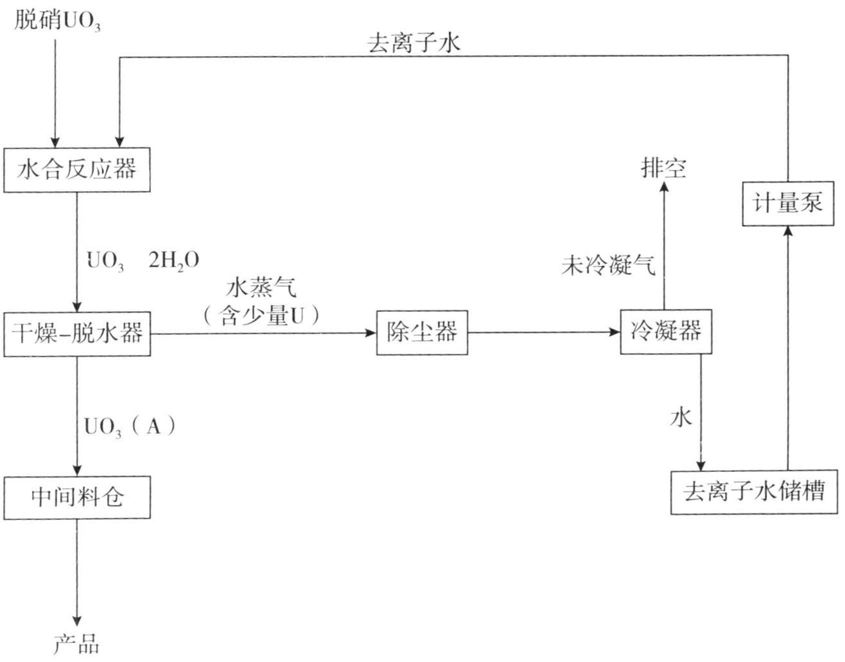

图39–1　脱硝三氧化铀水合活化流程

水合反应器、干燥–脱水器均为卧式搅拌床。控制水合反应器温度优选为50℃，脱硝UO_3在水合反应器的停留时间优选为2h。雾化水与脱硝三氧化铀的摩尔比为1.9～2.3：1。雾化水与脱硝三氧化铀的摩尔比优选为2.3：1。干燥–脱水器干燥段温度优选为200℃，脱水段温度优选为400℃，脱水时间优选为1h。

三、技术特点

本专利具有设备简单、运行稳定可靠，流程简单、工艺路线切实可行等特点，活化的UO_3物料可直接用于流化床还原制备UO_2的工序，且制备出的UO_2具有较高的氢氟化活性等优点，具体包括以下8个方面。

（1）系统结构简单，关键设备仅有卧式搅拌床水合反应器及卧式搅拌床干燥–脱水器，辅助设备仅有去离子水储槽、冷凝器、尾气除尘器、计量泵、雾化喷淋装置等。

（2）水合反应器采用卧式搅拌床形式，对物料不仅具有输送能力，还具有搅拌能力，保证了物料与去离子水的均匀混合，避免了因局部物料与去离子水过多接触，导致物料结块，影响水合的效果。另外，在水合反应器的上部设置雾化喷淋装置，将液态水雾化后喷淋至水合反应器内，也确保了物料与去离子水充分混合。

（3）干燥–脱水器采用卧式搅拌床的形式，其在干燥–脱水过程中，可对水合反应器中可能形成的少量结块物料进行破碎，从而确保水合活化后的UO_3物料满足流化床制备UO_2的原料要求。

（4）在去离子水储槽与雾化喷淋装置之间设置了计量泵，其不仅可以精确计量去离子水的流量，还可以保证雾化喷淋装置所需要喷淋出雾化水的压力。

（5）尾气除尘后，设置冷凝器，其可有效回收水合反应所消耗的去离子水，实现其循环利用。

（6）确定的最佳技术条件相对宽松，易于实现。水合反应器的控制温度为45～50℃，干燥–脱水器干燥段控制温度为180～200℃，脱水段控制温度为350～400℃。

（7）具有显著的经济效益与环境效益。水合活化处理后的UO_3，经还原后制备的UO_2具有较高氢氟化及氟化的反应活性，可以降低后续的四氟化铀及六氟化铀制备过程中氟化氢及氟气的用量。

（8）国内首次实现脱硝UO_3水合活化工艺技术路线，有效改善了脱硝UO_3的活性。

四、经济效益

本专利开发的技术已应用于我国核燃料循环产业链中的天然铀纯化转化

生产领域。采用水合活化工艺处理以金属铀计量的UO_3物料，水合活化处理后UO_3物料的活性显著改善，确保了铀纯化转化生产线的连续稳定运行，已经产生直接经济效益。

五、社会效益及发展前景

脱硝三氧化铀水合活化工艺已成功应用于中核集团“十二五”重点建设项目——铀纯化转化生产线建设项目中水合还原工序。目前，水合活化工艺系统已经实现了连续稳定运行，正式进入生产阶段。UO_3水合活化生产线的建设，填补了我国在脱硝UO_3活化技术上的空白，大大提升了我国铀纯化转化技术水平和生产能力，大幅缩小了与国外先进水平之间的差距，为我国后续铀纯化转化产业规模化发展提供了更优良的工艺技术方案和核心设备，进一步提升了我国在国际铀纯化转化领域的核心竞争力。

该专利技术的工程应用，提升了中核四〇四有限公司在国内铀纯化转化领域的技术储备和知识产权应用水平，填补了我国在脱硝UO_3活化技术上的空白，为该工艺技术路线在我国铀纯化转化产业以及核燃料后处理领域的推广应用奠定了坚实基础。

附　录

附录

关于专利的申请

一、申请资料

1. 申请发明或者实用新型专利

根据《中华人民共和国专利法》的有关规定，申请发明或者实用新型专利的，应当提交请求书、说明书及其摘要和权利要求书等文件。

请求书应当写明发明或者实用新型的名称，发明人的姓名，申请人姓名或者名称、地址，以及其他事项。

说明书应当对发明或者实用新型作出清楚、完整的说明，以所属技术领域的技术人员能够实现为准；必要的时候，应当有附图。摘要应当简要说明发明或者实用新型的技术要点。

权利要求书应当以说明书为依据，清楚、简要地限定要求专利保护的范围。

依赖遗传资源完成的发明创造，申请人应当在专利申请文件中说明该遗传资源的直接来源和原始来源；申请人无法说明原始来源的，应当陈述理由。

2. 申请外观设计专利

申请外观设计专利的，应当提交请求书、该外观设计的图片或者照片以及对该外观设计的简要说明等文件。

申请人提交的有关图片或者照片应当清楚地显示要求专利保护的产品的外观设计。

二、有关规定和要求

1. 国务院专利行政部门收到专利申请文件之日为申请日。如果申请文件是邮寄的，以寄出的邮戳日为申请日。

2. 申请人自发明或者实用新型在外国第一次提出专利申请之日起十二个月内，或者自外观设计在外国第一次提出专利申请之日起六个月内，又在中国就相同主题提出专利申请的，依照该外国同中国签订的协议或者共同参加的国际条约，或者依照相互承认优先权的原则，可以享有优先权。

申请人自发明或者实用新型在中国第一次提出专利申请之日起十二个月内，或者自外观设计在中国第一次提出专利申请之日起六个月内，又向国务院专利行政部门就相同主题提出专利申请的，可以享有优先权。

3. 申请人要求发明、实用新型专利优先权的，应当在申请的时候提出书面声明，并且在第一次提出申请之日起十六个月内，提交第一次提出的专利申请文件的副本。

申请人要求外观设计专利优先权的，应当在申请的时候提出书面声明，并且在三个月内提交第一次提出的专利申请文件的副本。

申请人未提出书面声明或者逾期未提交专利申请文件副本的，视为未要求优先权。

4. 一件发明或者实用新型专利申请应当限于一项发明或者实用新型。属于一个总的发明构思的两项以上的发明或者实用新型，可以作为一件申请提出。

一件外观设计专利申请应当限于一项外观设计。同一产品两项以上的相似外观设计，或者用于同一类别并且成套出售或者使用的产品的两项以上外观设计，可以作为一件申请提出。

5. 申请人可以在被授予专利权之前随时撤回其专利申请。

6. 申请人可以对其专利申请文件进行修改，但是，对发明和实用新型专利申请文件的修改不得超出原说明书和权利要求书记载的范围，对外观设计专利申请文件的修改不得超出原图片或者照片表示的范围。

（来源：中华人民共和国专利法）

中国专利奖评审流程及评审规则

任冠举（中国中小商业企业协会科技成果转化处处长）

一、中国专利奖介绍

中国专利奖设立的目的是希望引导和推进知识产权工作，对供给侧结构性改革，加快建设创新型国家，推动高质量发展发挥重要作用。鼓励和表彰专利权人和发明人、设计人对技术设计创新及经济社会作出的突出贡献。

中国专利奖是权威性的，它的评选机构一是国家知识产权局，二是世界知识产权组织。中国专利奖也是我们国家唯一的针对专利项目评选的奖项。中国专利奖从2009年开始调整成一年一次，2009年之前是两年一次。

中国专利奖分成两大类，一类是发明和实用新型专利奖，是属于技术创新类的，另一类是外观设计专利奖，属于设计创新类的。这两大类都分别设置金奖、银奖和优秀奖，也就是中国专利金奖，中国专利银奖，中国专利优秀奖和中国外观设计金奖，中国外观设计银奖和中国外观设计优秀奖。

二、中国专利奖的评审

国家知识产权局设立中国专利奖评审委员会，会同世界知识产权组织来开展中国专利奖的评审批准授奖等工作。中国专利奖评审委员会下设中国专利奖评审办公室。评奖程序一般分为五个部分，分别是推荐申报，受理筛查，质量评审，专家评审以及公示授奖。

推荐申报是第一个环节。

申报中国专利奖必须由有推荐资格的单位或个人进行推荐，不得自行申报。有推荐资格的单位或个人包括：省级地方知识产权局，国务院的有关部门和单位，知识产权工作管理机构，全国性的行业协会，中国科学院院士和中国工程院院士。

省级知识产权局的推荐名额不尽相同，每年也有微调。以第二十三届为例，北京市知识产权局发明实用新型专利推荐项目上限为12个，天津是8个，河北是6个，山西5个等。江苏和广东最多，都是15个。最少的省市5个。国家部委方面，以第二十三届为例，发改委有6个，教育部15个，科技部15个，工信部5个，公安部5个，民政部5个，司法部5个，自然资源部7个，生态环境部5个，国资委20个。全国总工会10个。另外，计划单列市、副省级城市的知识产权局最多可以推荐3个。两名院士共同且仅限推荐1个。知识产权示范城市有2个推荐名额，国家知识产权示范园区有2个推荐名额，国家知识产权示范高校有2个推荐名额，国家知识产权示范企业每年有0.5个推荐名额。各全国性行业协会有3个推荐名额，且全国性行业协会仅限推荐本行业或本领域相关项目。

可以看到从全国范围来看，中国专利奖推荐名额的获取已经是难度颇高了。

受理筛查是第二个环节。

申报的专利也是有一些基本要求的。第一要求在申报当年的上一年度结束之前，申报专利应该是获得授权并且获得专利证书。获得专利证书就是该专利已经进行了授权公告，有些专利已经获得授权，但是还没拿到证书。这样的专利则不具备申报资格。第二要求全体专利权人都同意参评中国专利奖，有些情况下需要做声明并盖章同意申报中国专利奖。第三要求申报专利以前没有得过中国专利奖。第四要求一项专利作为一个项目申报。第五要求相同专利权人参评项目不超过2项，如果专利权人是国家知识产权示范高校的则不超过4项，集团及子公司不超过10项。

推荐参评中国专利奖的项目到评奖办公室后，评奖办公室首先会进行核实，例如是否超项推荐，是否超范围推荐（例如某协会推荐与其所在行业不同行业的专利），推荐协会是否为连续两届推荐项目均没有获奖的协会等。另外进行申报资格确认，检查专利状态，核实全体专利权人是否同意，是不是没有获得过中国专利奖等这些硬性的条件。最近还新增了非正常专利申请的筛查。

质量评审是第三个环节。

中国专利奖评审可以按100分来计算，100分的赋值是：专利质量25分，技术先进性25分，运用及保护措施和成效35分，社会效益及发展前景15分。质量评审主要评前面两项，由这个专利奖评审办公室委托国家专利局各发明实审部、实用新型专利审查部、外观设计专利审查部的部领导、处领导以及资深审查员组成中国专利奖质量评审组，质量评审组以合议的方式共同承担参评项目的检索、分析、评议。这个工作的工作量很大，我们都知道对专利技术的检索和评价是需要实打实去做的事情，无法凭经验看看专利文本就能得出结论。

以前几年的评奖标注为例，专利质量的25分中专利的新颖性、创造性、实用性15分，文本质量10分。还有技术先进性的25分中技术原创性及重要性10分，相比同类技术的优缺点10分，技术的通用性5分。

专家评审是第四个环节。

质量评审环节结束后就会进入专家评审。由中国专利奖评审办公室通过国家知识产权局的专家系统随机挑选组成专家评审团，专家评审的方式分成两类，一是书面评审，一是答辩。并不是所有的参评专利项目都会进入专家评审环节，在前面每个环节都有可能被淘汰。专家评审环节先进行书面评审，评审后形成答辩名单。

参加答辩的项目需要做答辩材料，一般给15分钟时间，8分钟陈述，7分钟专家问问题，最终打分，专家打分和初评得分汇总之后形成总得分，总得分汇总至中国专利奖评审委员会，进行审定。

公示授奖是第五个环节。

中国专利奖评审委员会审定评奖结果后，该结果作为预得奖名单在国家知识产权局的政府网站以及中国知识产权报上进行公示。公示目的是接受公众监督并接收异议。对于预得奖项目存在异议的，任何人可以向中国专利奖评审办公室提出异议、提交材料。评审委员会必须作出处理意见，并且通知项目申报人和推荐单位。异议者的身份以及有关异议信息是要予以保密的。

国家知识产权局及世界知识产权组织根据评选结果公示情况，对无异议或者异议不成立的项目予以授奖，联合向金奖项目的发明人颁发奖牌和证书，向专利权人颁发奖牌。国家知识产权局向获得银奖、优秀奖的发明人、设计人颁发证书，颁发奖牌。

三、中国专利奖申报材料建议

结合中国专利奖申报书主要讲一讲发明专利和新型专利的申报材料制作。

中国专利奖申报书第一部分是专利质量评价材料。此处希望填写评价专利三性和文本质量，说明参评专利质量的优秀程度的材料。包括新颖性、创造性、实用性和文本质量。需要列出若干个申请之前最接近的技术，简要介绍其技术方案，详细说明其对参评专利的新颖性、创造性构成实质性影响。实用性需要说明参评专利能够制造使用并且已经产生积极效果，结合实施情况进行说明。说明书清楚完整公开发明内容，并使所属技术领域的技术人员能够理解和实施，权利要求清楚简要，权利要求以说明书为依据，保护范围合理。

在列出最接近现有技术时，可以使用审查过程中审查员使用的对比文件，若有其他更能说明问题的对比文件也可以使用。这一部分的材料属于专利质量的评审，专利质量的评审会由专利质量评审组进行评审，那些评审组的组员会对这个专利再进行一次非常严苛的检索。这个检索标准比专利审查、授权审查时的标准更严。

这里准备的材料应该实事求是，适当拔高，不要写空话套话。专利局质量评审组的成员都是资深专利审查员，专利文本质量好坏他们有明确的评判，但是为什么还给一个说明的过程呢？原因在于有些专利的撰写是有特殊思路或特殊原因，为什么将文本撰写成这样，可以陈述一下原因。为什么不像常规的那么写，这么写之后，对专利产生什么好的影响，这是可以做解释的，而往往这种解释可能是非常得分的。

技术原创性重要性的评述，要看是属于基础型还是改进型。是不是解决了本领域的关键性和共性的技术难题。在进行技术优势说明的时候，对同类技术的引用是非常重要的。引用的技术应该实事求是，有据可依，通过对所引用的技术进行对比来体现申报项目的技术优势，用技术数据说话，而不是用市场数据说话，这是需要注意的。技术通用性这个地方不要夸大其词，一夸大其词就很容易缺乏证据支持，没有根基。造成报奖材料可信度不高，影响评审组成员对专利项目的打分。

这里面有几个误区。第一是用经济效益来说明技术优势。第二是在说明共性技术难题时太过宽泛，有时候我们在这个地方定义，说这个行业是个共性技术难题，很宽泛的技术难题自然都是共性的问题，但是每个专利其实都是一个技术点或者说是一个比较细的技术方案，一个细的技术方案能解决很宽泛的共性的技术难题吗？第三是核心专利地位缺乏分析，只是罗列了一堆相关的专利，然后直接说这个申报的专利是核心专利，但是没有分析的过程。第四是缺乏数据支持，技术优势是要有技术数据来支持，要有检测报告或是其他站得住脚的数据支撑。第五是担心写得太专业评审组成员看不懂。

运用保护和成效这部分35分，专利权人为促进专利价值的实现，在加快专利的有效实施与企业研发和营销的有机结合，提升市场竞争力等方面所采取的运用措施及成效，包括但不限于自行实施、许可、出资、融资等。专利保护要说明专利权人为获得市场竞争优势，在专利保护方面所采取的措施成效包括但不限于专利维权，国际申请系列专利申请等。制度建设及条件保障和执行要说明专利权人在专利运用和保护方面的制度建设问题，条件保障措施和执行问题，以及知识产权管理标准化建设等情况。还有发明人激励的措施和落实。

实施、许可、出资、融资这个部分一定要以数据说话，一定要有审计报告，否则这些数据很难被采信。另外并不是只有实施、许可、出资、融资这四种情况才是运用，在企业的重大事件、直接市场竞争、建立品牌形象等方面发挥作用的情况也应记载说明。

制度建设方面，通过知识产权贯标的是加分项。这个知识产权管理体系标准是分成企业，高校，科研院所的，是由国家知识产权局制定的标准，获得这些标准认证是加分的。

这里也有一些误区，第一是使用证据中的时间早于了专利申请日，这意味着专利不具备新颖性。第二是没有审计报告。第三是有制度也有标准认证，但是没有保障材料。第四是缺少发明人激励政策和政策落实。第五是缺少媒体宣传资料。

社会效益、行业影响力和这个政策适应性。社会效益、经济效益其实都是来源于技术优势，以技术优势为基础来描述社会效益会更好一些，保护资源、安全生产、引领消费等，都是可以有数据支持，社会效益也是可以有数据支持的。

行业影响力可以通过行业试点的示范、试点项目，全国首台套设备，参与行业标准制定等来体现，也都是要有依据，有数据支撑的。还可以列出专利公布以后，同行的跟进与模仿，说明这个技术引领了这个行业的潮流和技术趋势。

曾经获得过的奖项方面，除了专利本身得奖之外，其他相关荣誉也是可以写的。当然数量再多的小奖也比不上一项大奖，因此一定要把核心奖重点突出出来。

四、中国专利奖培育

当单位的专利比较多的时候，首先应该确立专利方向。然后要整理一下支撑材料，看看支撑材料丰不丰富，充不充足。然后非常重要的，就是文本质量和稳定性的分析，专利稳定性是一票否决，如果专利项目在质量评审的时候被检索到可以破坏新颖性、创造性的对比文件时，那就一定不会得奖的。所以质量分析的前提是稳定性分析，稳定性不行的先排除掉。否则其他工作做得再好，花再多的时间、精力、功夫都是浪费。

选专利有几个标准：第一，要顺应国家大趋势。单位有没有承担过什么国家级的项目或者是部委办局级的项目？是不是涉及一些卡脖子的技术？是不是有一些大国重器的工程？有没有发明人是大国工匠，是全国劳模？可以顺应着按照这些大趋势去选。第二，要顺应单位小趋势。选择这个专利最好是什么单位的拳头产品，核心技术。而且可以有报奖规划，这个专利奖可以年年得，今年单位主要宣传什么，推广什么，就可以以什么方向为主。第三，要看看专利形象，比如说权利要求数量，技术特征数量，说明书篇幅等。第四稳定性，选专业的时候，至少要先做稳定性评判，做检索来确定技术专利的稳定性。

选好专利后，要让这个专利更加充实有力，可以针对性地安排融资许可、转让。销售合同，研发合同建议标注专利号，这样在做审计的时候可以方便认定金额。还可以积极进行维权工作。法院的判决书、调解书，双方签订的谅解备忘录等都是良好的支撑材料。

另外地方专利奖、行业专利奖都是能够对申报中国专利奖起积极作用的，如果有机会的话可以考虑先申报地方专利奖、行业专利奖，一方面是对报奖材料的梳理，另一方面也是荣誉和奖项。

中国职工技术协会简介

中国职工技术协会（简称：中国技协），1982年经党中央批准成立，1989年在民政部登记注册，是由中国境内企事业（职工）和职工科技社会团体组织自愿结成的全国性、公益性（国家一类、4A级），开展群众性科技活动并具有独立社团法人资格的社会组织。

我国职工技术协作活动始于20世纪50年代，并以开展群众性技术协作、技术革新运动登上中国经济建设历史舞台，曾被誉为“中国工人阶级的伟大创举”，不仅培育出一大批各行各业的能工巧匠，而且谱写了我国工人阶级的伟大品格和时代精神。几十年来，中技协作为群众性技术活动的组织者、承担者，坚持以基层为基础，以技术工人为主体，坚持技术工人、技术专家、管理人员以及企业、大专院校、科研院所相结合原则，动员和组织广大职工学技术、用技术、创新技术，开展职工技能培训、职业技能竞赛、技术成果评选及服务等多种形式的群众性科学技术活动，为我国经济建设与发展作出了积极贡献，取得了丰硕成果。同时具有推荐“国家科技进步奖”和国家及有关部委科学技术奖项（中国专利奖、中国技术市场金桥奖、发明创业奖等），承办“全国职工优秀技术创新成果奖”和“全国职工职业技能大赛（国家一类）”，全国劳模创新工作室、创新联盟发起单位等主要职能及品牌工作。

新的历史阶段，中国技协将“不忘初心、牢记使命”，以习近平新时代中国特色社会主义思想为指导，按照新的领导体制和制度体系，在中央和国家机关工委、民政部、全国总工会和北京市外事部门的统一领导和工作指导下，坚持服务于国家科技战略、服务于企事业创新发展、服务于职工技能提升，坚持协会职工属性、技术属性、公益属性，坚持开门办会，服务会员、服务职工、服务基层，与广大科技工作者和广大职工一道前行，为中国科学技术事业的不断进步而不懈奋斗。

愿我们在前进的道路上，肩负新使命，齐心再努力，共享新发展！

图书在版编目（CIP）数据

中国职工技术协会中国专利集. 2021 / 中国职工技术协会编. —
北京：中国工人出版社, 2022.6
ISBN 978-7-5008-7937-4

Ⅰ. ①中… Ⅱ. ①中… Ⅲ. ①专利技术 - 汇编 - 中国 Ⅳ. ①G322

中国版本图书馆CIP数据核字（2022）第103072号

中国职工技术协会中国专利集. 2021

出 版 人	董 宽
责任编辑	唐寅兴
责任印制	栾征宇
出版发行	中国工人出版社
地　　址	北京市东城区鼓楼外大街45号　邮编：100120
网　　址	http://www.wp-china.com
电　　话	（010）62005043（总编室）
	（010）62005039（印制管理中心）
	（010）82027810（职工教育分社）
发行热线	（010）82029051　62383056
经　　销	各地书店
印　　制	宝蕾元仁浩（天津）印刷有限公司
开　　本	710毫米×1000毫米　1/16
印　　张	21.5
字　　数	304千字
版　　次	2022年10月第1版　2022年10月第1次印刷
定　　价	68.00元